今すぐ使えるかんたん

Mac
マック

[改訂第4版]

完全ガイドブック

困った解決&便利技

Imasugu Tsukaeru Kantan Series
Mac Complete Guide book
Gijutsu-Hyoron sha Hensyubu

技術評論社

本書の使い方

本書の各セクションでは、画面を使った操作の手順を追うだけで、Macの各機能の使い方がわかるようになっています。操作の流れに番号を付けて示すことで、操作手順を追いやすくしてあります。

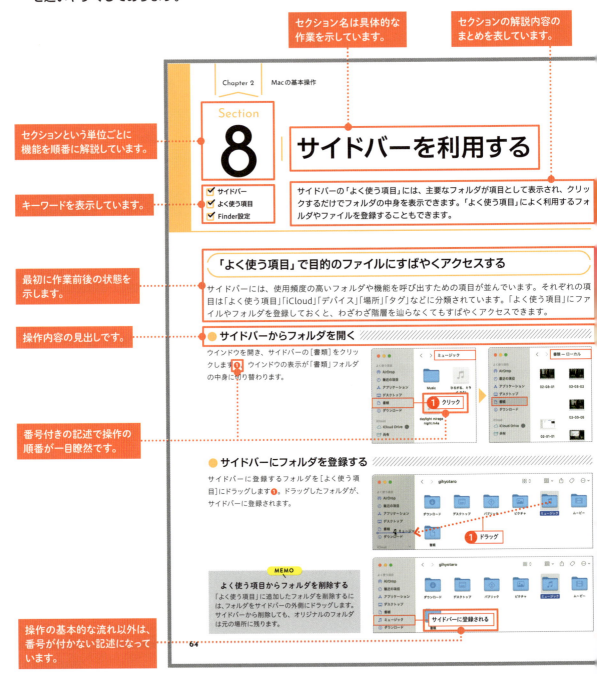

薄くてやわらかい
上質な紙を使っているので、
開いたら閉じにくい書籍に
なっています！

ページの両側に章番号と
セクション番号を表示しています。

サイドバーの表示項目をカスタマイズする

サイドバーに登録されている項目の中で、あまり使わない項目がある場合は非表示にできます。なお、サイドバーそのものを非表示にするには、Finderのメニューバーで[表示]→[サイドバー非表示]をクリックします。サイドバーを再表示するには、[表示]→[サイドバーを表示]をクリックします。

chapter 2
section 8

① **サイドバーに表示する項目を設定する**

メニューバーで[Finder]→[設定]をクリックします❶。「Finder設定」で[サイドバー]をクリックし❷、サイドバーに表示する項目をクリックしてオンにして❸、非表示にする項目をクリックしてオフにします❹。

MEMO
非表示にした項目を再登録する
サイドバーに登録された項目は、アイコンをウインドウの外側にドラッグしても非表示にできます。再登録するにはサイドバーにアイコンをドラッグするか、「Finder設定」でチェックをオンにします。

大きな画面で
該当箇所がよくわかる
ようになっています！

② **表示項目が変更される**

Finderウインドウに戻ると、チェックをオフにした「最近の項目」が非表示になり、チェックをオンにしたホームフォルダ（ここでは「ミュージック」）が表示されます。

注釈が必要な場合は枠外の
「MEMO」や「Column」として
説明しています。

Column 分類ごとに表示と非表示を切り替える

Macに接続している外部記憶装置や、同一ネットワークのパソコンの数が多いと、サイドバーに表示される項目が増えすぎて、使いづらくなります。このような場合は、サイドバーの分類ごとに、項目の表示と非表示を切り替えましょう。分類内の項目をまとめて非表示にするには、分類名にマウスポインタを合わせると表示される ◡ をクリックします❶。再表示するには、再度 ◠ をクリックします。

Contents

本書の使い方 …………………………………………………… 2
知っておきたいMacとWindowsの違い ……………………… 14
MacとWindows操作と用語の違い …………………………… 16
最新macOSの新しい機能 ……………………………………… 18

Chapter 1 Macを使うための基礎知識

| Section 1 | Macをセットアップする …………………………………… 22
| Section 2 | Macの画面構成 …………………………………………… 28
| Section 3 | Macにログインする／終了する ………………………… 32
| Section 4 | マウスやトラックパッドの使い方を覚える …………… 34
| Section 5 | キーボードの使い方を覚える …………………………… 40
| Section 6 | インターネットに接続する ……………………………… 44
| Section 7 | macOSをアップグレードする …………………………… 46

Chapter 2 Macの基本操作

| Section 1 | ファイルとフォルダについて理解する ………………… 50
| Section 2 | Finderウインドウを開く／閉じる ……………………… 52
| Section 3 | デスクトップのファイルを自動でまとめる …………… 54

Section 4	Finderウインドウを操作する	56
Section 5	Finderウインドウの表示を変更する	58
Section 6	Finderウインドウを使いやすくする	60
Section 7	Finderでファイルを操作する	62
Section 8	サイドバーを利用する	64
Section 9	フォルダを作成する／選択する	66
Section 10	タブを利用する	68
Section 11	ファイルやフォルダを移動する／コピーする	70
Section 12	ファイル／フォルダを削除する	74
Section 13	コントロールセンターを活用する	76
Section 14	通知センターを活用する	78
Section 15	デスクトップの表示を変更する	82

Chapter 3 ファイル管理を効率化する

Section 1	よく使うファイルやフォルダをすばやく開く	86
Section 2	ファイルやフォルダの内容をすばやく確認する	88
Section 3	ファイルをすばやく編集する	90
Section 4	ファイルやフォルダにタグを付ける	92
Section 5	ファイルやフォルダを圧縮する	94
Section 6	ファイルやフォルダを検索する	96
Section 7	スマートフォルダを作成する	100
Section 8	外部記憶装置を利用する	102
Section 9	Finderウインドウのツールバーを利用する	104

Chapter 4 アプリケーションの基本操作と文字入力

- Section 1 アプリケーションの起動と基本操作 …………………………… 108
- Section 2 Dockを活用する ……………………………………………… 112
- Section 3 Mission Controlを利用する …………………………………… 116
- Section 4 フルスクリーンモードを利用する ……………………………… 120
- Section 5 文字入力を行う ………………………………………………… 122
- Section 6 日本語を入力する ……………………………………………… 124
- Section 7 日本語入力ソースの機能を活用する …………………………… 128
- Section 8 文書を編集する ………………………………………………… 132
- Section 9 音声入力と読み上げを利用する ………………………………… 134
- Section 10 プリンタを設定する …………………………………………… 136
- Section 11 書類を印刷する ………………………………………………… 138
- Section 12 ファイルを保存してアプリケーションを終了する ………… 142
- Section 13 書類を保存する／復元する …………………………………… 146
- Section 14 新しくアプリケーションを追加する ………………………… 148

Chapter 5 Webページを閲覧する

- Section 1 Safariの画面構成 ……………………………………………… 152
- Section 2 Webページを表示する ………………………………………… 154
- Section 3 Webページを検索する ………………………………………… 156
- Section 4 以前見たWebページにすばやくアクセスする ……………… 158

Section 5	タブでWebページを切り替える	162
Section 6	Webページのデータを保存する	164
Section 7	Webページを便利に見るためのテクニック	166
Section 8	履歴を残さずにWebページを見る	172
Section 9	Safariをカスタマイズする	174
Section 10	Webサイトのパスワードを保存する	178
Section 11	パスキーを使用する	180

Chapter 6 メールをやり取りする

Section 1	メールアカウントを設定する	186
Section 2	「メール」アプリの画面構成	190
Section 3	メールを送信する	192
Section 4	ファイルを添付してメールを送信する	194
Section 5	メールを受信する	198
Section 6	メールを返信する／転送する	200
Section 7	メールを検索する	202
Section 8	メールボックスを作成してメールを整理する	204
Section 9	メールを分類する	206
Section 10	ルールを設定してメールを自動で振り分ける	208
Section 11	迷惑メール対策をする	210
Section 12	メールを削除する	211
Section 13	連絡先にメールアドレスを登録する	212
Section 14	複数のメールアカウントを使い分ける	214
Section 15	「メール」アプリに署名を設定する	215
Section 16	「メール」アプリの設定を変更する	216

Chapter 7 音楽や動画・写真を楽しむ

- Section 1 ミュージックの概要 …………………………………… 220
- Section 2 音楽ＣＤから音楽を取り込む ………………………… 222
- Section 3 ストアで音楽を購入する ……………………………… 224
- Section 4 音楽を再生する ………………………………………… 226
- Section 5 プレイリストを作成する ……………………………… 228
- Section 6 Apple Musicを利用する ……………………………… 230
- Section 7 Apple TVを利用する ………………………………… 234
- Section 8 コンテンツをほかのパソコンと共有して楽しむ …… 236
- Section 9 iPhoneやiPadとコンテンツを同期する …………… 238
- Section 10 「写真」アプリの概要 ………………………………… 240
- Section 11 「写真」アプリで写真や動画を読み込む …………… 242
- Section 12 「写真」アプリで写真や動画を閲覧する …………… 244
- Section 13 「写真」アプリで写真を編集する …………………… 248
- Section 14 「写真」アプリでアルバムを作成する ……………… 252

Chapter 8 iCloudを利用する

- Section 1 Apple Accountを作成する …………………………… 254
- Section 2 iCloudを管理する ……………………………………… 258
- Section 3 iCloudで写真を共有する ……………………………… 260

Section 4	iCloud Drive を利用する ……………………………………… 264
Section 5	iCloud キーチェーンでパスワードを管理する …………… 266
Section 6	Handoff で iPhone と Mac を連携する ………………… 270
Section 7	ユニバーサルクリップボードを利用する ………………… 273
Section 8	iCloud.com を利用する ……………………………………… 274
Section 9	Mac や iPhone を紛失したときの対応 …………………… 276

Chapter 9 付属アプリケーションを活用する

Section 1	テキストエディットで文章を作る ………………………… 280
Section 2	メモを作成する ……………………………………………… 282
Section 3	プレビューを利用する ……………………………………… 284
Section 4	連絡先を管理する …………………………………………… 286
Section 5	iWork を利用する …………………………………………… 288
Section 6	カレンダーを利用する ……………………………………… 292
Section 7	メッセージを利用する ……………………………………… 296
Section 8	FaceTime を利用する ……………………………………… 298
Section 9	iMovie を利用する …………………………………………… 300
Section 10	マップを利用する …………………………………………… 306
Section 11	辞書を利用する ……………………………………………… 308
Section 12	その他のアプリを利用する ………………………………… 309

Chapter 10 付属ユーティリティを活用する

- Section 1　保存したパスワードを管理する …………………………………… 312
- Section 2　アクティビティモニタでMacを監視する ………………………… 316
- Section 3　Macのスペックを確認する ………………………………………… 318
- Section 4　スクリーンショットを利用する …………………………………… 320
- Section 5　ディスクユーティリティを利用する ……………………………… 322
- Section 6　ターミナルを利用する ……………………………………………… 324

Chapter 11 ネットワークの設定とデータ共有

- Section 1　ネットワークへ接続する …………………………………………… 326
- Section 2　PPPoEでインターネットに接続する ……………………………… 328
- Section 3　ネットワーク内のサーバに接続する ……………………………… 330
- Section 4　iPhoneやiPadでテザリングする ………………………………… 332
- Section 5　AirDropでファイルを転送する …………………………………… 334
- Section 6　Windowsパソコンとファイルを共有する ………………………… 336
- Section 7　別のMacから操作する ……………………………………………… 338
- Section 8　アプリケーションのデータを共有する …………………………… 340

Chapter 12 Macを使いやすく設定する

Section 1	システム設定の概要	342
Section 2	Apple Accountの設定	344
Section 3	一般項目の設定	346
Section 4	Siriの設定	355
Section 5	メニューバーの設定	356
Section 6	プライバシーとセキュリティの設定	358
Section 7	ディスプレイの設定	360
Section 8	バッテリーの設定	362
Section 9	キーボードの設定	364
Section 10	マウスの設定	366
Section 11	トラックパッドの設定	368
Section 12	サウンドの設定	370
Section 13	Bluetoothの設定	372
Section 14	ユーザとグループの設定	374
Section 15	スクリーンタイムの設定	376
Section 16	スクリーンセーバの設定	378
Section 17	アクセシビリティの設定	379

Chapter 13 付録

Section 1	Macが操作を受け付けないときの対応	384
Section 2	支払い情報の登録	386
Section 3	不要なファイルをまとめて削除する	388

キーボードショートカット一覧 …………………………………… 390
目的別索引 …………………………………………………………… 394
用語別索引 …………………………………………………………… 396

ご注意：ご購入・ご利用の前に必ずお読みください

- 本書に記載された内容は、情報の提供のみを目的としています。したがって、本書を用いた運用は、必ずお客様自身の責任と判断によって行ってください。これらの情報の運用の結果について、技術評論社および著者はいかなる責任も負いません。

- ソフトウェアに関する情報は、特に断りのないかぎり、2024年12月現在での最新バージョンをもとに掲載しています。ソフトウェアはバージョンアップされる場合があり、本書での説明とは機能内容や画面図などが異なってしまうこともあり得ます。また、紹介しているアプリケーションについても、値段が変更されていたり、なくなっていたりすることがあります。あらかじめご了承ください。

- 本書は、macOS Sequoia 15.1.2およびiOS 18.1.1での動作を検証しています。それ以外のバージョンでは、アプリケーションの動作や画面の内容がことなる可能性があります。インターネットの情報については、URLや画面等が変更されている可能性があります。ご注意ください。

以上の注意事項をご承諾いただいた上で、本書をご利用願います。これらの注意事項をお読みいただかずにお問い合わせいただいても、技術評論社および著者は対処しかねます。あらかじめ、ご承知おきください。

■ 本書に掲載した会社名、プログラム名、システム名などは、米国およびその他の国における登録商標または商標です。本文中では™、®マークは明記していません。

知っておきたい MacとWindowsの違い

同じパソコンでも、MacとWindowsは操作方法や細かい機能が異なります。
使いはじめのつまずきを防ぐためにも、違いを確認しておきましょう。

☑ MacとWindowsは何が違う？

パソコンを動作させるためには、OS（オペレーティングシステム）という基本のソフトウェアが必要です。MacのOSはMicrosoftの「Windows」ではなく、Apple製の「macOS」です。本書の執筆時点の最新バージョンは、macOSは「macOS Squoia」、Windowsは「Windows 11」です。

☑ Macのメニューバーは？

macOSの画面では、上部にメニューバーやステータスメニューなどが表示されて、下部にはアプリケーション（アプリ）起動用のDockが表示されます。Windowsの基本設定では、画面下部からの操作でスタートメニューなどを表示させて、具体的な操作はウインドウ内のメニューで選択するのに対して、Macでは画面上部のメニューが状況に合わせて適切なものに切り替わります。

☑ Windowsで使っていたアプリは使える？

アプリはOSに合わせて作られているため、Windows用のアプリはMacでは動作せず、逆にMac用のアプリはWindowsでは動作しません。人気のあるアプリの多くはWindows用とMac用が別々に発売されていますが、Windows用しかない、またはMac用しかないアプリもあります。

☑ Windowsで使っていた周辺機器は使える？

アプリとは異なり、光学ドライブやプリンタなどの周辺機器はMacとWindowsどちらでも使えるものがほとんどなので、問題はないでしょう。ただし、USBの端子形状には注意する必要があります。必要に応じてUSBハブや変換プラグなどを活用しましょう。

☑ キーボードの見慣れないキーは何？

Macには option や command などの独自の活用をするキーがあります。Windowsの Ctrl や Alt などを押したときと挙動が異なるので注意しましょう。それ以外の文字配置などは、MacとWindowsで大きな違いはありません。

☑ Macでスタートメニューを表示するには？

MacにはWindowsのようなスタートメニューが存在しません。何らかのアプリケーションを起動したい場合は、画面下部のDockまたはLaunchpad（すべてのアプリケーションがある場所）から選択します。

☑ WordやExcelは使える？

Mac用のOfficeをインストールすれば、WordやExcelなどのOfficeアプリを利用できます。また、Wordの文書ファイルの読み込みに対応した、Appleが提供している「Pages」などの代替アプリもあります。あくまでも代用品なので、本格的な用途ではMac用Officeを購入した方がよいでしょう。なお、Windows用とMac用のOfficeには機能の違いはほぼありませんが、Mac用OfficeにはAccessは用意されていません。

☑ Webブラウザとメールソフトは？

Windowsと同様、Macには標準のWebブラウザとメールアプリが用意されています。Webブラウザは「Safari」、メールソフトはApple製の「メール」アプリが搭載されており、どちらもかんたんな操作で利用できます。

MacとWindows 操作と用語の違い

MacとWindowsの違いは、細かい用語や操作にも見られます。
Macの独自機能を示す用語の解説と合わせて、
言葉の意味や違いを把握しておきましょう。

☑ 副ボタンクリック

Windowsの右クリックは、Macでは副ボタンクリックと呼ばれます。ノートブック型のMacでは、トラックパッド部分を2本指でタップすることで同様の操作ができます（34〜39ページ参照）。

☑ Mission Control

Windowsには、複数のデスクトップやウインドウを切り替える「仮想デスクトップ」「タスクビュー」などの機能があります。Macでは、同様の機能を実現する「Mission Control」が搭載されています（116ページ参照）。

☑ ウインドウの操作

Windowsでは右上に表示されるウインドウの操作ボタンが、Macでは左上に表示されます。なお、［閉じる］をクリックしても非表示になるのみ、最大化しても表示部分に含まれない箇所があるなど、細かい挙動は異なります。

☑ commandキー

WindowにはないMac固有のキーです。Macではカット、ペーストなどのショートカットキーの操作は command を利用します。また、このキーはドラッグと組み合わせた操作などでも利用されます。

☑ Appleメニュー

システムの再起動や終了、環境設定の呼び出しをする際、Windowsでは「スタートメニュー」から操作します。Macでは左上に表示される「Appleメニュー」から操作します（32〜33ページ参照）。

☑ ステータスメニュー

Windowsのシステム状態の確認や設定変更は、画面下部の「タスクバー」から行います。Macでは、これらの操作は画面右上の「ステータスメニュー」から行います（31ページ参照）。

☑ DockとLaunchPad

Windowsではアプリやソフトをスタートメニューから実行しますが、Macでは画面下部のDock、またはDockから開くLaunch Padから実行します（108〜109ページ参照）。

☑ SpotlightとSiri

Windowsには音声でPCの制御やテキスト作成をする「音声アクセス」という機能がありますが、Macでは音声コントロールをSiri、検索関連をSpotlightがそれぞれ別個に対応しています。

☑ 「システム設定」アプリ

Windowsでは「設定」画面や「コントロールパネル」で環境設定をします。Macでは、すべて「システム設定」アプリから設定します。

☑ Finder

Windowsではファイルの操作に「エクスプローラー」を使いますが、Macでは「Finder」を利用します。Macではデスクトップをクリックした際でも、システム的にはFinderが選択されていることになります。

☑ Macintosh HD

Windowsでは、パソコン内の「Cドライブ」にOSがインストールされています。このOSがインストールされた場所をMacでは「Machintosh HD」と呼び、Finderの設定により表示させることもできます。また、あとから外付けのハードディスク／SSDなどを追加接続した場合も、自動で名前が振り分けられます。

☑ プレビュー

Macではファイル選択時にスペースキーを押すと、「プレビュー」機能で内容を見ることができます。ファイルを開かずに確認できる便利な機能で、最新のMacではこの画面から画像などの編集が可能になっています。

☑ エイリアス

Windowsでは、アプリやフォルダにかんたんにアクセスするために「ショートカット」を作成します。Macでは「エイリアス」という同様の機能があります。

☑ 通知センター

Windowsでは通知が「アクションセンター」に表示されますが、Macでは「通知センター」に表示されます。通知センターでは、かんたんな気象情報や今後の予定なども確認できます。

☑ 書類フォルダ

Officeなどで作成されたファイルは、Windowsでは「マイドキュメント」フォルダに保存されます。Macでは「書類」フォルダに保存されます。

☑ iCloud／Apple Account

Windowsでは「Microisoftアカウント」を使ってOutlookやOneDriveを利用できます。MacではApple Account（旧Apple ID）を利用してiCloudや各種設定を利用できます。iPhoneやiPadと同じApple AccountをMacで利用することで、さまざまな連携が可能です。

最新macOSの新しい機能

2024年9月にリリースされたmacOS Sequoia（セコイア）では、大型アップデートによって、より便利な機能が追加されました。ここではその一部を紹介します。これまでのMacを使っていた方も、違いに慣れるためにも確認しておきましょう。

Point 1 | 独自のAIシステムApple Intelligence

macOS SequoiaはApple独自の人工知能プラットフォーム「Apple Intelligence」を搭載しています。本稿の執筆時点では、Apple Intelligenceは日本語版のmacOS Sequoiaでは使用できず、2025年の対応が予定されています。

Apple Intelligenceにより、文書の自動作成、「写真」アプリでのアルバムの自動生成や意図しない写り込みの除去、「メモ」アプリや「ボイスメモ」アプリでの音声からの文字起こし、「Image Playground」アプリによる画像生成など、多くの機能が提供されます。

Point 2 | iPhoneミラーリングによるMacとiPhoneの連携

macOS Sequoiaの「iPhoneミラーリング」は、MacとiPhoneの強力な連携機能です。近くにあるiPhoneの画面をMacのスクリーンに表示させて、MacからiPhoneを操作できます。iPhoneへの通知をMacで確認して応答する、iPhoneのアプリをMacから操作する、MacとiPhone間でファイルをスムーズにやり取りする、などのアクションが可能です。
iPhoneミラーリングを実行するには、macOS SequoiaをインストールしたMacとiOS 18以降を搭載したiPhoneで、同じApple Accountでサインインし、Wi-Fiで同じネットワークに接続している必要があります。

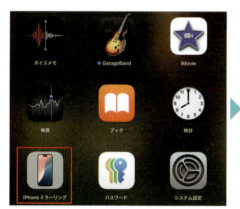

Macのデスクトップにミラーリングしたi Phoneの画面が表示される

［参考］　iPhoneミラーリング：MacでiPhoneを使う（https://support.apple.com/ja-jp/120421）

Point 3 | かんたんになったウィンドウのタイル表示

複数のウィンドウを表示しているとき、1つのウィンドウの左上にある ● にマウスポインタを合わせ❶、表示されたメニューからウィンドウの配置をクリックして選択すると❷、ウィンドウをタイル状に整列して表示できます。ウィンドウを画面の右端や左端にドラッグする、[option]を押しながらウィンドウをドラッグ→表示された枠の中に移動させる、などの方法でもタイル表示が可能です。

Point 4 | セキュリティ強化に役立つ「パスワード」アプリ

macOS Sequoiaに搭載された「パスワード」アプリでは、さまざまなWebサイトやアプリケーションのパスワード、パスキー、確認コード、認証情報などを一元管理できます。また、保存したパスワードの編集、パスワードの安全性の確認、新しいパスワードの作成なども可能です。

Point 5 | 便利になった付属アプリケーション

「メモ」アプリでは音声メモの録音が可能になり、録音しながらの文字入力ができます。また、メモ内に計算式を入力すると、自動的に計算して答えを表示する「計算メモ」の機能が搭載されました。
「マップ」アプリでは、画面上でルートをクリックするだけで、散歩やウォーキングのマップを作成する機能が追加されました。作成したマップはダウンロードして、オフライン環境でも閲覧できます。

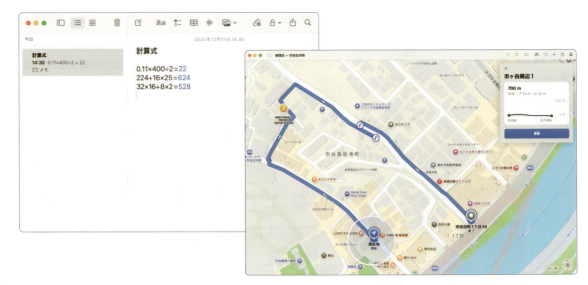

Chapter 1

Macを使うための基礎知識

Section

1. Macをセットアップする
2. Macの画面構成
3. Macにログインする／終了する
4. マウスやトラックパッドの使い方を覚える
5. キーボードの使い方を覚える
6. インターネットに接続する
7. macOSをアップグレードする

Chapter 1 　 Macを使うための基礎知識

Section 1 　 Macをセットアップする

- ☑ セットアップアシスタント
- ☑ Apple Account
- ☑ iCloud

最初にMacを起動したら、まずはセットアップを行いましょう。Apple AccountやSiriなどの設定をしますが、これらの設定はあとから変更することもできます。

セットアップアシスタントを利用する

セットアップアシスタントを利用すると、Macでさまざまなサービスを利用する際に必要なApple Accountや、ログインユーザを作成できます。なお、Apple Accountの状態や利用状況によっては、パスワードやiPhoneのパスコードの入力を求められることがあります。

● セットアップアシスタントを開始する

1　地域を選択する

Macを最初に起動した直後に表示される「ようこそ」の画面をクリックします。右の画面が表示されるので、「日本語」が選択されていることを確認し❶、→ をクリックします❷。

2　言語と入力方法を選択する

使用する言語や入力方法が表示されるので、「日本語（日本）」「日本語 - ローマ字入力」「日本語（日本）」になっていることを確認し❶、［続ける］をクリックします❷。変更する場合は、［設定をカスタマイズ］をクリックします。

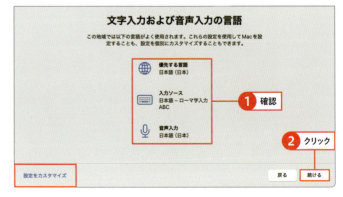

③ アクセシビリティを設定する

表示や操作、音声の補助に関する設定画面が表示されます。必要であればそれぞれ設定しましょう。ここでは［今はしない］をクリックします❶。

> **MEMO**
> **表示される内容**
> セットアップ時に表示される画面は、使用しているMacの機種や環境によって異なります。本書にない画面が表示された場合は、画面の説明に従って操作しましょう。

④ プライバシー設定を確認する

Appleのプライバシー保護に関する説明が表示されます。確認して、［続ける］をクリックします❶。

⑤ データの移行を設定する

移行アシスタントの画面が表示されます。ここでは［今はしない］をクリックします❶。

> **MEMO**
> **移行アシスタント**
> この画面では、過去にバックアップディスクや外付けストレージに保存していた情報を転送することができます。これらがない場合は、利用する必要はありません。

● Apple Accountを設定する

① Apple Accountを設定する

すでにApple Accountを取得している場合は、Apple Accountのメールアドレスを入力し、[続ける]をクリックします。Apple Accountを取得していない場合は、[Apple Accountを新規作成]をクリックして作成します。ここでは、[あとで設定]をクリックします❶。

> **MEMO**
> **あとで設定**
> 左下の[あとで設定]→[スキップ]をクリックすると、ここの操作を省略できます。ただし、メッセージなどの一部機能が利用できなくなります。

② サインインをスキップする

「Apple Accountでのサインインをスキップすること」を確認するダイアログが表示されます。「スキップ」をクリックします❶。

③ iCloudの規約を確認する

iCloudの利用規約が表示されます。[同意する]をクリックします❶。

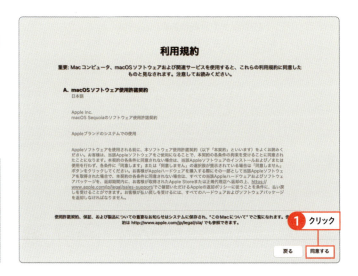

> **MEMO**
> **Apple Account**
> Apple Accountは、Appleが提供する各種サービスを利用するためのアカウントで、メールアドレスとパスワードの組み合わせから成ります。Apple Accountを使って「サインイン」することで、各種サービスの利用が可能になります。

(4) 使用許諾契約に同意する

「使用許諾契約を読んだ上で同意すること」を確認するダイアログが表示されます。[同意する]をクリックします❶。

● コンピュータアカウントを作成する

(1) アカウント情報を入力する

ユーザ登録を行います。ユーザの名前とアカウント名、パスワードを入力し❶、[続ける]をクリックします❷。

(2) 位置情報サービスを設定する

位置情報の利用に関する設定画面が表示されます。ここでは[〜有効にする]をクリックし❶、[続ける]をクリックします❷。

> **MEMO**
> **位置情報サービスを利用しない場合**
> 位置情報サービスを利用しない場合は、[〜を有効にする]をクリックせずに[続ける]をクリックします。確認のダイアログボックスが表示されるので、[使用しない]をクリックします。

Column　コンピュータアカウント

「コンピュータアカウント（ユーザアカウント）」は、Macを使うユーザの名前とパスワードの組み合わせです。Macへのログイン（32ページ参照）や、アプリのインストール、設定を変更する際などに入力を求められます。

● その他の設定を行う

(1) スクリーンタイムを設定する

「解析」画面が表示されるので[続ける]をクリックし、続いて表示される「スクリーンタイム」画面で[あとで設定]をクリックします❶。

(2) Siriを設定する

Siriへの会話に関する設定画面が表示されます。ここでは[続ける]をクリックします❶。

(3) Siriの声を選択する

Siriの声を選択する画面が表示されます。ここでは[声1]をクリックし❶、[続ける]をクリックします❷。

4 Siriの音声入力を設定する

音声入力した情報に関する設定画面が表示されます。ここでは［今はしない］をクリックし❶、［続ける］をクリックします❷。

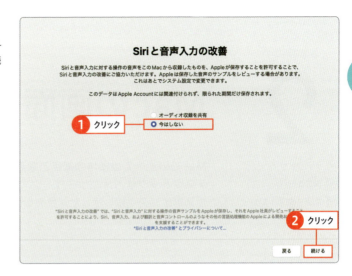

5 外観モードを設定する

Dockやメニュー、ウインドウなどの外観を選択します。ここでは［ライト］を選択し❶、［続ける］をクリックします❷。

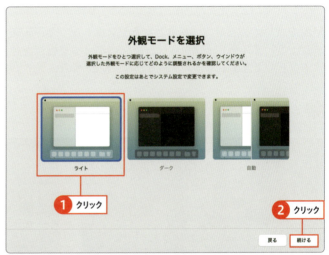

> **MEMO**
> **外観モード**
> 外観モードをあとから変更する場合は、83ページを参照してください。

6 セットアップが完了する

しばらく待つと、デスクトップが表示されます。

Chapter 1　Macを使うための基礎知識

Section 2　Macの画面構成

- ☑ デスクトップ
- ☑ メニューバー
- ☑ ステータスメニュー

Macでのすべての操作の基点となるのが、「デスクトップ」と呼ばれる画面です。デスクトップは、メニューバーやステータスメニュー、Dockなどで構成され、マウスポインタで指し示した対象を操作します。

デスクトップ画面の各部名称を確認する

Macを使い始める前に、基本となるデスクトップと、デスクトップを構成する要素の名称と用途を覚えましょう。デスクトップからは、Macのあらゆる機能を呼び出すことができるほか、Macの状態を確認することもできます。デスクトップは、Macへのログイン直後に表示されます。

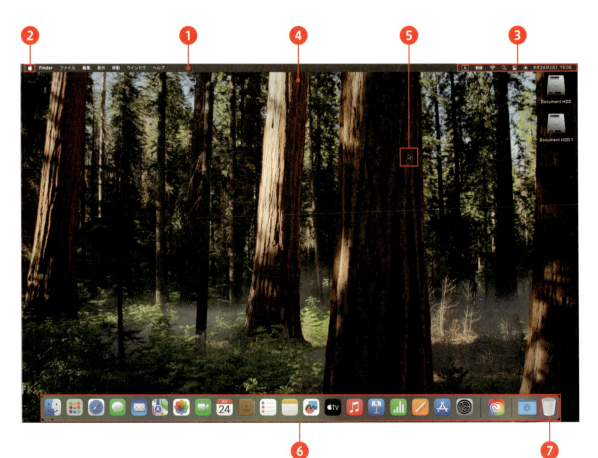

● デスクトップの各部名称

❶ メニューバー

さまざまな機能を実行するための、メニュー項目が並ぶ領域です。各見出しをクリックするとメニューが展開され、見出しに関連する機能を実行するための項目が一覧表示されます。なお、メニューバーの見出しや内容は、使用しているアプリケーションによって変化します。

❷ Appleメニューアイコン

メニューバーの左端に常に表示されるアイコンです。クリックすると、「Appleメニュー」が表示されます。Appleメニューには、Macの電源を切ったり、再起動したりするための項目が用意されています。

❸ ステータスメニュー

無線LANの電波状況や現在時刻などを表示する領域です。ここを見ることで、Macの現在の状態を確認できます。各アイコンをクリックして、Wi-Fi設定などを確認したり、Siriを起動したりできます。ノートブック型Macの場合は、バッテリーの残量も表示されます。

❹ デスクトップ

画面の大部分を占める領域です。この領域にウインドウなどを表示してファイル／フォルダを操作するほか、ファイルのアイコンなどを置くこともできます。背景の画像（壁紙）は、好みのものに変更できます（84ページ参照）。

❺ マウスポインタ

マウスやトラックパッドを使って動かすことのできる、矢印形のアイコンです。マウスポインタを操作対象に重なるように移動することで、メニューやアイコンを操作します。マウスやトラックパッドの操作方法について、34ページを参照してください。

❻ Dock（ドック）

アプリケーションやファイル／フォルダのアイコンが並ぶ領域です。アプリケーションのアイコンをクリックすると、そのアプリケーションが起動します。Dockには、アプリケーションやフォルダを自由に登録できるので、よく使うものを登録しておくと便利です。Dockの右端には境界線があり、左側にはアプリケーションが、右側には一時的にDockに格納されているウインドウや、Dockに登録したファイルが表示されます。

❼ ゴミ箱

ゴミ箱は、削除したファイルやフォルダが保管される特別なフォルダです。クリックすると「ゴミ箱」ウインドウが表示され、削除したファイルやフォルダを確認できます。

メニューバーの使い方を確認する

メニューバーには、使用中のアプリケーションを操作するためのさまざまな項目（コマンド）が用意されています。[Finder]や[ファイル]などのメニューをクリックすると❶、そのメニューに関連する項目が一覧表示されます。項目をクリックすると❷、該当する命令が実行されます。

● メニューバーの見方

ここでは「Finder」（52ページ参照）を例に、各メニューにどのようなコマンドが用意されているかを紹介します。メニューの内容は、使用するアプリケーションによって異なります。

❶ **Appleメニュー**
Macの再起動やシステム終了（電源オフ）、Macに関する情報を表示するメニューです。

❷ **アプリケーションメニュー**
使用中のアプリケーション名（ここでは「Finder」）のメニューです。アプリケーションの設定を変更する、ウインドウを一時的に隠すなどの操作ができます。

❸ **ファイル**
使用中のアプリケーションでファイルを新規作成したり、開いたりするメニューです。

❹ **編集**
項目の選択やコピー／ペーストなどの操作をするメニューです。操作の取消ややり直しも、このメニューから行います。

❺ **表示**
ウインドウやアイコンの表示方法をカスタマイズできるメニューです。

❻ **移動**
選択したフォルダに移動したり、サーバにアクセスしたりするメニューです。

❼ **ウインドウ**
ウインドウのサイズを拡大／縮小したり、表示するウインドウを切り替えたりするメニューです。

❽ **ヘルプ**
使用中のアプリケーションに関するヘルプを参照できるメニューです。

ステータスメニューの使い方を確認する

ステータスメニューでは、アイコンの表示でMacの状態を確認したり、Macの各種設定を変更するための画面（システム設定）を呼び出したりできます。表示される項目は使用しているMacの機種によって異なり、カスタマイズも可能です。

アイコンをクリックすると機能のオン／オフなどの操作ができるメニューが表示される

● ステータスメニューの見方

❶ 入力

「日本語」「ABC」など、入力ソースの切り替えをはじめとした、文字入力に関する機能が集められています。

❷ バッテリー（ノートブック型Macのみ）

残りのバッテリー容量や、残りの動作可能時間（予測）を確認できます。

❸ Wi-Fi

Wi-Fiのオン／オフの切り替えや、接続するネットワークの選択／変更などができます。

❹ Spotlight

デスクトップ検索機能「Spotlight」を呼び出します。

❺ コントロールセンター

「システム設定」アプリを使わず、Wi-FiやAirDropなどを直接操作できます。

❻ Siri

Siriを起動します。

❼ 日付と時刻

現在の時刻と日付、曜日を確認できます。クリックすることで通知センター（78ページ参照）を呼び出します。

Chapter 1　Macを使うための基礎知識

Section 3　Macにログインする／終了する

- ログイン
- ログアウト
- スリープ

Macを使用するには、本体の電源を入れて起動します。表示されたログインウィンドウでパスワードを入力してログインすると、デスクトップが表示されます。Macの使用を終えるには、電源を切るかスリープさせます。

ログインする／ログアウトする

Macの電源を入れると、ログインウインドウが表示されます。ここでユーザアカウントのパスワード（25ページ参照）を入力して return を押すと、ログインしてMacを使い始めることができます。

● Macにログインする

Macの電源を入れると、画面にログインウインドウが表示されます。ユーザアカウントのパスワードを入力して❶、 return を押すと、Macにログインしてデスクトップが表示されます。ユーザアカウントが複数設定されている場合は、ログインするユーザのアイコンをクリックすると、パスワード入力欄が表示されます。

● Macからログアウトする

1台のMacを家族や同僚と共用していて、複数のユーザを登録している場合は、一度ログアウトすることで、Macの電源を切らずにほかのユーザに切り替えができます。ログアウトするには、メニューバーで[Appleメニュー]→[（アカウント名）をログアウト]をクリックします❶。

電源を切る／スリープさせる

Macの電源を切るには、メニューバーから［Appleメニュー］→［システム終了］をクリックします。電源を切る際は、使用中のアプリケーションをあらかじめすべて終了しておきます。

● Appleメニューから電源を切る

電源を切る場合は、メニューバーで［Appleメニュー］→［システム終了］をクリックします❶。確認のダイアログボックスが表示されるので、［システム終了］をクリックします❷。

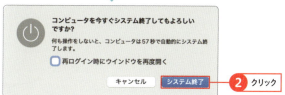

> **MEMO**
> **再ログイン時にウインドウを再度開く**
> 確認のダイアログボックスで［再ログイン時にウインドウを再度開く］をクリックしてオンにし、Macを終了すると、次回Macにログインしたときに、電源を切る直前に表示していたウインドウや、使っていたアプリケーションの状態が復元されます。

● Appleメニューからスリープと再起動をする

Macでの作業を一時的に中断するときは、「スリープ」機能を使用します。スリープを実行するには、メニューバーで［Appleメニュー］→［スリープ］をクリックします❶。なお、ノートブック型Macの場合は、蓋を閉じるだけでもスリープします。スリープから復帰するには、キーボードのキーを押すか、マウスをクリックします。
また、メニューバーから［Appleメニュー］→［再起動］をクリックすると、Macを再起動できます。

> **Column　電源ボタンの使い方**
> Macが反応しなくなった場合、電源ボタンを長押しすると電源がオフになり、システムを強制終了できます。強制終了すると、保存していない書類の変更は失われるので注意が必要です。

Chapter 1　Macを使うための基礎知識

Section 4

マウスやトラックパッドの使い方を覚える

☑ マウス
☑ トラックパッド
☑ マルチタッチジェスチャ

画面に表示されているマウスポインタを操作するには、マウスやトラックパッドなどの「ポインティングデバイス」を使います。ここでは、マウスとトラックパッドの基本的な操作と、マルチタッチジェスチャを紹介します。

Macで使えるポインティングデバイスを確認する

Macでは、マルチタッチに対応したポインティングデバイスを使用することで、指を動かすマルチタッチジェスチャによるさまざまな操作ができます。

● Magic Mouse

iMacに付属する標準ワイヤレスマウスです。ボタンのない一体型のデザインが特徴です。マルチタッチジェスチャに対応しており、本体上面での指の動きで、さまざまな操作が可能です。別売でも購入して使用できます。

● マルチタッチトラックパッド

マルチタッチトラックパッドは、ノートブック型Mac（MacBook、MacBook Air、MacBook Pro）に搭載されているポインティングデバイスです。トラックパッド全体が1つのボタンとなっており、場所を問わずクリックできます。MacBookではクリックの強さを感知する「感圧タッチトラックパッド」を搭載しています。

● Magic Trackpad

Bluetoothで接続する、外付けワイヤレストラックパッドです。iMacやMac Proなどのデスクトップ型のMacで、ノートブック型Macのような操作ができます。トラックパッドのマルチタッチジェスチャもすべて使用できます。

マウスとトラックパッドの基本操作を確認する

マウスを動かす、あるいはトラックパッドを1本の指でなぞると、Macの画面上のマウスポインタが連動して移動します。ここでは、マウスとトラックパッドの基本的な操作方法を紹介します。

● **クリック／ダブルクリック**

マウス、またはトラックパッドのボタンを1回押すことを「クリック」といいます。2回連続でボタンをクリックすることを「ダブルクリック」といいます。

● **タップ**

トラックパッドの表面を軽く叩くように触れることを「タップ」といいます。タップの操作を有効にするには、設定の変更が必要です（368ページ参照）。

● **ドラッグ**

ボタンをクリックしながら、マウスを目的の位置まで移動することを「ドラッグ」といいます。トラックパッドの場合は、ボタンを押しながら、目的の位置までなぞります。

● **副ボタンクリック**

Magic Mouseでは本体右上を押すことを、トラックパッドでは2本指でボタンを1回押すことを、「副ボタンクリック」といいます。Magic Mouseで副ボタンクリックを使用するには、設定の変更が必要です（366ページ参照）。

● **スワイプ**

トラックパッドの表面を上下、あるいは左右に、指でなぞるように滑らせる操作を「スワイプ」といいます。スワイプは2本の指で行います。

● **ピンチイン／ピンチアウト**

トラックパッドの表面を2本以上の指でつまむように狭めることを「ピンチイン」、開くように広げることを「ピンチアウト」といいます。

マルチタッチジェスチャによる操作を確認する

Magic Mouse、マルチタッチトラックパッド、Magic Trackpadでは、クリック、ドラッグなどの基本的な操作に加え、指の動かし方（ジェスチャ）に応じたさまざまな操作が可能です。ここでは、Macで使えるマルチタッチジェスチャの操作方法を紹介します。なお、Magic Trackpadの操作は、マルチタッチトラックパッドの操作と同じです。

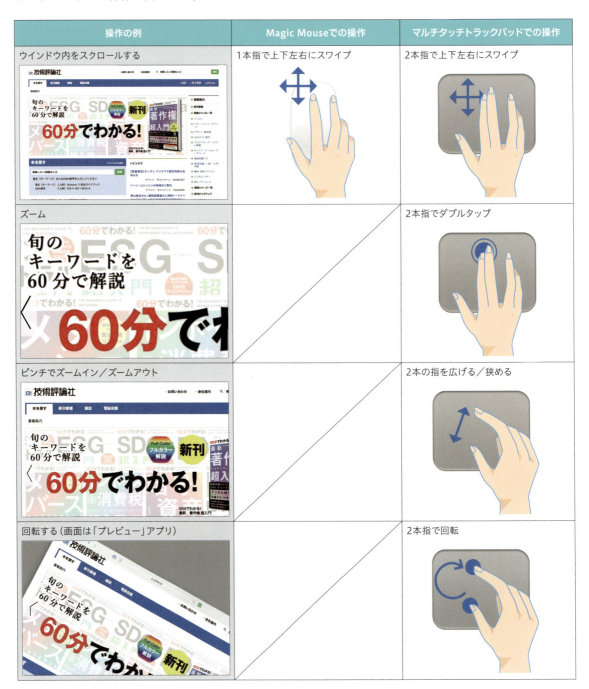

操作の例	Magic Mouseでの操作	マルチタッチトラックパッドでの操作
ウインドウ内をスクロールする	1本指で上下左右にスワイプ	2本指で上下左右にスワイプ
ズーム		2本指でダブルタップ
ピンチでズームイン／ズームアウト		2本の指を広げる／狭める
回転する（画面は「プレビュー」アプリ）		2本指で回転

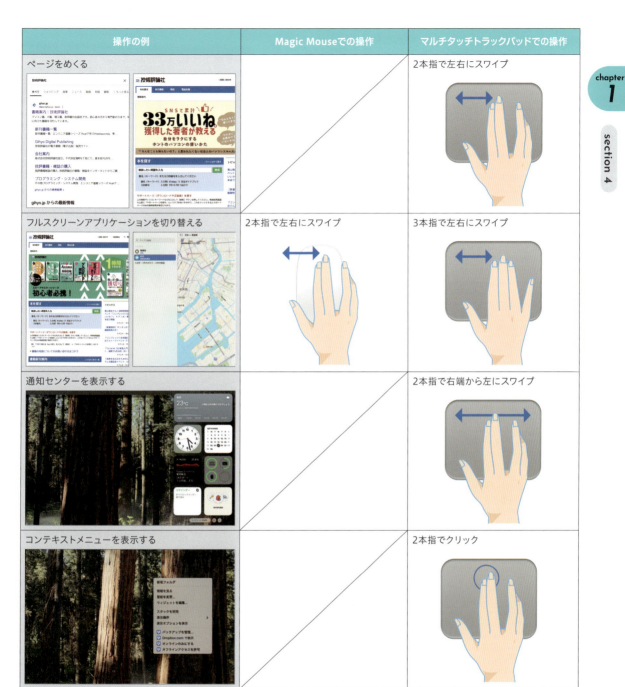

Column　マルチタッチトラックパッドの設定

システム設定の「トラックパッド」パネルを開き、[その他のジェスチャ]をクリックすると、マルチタッチトラックパッドの操作設定ができます。さまざまなアプリケーションウインドウを一覧表示する「アプリExposé」の機能もここから設定することが可能です。

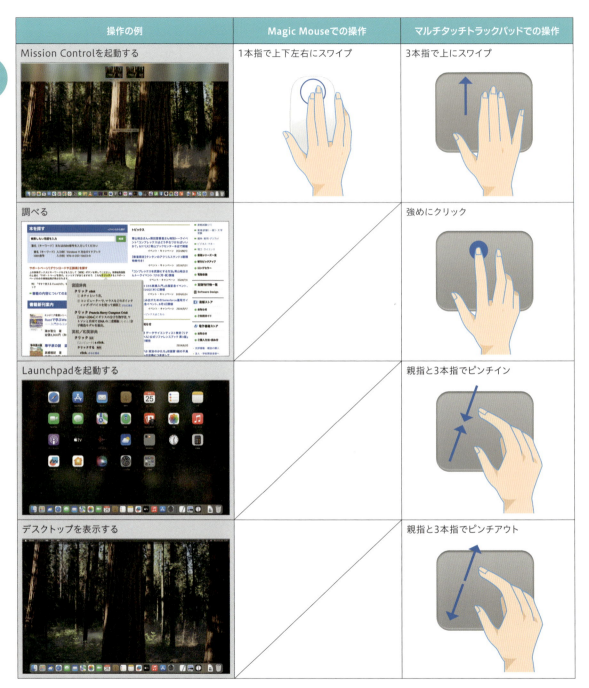

操作の例	Magic Mouseでの操作	マルチタッチトラックパッドでの操作
Mission Controlを起動する	1本指で上下左右にスワイプ	3本指で上にスワイプ
調べる		強めにクリック
Launchpadを起動する		親指と3本指でピンチイン
デスクトップを表示する		親指と3本指でピンチアウト

Column　Magic Mouse以外のマウスは使えるの？

Apple製のマウス、トラックパッド以外の一般的なマウスも、基本的にMacで使用可能です。USB接続のマウスであれば、MacのUSBポートに接続するだけで使えるようになります。ただし、これらのマウスではマルチタッチジェスチャは使用できません。

Magic MouseやMagic Trackpadを使えるようにする

マウスが付属しないMacでMagic MouseやMagic Trackpadを使うには、事前に「ペアリング」と呼ばれる操作をする必要があります。ペアリングとは、無線接続規格「Bluetooth」に対応する機器どうしを接続する操作のことです。

① Magic Mouseの電源を入れる

Magic Mouse本体下面のオン／オフスイッチを上側にスライドし、Magic Mouseの電源をオンにします。電源をオンにすると、Magic Mouseのインジケータランプが点灯します。

② Bluetooth環境設定を開く

[Appleメニュー] またはDockから[システム設定]をクリックします❶。「システム設定」アプリが開くので、[Bluetooth]をクリックします❷。

③ Magic Mouseとペアリングする

「Bluetooth」パネルが表示されます。「近くのデバイス」にMagic Mouseが表示されるので、[接続]をクリックします❶。これでMagic MouseとMacのペアリングが実行され、Magic Mouseが使用できるようになります。

Chapter 1　Macを使うための基礎知識

Section 5 キーボードの使い方を覚える

- ☑ キーボード
- ☑ ファンクションキー
- ☑ 修飾キー

Macで文字入力をしたり、ショートカットキー（42ページ参照）で機能を実行したりするには、キーボードを使用します。文字キーの配置や修飾キー、ファンクションキーの役割を覚えると、Macでの作業を効率化できます。

キーボードの各部名称を確認する

Macのキーボードは、主にキーに刻印された文字や記号を入力するための「文字キー」と、文字キーと組み合わせて押すことで、ショートカットキーによる操作を実行したり、特殊な記号を入力したりするための「修飾キー」、上部に並ぶ F1 から F12 までの「ファンクションキー」で構成されています。ここではApple Wireless Keyboardを例に、各キーの名称と機能の概要を紹介します。

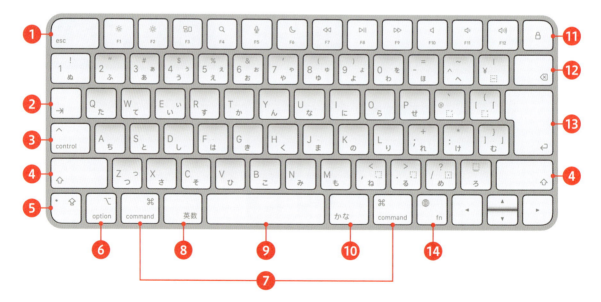

❶ **エスケープキー（esc）**
現在実行している操作を中断できます。

❷ **タブキー（tab）**
文章の位置を揃えるタブを入力したり、フォーカスしているボタンや入力フィールドを移動したりできます。

❸ **コントロールキー（control）**
ほかのキーと組み合わせることで、ショートカットキーとして操作する修飾キーの1つです。

❹ **シフトキー（shift）**
アルファベットの大文字を入力したり、ショートカットキーとして操作したりするときに使います。

❺ **キャプスロックキー**
キャプスロックのオン／オフを切り替えます。キャプスロックをオンにすると、アルファベットを大文字で入力できます。

40

❻ オプションキー（option）

ほかのキーと組み合わせることで、ショートカットキーとして操作する修飾キーの1つです。

❼ コマンドキー（command）または（⌘）

ほかのキーと組み合わせることで、ショートカットキーとして操作する修飾キーの1つです。

❽ 英数キー

文字の入力モードを「英数」に切り替えるキーです。

❾ スペースキー（space）

空白を入力するキーです。文字入力で、ひらがなを漢字に変換するときにも使用します。

❿ かなキー

文字の入力モードを「かな」に切り替えるキーです。

⓫ メディアイジェクトキー

DVDドライブに挿入しているCDやDVDを取り出します。ノートブック型Macでは、このキーの代わりに「パワーキー」が備わっています。

⓬ デリートキー（delete）

カーソルの前にある文字を削除します。

⓭ リターンキー（return）

フォーカスしているボタンや候補などの項目を選択し、操作を確定します。文字入力中に押すと、次の行に改行します。

⓮ fnキー（fn）

単独で押すと、入力ソースを切り替えるメニューが表示されます。ファンクションキーと組み合わせて押すと、アプリごとに割り当てられている機能を利用できます。

ファンクションキーの機能

キーボード上部に並ぶファンクションキーには、押すことでMacの設定を変更したり、アプリケーションを操作したりなどの役割が割り当てられています。F1からF12までの各ファンクションキーに割り当てられている役割は、キーに刻印されているアイコンで判別できます。ここではMacBook Airのキーボードを例に、各キーの名称と機能の概要を紹介します。

❶❷ 画面の明るさを調整する

画面の明るさを変更します。F1を押すと画面の輝度が下がり、F2を押すと上がります。

❸ Mission Controlを表示する

F3を押すとMission Control（116ページ参照）が表示され、再度押すと元の画面に戻ります。

❹ Spotlightを表示する

F4を押すとSpotlight（96ページ参照）が表示され、再度押すと元の画面に戻ります。

❺ 音声入力を行う

F5を押すと、音声入力（134ページ参照）が表示され、マイクに向かって話すことで文字を入力できます。

❻ おやすみモードを起動する

F6を押すと集中モードがオンになります。集中モードをオンにすると、通知の表示を制限できます。再度押すと集中モードがオフになります。

❼❽❾ 音楽・動画をコントロールする

曲やムービーの再生をコントロールします。F7を押すと先頭に戻り、F8で再生／一時停止、F9で次へスキップします。

❿⓫⓬ 音量を調整する

Macの音量を調整します。F10を押すとミュートして無音にし、F11で音量を下げ、F12で音量を上げます。

キーボードの設定を変更する

キーボードに関する設定は、「システム設定」アプリの「キーボード」パネルで変更できます。また、ショートカットキーの内容確認やカスタマイズには、「キーボード」パネルの[キーボードショートカット]をクリックし、「キーボードショートカット」画面を表示します。詳しくは365ページを参照してください。

●「キーボードショートカット」メニュー

「システム設定」アプリの「キーボード」パネルで[キーボードショートカット]をクリックすると、「キーボードショートカット」メニューが表示されます。「キーボードショートカット」メニューでは、既存のショートカットキーのキーの組み合わせを変更したり、よく使う機能に新しいショートカットキーの組み合わせを割り当てたりできます。[デフォルトに戻す]をクリックすると❶、変更内容が破棄されて初期設定に戻ります。

● 修飾キーの役割の変更

「システム設定」アプリの「キーボード」パネルで[キーボードショートカット]をクリックし、「キーボードショートカット」メニューで[修飾キー]をクリックすると、4種類の修飾キーの役割をそれぞれ入れ替えることができます。多用するショートカットキーに使う修飾キーの役割を変更したい場合に利用すると便利です。

Column　ショートカットキーとは？

「ショートカットキー」は、修飾キーとそのほかのキーを組み合わせて押すことで、特定の機能を実行するしくみのことです。メニュー項目の右側には、その項目を実行するためのショートカットキーが記載されています。Macで利用できる主なショートカットキーについては、390ページを参照してください。

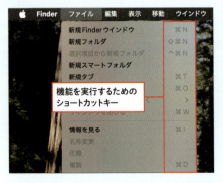

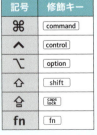

外付けのBluetoothキーボードを接続する

MacでMagic Keyboardを使用するには、Magic MouseやMagic Trackpadと同様、最初にペアリングを行います。Magic Keyboard以外のBluetoothキーボードでも、同じ操作でペアリングできます。

1 キーボードの電源を入れる

Magic Keyboardの［オン／オフスイッチ］をスライドして、キーボードの電源を入れます❶。スイッチをオンにすると、スライド部分が緑色になります。

2 Bluetoothの設定を開く

Dockの［システム設定］をクリックして、「システム設定」アプリを起動します。［Bluetooth］❶をクリックします。

3 ペアリングを実行する

「Bluetooth」パネルが表示されます。「近くのデバイス」にMagic Keyboardが表示されるので、［接続］をクリックします❶。

4 キーボードが接続される

パスコードを要求された場合は入力して return を押します。ペアリングが完了すると「接続済み」と表示されて、キーボードを利用できるようになります。

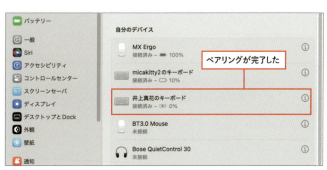

Chapter 1　Macを使うための基礎知識

Section 6　インターネットに接続する

- ☑ LAN
- ☑ Wi-Fi
- ☑ アクセスポイント

Macでインターネットを利用するには、インターネット回線に接続する必要があります。接続方法には有線（LANケーブル）、もしくは無線（Wi-Fi）があります。最新型のMacは基本的に無線のみ対応しています。

LANケーブルにつないでインターネットを利用する

過去のiMacならびにMac mini、Mac Proなどのデスクトップ型Macには、LANポートと呼ばれる端子が搭載されています。このLANポートにモデムなどの機器を接続することで、インターネットが利用できます。接続にはLANケーブルを使います。通常、モデムとMacを接続すれば、特別な設定をすることなく、インターネットの利用が可能になります。PPPoEなどアカウントの設定が必要な回線については、328ページを参考に設定してください。

① 機器どうしを接続する

モデムのLANポートとMacのLANポートを、LANケーブルで接続します。

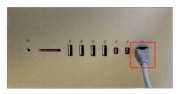

② ネットワーク環境設定を開く

Appleメニューをクリックし、「システム設定」をクリックします❶。

③ ネットワークの接続を確認する

［ネットワーク］をクリックすると❶、ネットワークの設定が確認できます。「Ethernet」の項目が「接続済み」となり、緑色のランプが表示されている場合は正常に接続できています。

MEMO
LANポートがないMacで有線接続するには
LANポートがないMacにLANポートを追加するには、別売りの「Apple Thunderbolt-ギガビットEthernetアダプタ」、あるいは「Belkin USB-C to Gigabit Ethernet Adapter」などを使用します。

Wi-Fiに接続してインターネットを利用する

現在販売されているすべてのMacは、Wi-Fiでインターネットに接続できます。別途無線LANルータ（Wi-Fiルータ、アクセスポイント）を用意して、プロバイダから貸与されたモデムなどに接続しておけば、無線LANルータとMacを無線でつなぐことでインターネットを利用できるようになります。無線LANルータの設置が完了したら、以下の手順で接続します。

1 Wi-Fiをオンにする
ステータスメニューの をクリックし❶、 をクリックします❷。

2 接続先を選択する
接続する無線LANルータのネットワーク名（SSID）をクリックします❶。

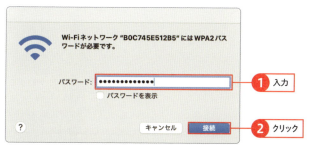

3 パスワードを入力する
無線LANルータの設定によっては、セキュリティのため、最初の接続時にパスワードの入力を求められる場合があります。所定のパスワードを入力して❶、［接続］をクリックします❷。

4 ネットワークに接続される
無線LANルータに接続すると、 が に変わり、電波の受信状況を確認できるようになります。なお、1度接続すると、以降は無線LANルータの電波の届く範囲にMacがあれば、自動的に接続されます。

> **MEMO**
> **接続時のパスワード**
> Wi-Fiのネットワークに設定されているパスワードのことを「WEPキー」「WPAキー」と呼びます。WEP／WPAキーは、初めて無線LANルータに接続する際に入力し、一度接続すればMacに記憶されるため、次回以降の入力は必要ありません。

Chapter 1 Macを使うための基礎知識

Section 7 macOSをアップグレードする

- ☑ アップグレード
- ☑ macOS
- ☑ インストール

Macでは、古いバージョンのOSから最新のOSへ無料でアップグレードできます。「ソフトウェアアップデート」を確認し、新しいOSが利用できる状態であれば、インストールしてもよいでしょう。

アップグレードに必要なデータをダウンロードする

アップグレード対応モデル（48ページ参照）のMacであれば、無料で最新のOSにアップグレードすることができます。ここでは、OSをSonomaからSequoiaにアップグレードします。

① [ソフトウェアアップデート] をクリックする

「システム設定」アプリを開き、[一般] をクリックして❶、[ソフトウェアアップデート] をクリックします❷。

② [今すぐアップデート] をクリックする

アップデートが利用できる場合は説明が表示されるので、[今すぐアップデート] をクリックします❶。アップデートがない場合は、「このMacは最新の状態です。」と表示されます。

46

3 ［同意する］をクリックする

「ソフトウェア使用許諾契約」の内容を一読して、［同意する］をクリックします❶。この後、ユーザアカウントのパスワードを求められたら、パスワードを入力して［OK］をクリックします。

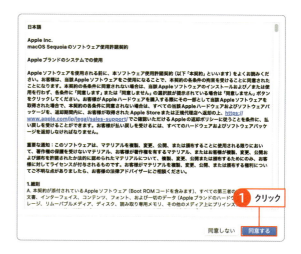

4 アップグレードが開始される

アップグレード用のインストーラがダウンロードされます。再起動後に、新しいmacOSのインストールが始まります。

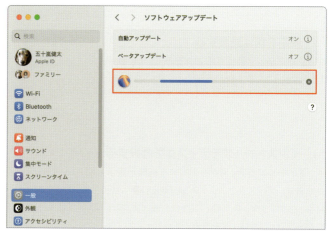

> **MEMO**
>
> **新しいOSに対応しているモデル**
>
> Macを最新のOSにアップグレードするには、Macのモデル（機種）が新しいOSに対応している必要があります。macOS Sequoiaの対応モデルは、48ページを参照してください。使用しているMacのモデルは、メニューバーで［Appleメニュー］→［このMacについて］をクリックし、表示されるダイアログで確認できます。

最新のOSをインストールする

App Storeなどからインストーラをダウンロードして、最新のOSをインストールすることもできます。画面に表示される手順どおりに操作すれば、アップグレードは完了します。アップグレード後も、これまで使ってきたアプリケーションやファイル、フォルダはそのまま残ります。

1 インストールを開始する

インストーラのダウンロードが完了すると、右の画面が表示されます。［続ける］をクリックします❶。

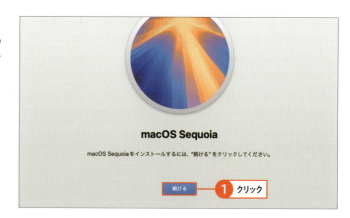

② **インストールを開始する**

使用許諾が表示されるので、内容を確認後、[同意する]をクリックします❶。

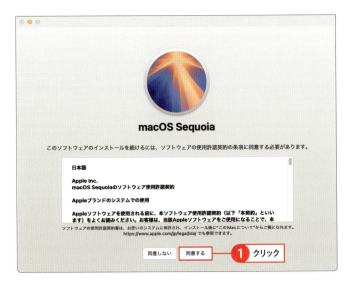

③ **使用許諾に同意する**

ダイアログボックスが表示されるので、[同意する]をクリックします❶。

④ **インストールするディスクを選択する**

インストールするディスクを選択する画面が表示されます。ディスクをクリックして選択し❶、「続ける」をクリックします❷。以降は、画面の指示に従ってアップグレードを行います。

Column　macOS Sequoiaのシステム要件

本書執筆時の最新OSであるmacOS Sequoiaにアップグレードするためには、Macが右の表のモデルに当てはまることが条件になります。使用しているMacが対象モデルかどうか、事前に参照しておきましょう。また、インターネットに接続できる環境が必要です。詳細はhttps://support.apple.com/ja-jp/120282で確認できます。

macOS Sequoia対応モデル
MacBook Air（2020年以降に発売されたモデル）
MacBook Pro（2018年以降に発売されたモデル）
iMac（2019年後期以降に発売されたモデル）
Mac mini（2018年以降に発売されたモデル）
iMac Pro（2017年以降に発売されたモデル）
Mac Studio（2022年以降に発売されたモデル）
Mac Pro（2019年以降に発売されたモデル）

Chapter 2

Macの基本操作

Section

1 ファイルとフォルダについて理解する
2 Finderウインドウを開く／閉じる
3 デスクトップのファイルを自動でまとめる
4 Finderウインドウを操作する
5 Finderウインドウの表示を変更する
6 Finderウインドウを使いやすくする
7 Finderでファイルを操作する
8 サイドバーを利用する
9 フォルダを作成する／選択する
10 タブを利用する
11 ファイルやフォルダを移動する／コピーする
12 ファイル／フォルダを削除する
13 コントロールセンターを活用する
14 通知センターを活用する
15 デスクトップの表示を変更する

Chapter 2　Macの基本操作

Section 1

ファイルとフォルダについて理解する

- ファイル
- フォルダ
- Finder

コンピュータ上で扱う個々のデータのことを「ファイル」と呼び、ファイルをまとめておくための入れものを「フォルダ」と呼びます。そして、ファイルやフォルダを閲覧・管理するためのアプリケーションが「Finder」です。

ファイル／フォルダとは

文書、画像、音楽など、個々のデータである「ファイル」は、その入れものとなる「フォルダ」に保存されます。フォルダの中にさらにフォルダを作成して、ファイルを分類・整理することもできます。

● 起動ディスクのフォルダ構造

Macの動作を担う「macOS」がインストールされた「起動ディスク」には、システムの動作に必要な多くのファイルやフォルダが保存されています。通常は意識する必要のない起動ディスク内の階層ですが、Macの構造を理解するための最初のステップとして把握しておきましょう。

● 起動ディスク

●「アプリケーション」フォルダ
　Macにインストールされたアプリケーションが保存されています。

●「ライブラリ」フォルダ
　アプリケーションやシステムの設定に関するファイルが保存されています。（ユーザによる変更不可）。

●「システム」フォルダ
　Macのシステムに関するファイルが保存されています（ユーザによる変更不可）。

●「ユーザ」フォルダ
　ログインユーザごとのホームフォルダが保存されています。

●「ホーム」フォルダ
　51ページ参照。

ホームフォルダのフォルダ構造

Macにはじめから用意されているフォルダのうち、ユーザがひんぱんに利用するのが「ホームフォルダ」です。ホームフォルダには、ログインユーザ（32ページ参照）の名前が付きます。ホームフォルダの中には、ファイルの種類や用途別に分類して保存するためのフォルダが用意されています。

「ダウンロード」フォルダ	Safari（152ページ参照）でダウンロードしたファイルや、「メール」アプリ（190ページ参照）で受信したメールに添付されたファイルが保存されます。
「デスクトップ」フォルダ	デスクトップに置かれたファイルやフォルダが表示されます。
「パブリック」フォルダ	ファイル共有でほかのユーザからファイルを受け取るための「ドロップボックス」フォルダがあります。
「ピクチャ」フォルダ	「写真」アプリに取り込んだ写真や、Photo Boothで撮影した写真が保存されます。
「ミュージック」フォルダ	ミュージックに取り込んだ音楽や、App Storeから入手したiOS用アプリケーションが保存されます。
「ムービー」フォルダ	iMovieに取り込んだムービーや、作成したプロジェクトなどが保存されます。
「書類」フォルダ	ワープロや表計算ソフトなどで作成した文書が保存されます。

Finderとは

ウインドウを通して、ファイルやフォルダの閲覧、移動やコピー、削除を行うのが「Finder」の役割です。

- **ファイル／フォルダを操作する**
  Finderでは、ファイルやフォルダがアイコンで表示されます。それぞれの名前の変更や移動、コピーなどの操作が可能です（70ページ参照）。

- **オプションを利用する**
  新規タブの作成や表示オプションの設定、並べ替えや整頓などの操作はここから行えます。

- **ファイル／フォルダを探す**
  キーワードを入力して、ファイルやフォルダをすばやく見つけられます（98ページ参照）。

Chapter 2　Macの基本操作

Section 2　Finderウインドウを開く／閉じる

- ☑ Finderウインドウ
- ☑ 「しまう」ボタン
- ☑ 「閉じる」ボタン

Finder上でフォルダの内容を表示するウインドウを「Finderウインドウ」と呼びます。ここでは、Macでファイル操作の起点となるFinderウインドウの開き方と閉じ方、Finderウインドウの各部名称を紹介します。

Finderウインドウを開く

Finderの「ファイル」メニューからFinderウインドウを開けます。「ファイル」メニューは、Finderをはじめ、Macで動作するほとんどのアプリケーションで新しいウインドウを開くときに使うメニューです。頻繁に利用する操作なので、ショートカットを覚えておくと便利です。

●「ファイル」メニューから新規Finderウインドウを開く

1　[ファイル]をクリックする

Finderのメニューバーで[ファイル]→[新規Finderウインドウ]をクリックします❶。キーボードショートカットを使う場合は、Finderがアクティブになっていることを確認して、[command]を押しながら[N]を押します。

2　Finderウインドウが開く

Finderウインドウが開いて、「最近の項目」の内容が表示されました。Finderを閉じるには、ウインドウ左上部にある●をクリックします❶。

Column　DockからFinderを開く

DockにあるFinderアイコンからFinderを開くこともできます。ほかのアプリケーションを操作中にDockの[Finder]をクリックすると、Finderがアクティブになります。また、[Finder]アイコンを長押しして❶、そのまま表示されるメニューの[新規Finderウインドウ]へマウスポインタを移動させ、ボタンやトラックパッドから指を離すことでも❷、Finderウインドウを開くことができます。

Finderウインドウの各部名称

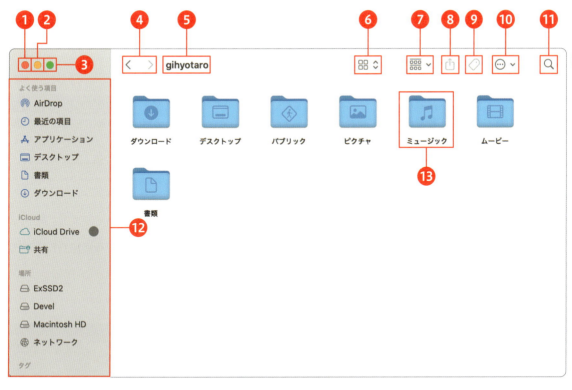

❶ **閉じる**
ウインドウを閉じるボタンです。

❷ **しまう**
ウインドウを最小化し、Dockにしまうボタンです。

❸ **表示モード切り替え**
ウインドウをフルスクリーンで表示するボタンです。

❹ **進む／戻る**
ウインドウの表示履歴を行き来するボタンです。

❺ **タイトルバー**
現在開いているフォルダの名前が表示されます。
ダブルクリックでウインドウを拡大／縮小できます。

❻ **表示形式の切り替え**
ウインドウの表示形式を変更するためのメニューを表示するボタンです。ウインドウのサイズが大きい場合は、メニューがボタンとして表示されます（58ページ参照）。

❼ **並べ替え**
ウインドウ内のアイコンを並べ替えるためのメニューを表示するボタンです（60ページ参照）。

❽ **共有**
選択したファイルをメールに添付したり、SNSで共有するためのメニューを表示するボタンです。

❾ **タグ**
選択したファイルやフォルダにタグを付けるボタンです（92ページ参照）。

❿ **アクション**
状況に応じたメニューを表示するボタンです。

⓫ **検索ボックス**
ファイルやフォルダを検索するためのキーワードを入力する領域です（98ページ参照）。

⓬ **サイドバー**
よく使うファイルやフォルダを登録しておくことができます（64ページ参照）。

⓭ **アイコン**
ファイルやフォルダを表すアイコンです。
ダブルクリックすると、その中身を表示できます。

ミュージック

Chapter 2　Macの基本操作

Section 3 | デスクトップのファイルを自動でまとめる

- ファイル
- グループ分け
- スタック

Macでは、デスクトップなどにある写真や動画、音楽データなどのファイルを自動で分類してまとめる「スタック」を利用できます。この機能は無効にもできるので、設定方法を確認しておきましょう。

スタックを利用する

スタックの機能はFinderからかんたんに利用できます。分類は自動で行われ、あとから追加したファイルも同様に分類されます。

ファイルをスタックでまとめる

(1) **スタックを有効にする**

メニューバーで［表示］→［スタックを使用］をクリックします❶。

(2) **ファイルがまとめられる**

ファイルが自動で分類されます。あとからファイルを追加した場合も、自動でそれぞれに分類されます。

スタックを設定する

スタックのグループ分けの基準は、いくつかの候補から選択できます。意図しないグループ分けが行われてしまう場合などは、スタックの機能を無効にしましょう。

● スタックを開く

それぞれのグループ名をクリックすると❶、分類されたファイルが表示されます。再度グループ名をクリックすると、表示されたファイルが折りたたまれます。

● グループ分けを変更する

スタックの利用中に［表示］→［スタックのグループ分け］をクリックすると❶、分類の基準を変更できます。

● スタックを無効にする

［表示］→［スタックを使用］をクリックしてチェックを外すか、［スタックのグループ分け］で［なし］をクリックすると❶、スタックが無効になります。

Chapter 2　Macの基本操作

Section 4　Finderウインドウを操作する

- Finderウインドウ
- 拡大／移動
- スクロール

ウインドウの拡大／縮小と移動は、すべてドラッグで行います。また、ウインドウ内に表示しきれないアイコンを確認するには、スクロールしてウインドウの表示領域を移動します。

ウインドウの拡大／縮小と移動

ウインドウの大きさを変更するには、ウインドウの四隅のいずれかにマウスポインタを合わせ、マウスポインタの形が ⬉ に変わったらドラッグします。ドラッグした範囲に応じて、ウインドウサイズを変更できます。ウインドウをデスクトップの別の場所に移動するには、ウインドウのタイトルバー周辺をクリックして、そのまま移動先にドラッグします。

● ウインドウを拡大／縮小する

マウスポインタをウインドウの四隅のいずれかに合わせてドラッグします❶。ドラッグした範囲に合わせて、ウインドウが拡大／縮小されます。

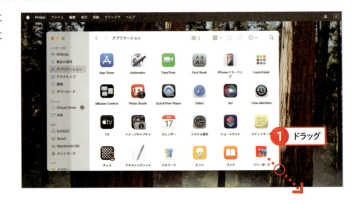

● ウインドウを移動する

ウインドウのタイトルバーの何もない部分をドラッグします❶。ドラッグした方向に、ウインドウが移動します。

ウインドウのスクロール

ウインドウ内のファイルやフォルダが一度に表示しきれない場合は、ウインドウをスクロールして表示範囲を変更します。マルチタッチに対応したマウスやトラックパッドであれば、ジェスチャ操作（36ページ参照）でスクロールできます。また、確認したいファイルの位置が離れている場合は、スクロールバーをドラッグすると、長い距離を一気にスクロールできます。

● ジェスチャ操作でスクロールする

ウインドウ内にマウスポインタを移動させ❶、マウスの場合は1本の指、トラックパッドの場合は2本の指で、スクロールする方向とは逆方向にスワイプします❷。ウインドウがスクロールして、表示される範囲が変わります。また、スクロールホイールを搭載したマウスでも、スクロールが可能です。スクロール中に表示されるスクロールバーをドラッグして、スクロールすることもできます。

Column　ウインドウを切り替える

サイズの変更や移動などの操作対象になっているウインドウのことを「アクティブウインドウ」と呼びます。目的のウインドウをアクティブウインドウにするには、タイトルバーやウインドウ内の余白部分をクリックします❶。このとき、アクティブウインドウ以外のウインドウは、ウインドウ全体の色が薄くなります。

Chapter 2　Macの基本操作

Section 5　Finderウインドウの表示を変更する

- Finderウインドウ
- 表示形式
- 分類表示

Finderウインドウはアイコン表示のほか、ファイル名を一覧表示する「リスト」、写真やムービーをプレビューする「ギャラリー」などの表示形式に切り替えできます。ファイルの内容に合わせて、表示方法を変更してみましょう。

Finderで利用できる4つの表示形式

Finderには4つの表示形式が用意されています。表示形式を切り替えるには、ウインドウ上部のツールバーにある表示切り替えボタンの中から、目的のボタンをクリックします。

● アイコン

ファイルやフォルダのアイコンが大きく表示されます。種類や内容がわかりやすい表示形式です。

● リスト

ファイルやフォルダが一覧表示されます。変更日やファイルサイズなどを確認できる表示形式です。

● カラム

ウインドウが横方向に区切られて表示されます。フォルダの階層がわかりやすい表示形式です。

● ギャラリー

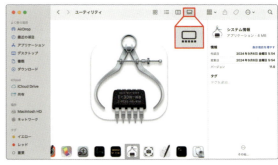

選択中のファイルの内容が上部にプレビュー表示されます。ファイルによってはスクロールして、別のページを確認できます。

ファイル／フォルダの分類表示

Finderウインドウでは、ファイルやフォルダを種類ごと、作成日ごとなど、任意の基準によって分類表示できます。たとえば、写真のファイルを撮影日ごとに分類して閲覧するなどの用途に役立ちます。また、大量のファイルやフォルダがある場合は、1度に表示するアイコンの数を減らして、分類ごとの視認性を高めることもできます。

1 ⊙をクリックする

Finderウインドウの ⊙ をクリックし❶、[グループを使用]をクリックします❷。再度 ⊙ をクリックし、今度は[グループ分け]の[追加日]をクリックします❸。

2 分類表示される

追加日ごとに、ファイルやフォルダが分類表示されます。追加日の右側にある[表示項目を減らす]をクリックします❶。

3 表示数が少なくなる

追加日ごとのファイルが横一列の表示に変更され、1度に表示されるアイコンの数が少なくなります。[すべてを表示]をクリックすると❶、手順❷の表示に戻ります。

Column　アイコンの大きさを変更する

表示形式が「アイコン」の場合、アイコンの大きさは細かく調整できます。アイコンの大きさを変更するには、[表示]→[ステータスバーを表示]をクリックして❶、ステータスバーを表示します。ステータスバーは、フォルダ内の項目数や起動ディスクの空き容量などを表示する領域で、右端にスライダが表示されます。このスライダを左右にドラッグして、アイコンの大きさを調整できます。

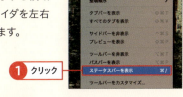

Chapter 2　Macの基本操作

Section 6

Finderウインドウを使いやすくする

- ☑ アイコン
- ☑ 並べ替え
- ☑ 表示オプション

Finderウインドウのアイコンは、ファイル名や作成日を基準にして並べ替えることができます。また、アイコンの表示間隔や文字サイズを変更できるなど、ファイル管理を効率化し、使いやすくするための機能が豊富に用意されています。

ファイルやフォルダを並べ替える／整列する

ファイルやフォルダの並べ替えは、▦▾から行います。並べ替えの基準となる項目は、名前やファイルの種類、追加日など9項目です。また、アイコンがウインドウ内で散らかって整頓されていない場合は、⊙▾から整列できます。なお、デスクトップのアイコンを並べ替えたり、整列させたりするには、メニューバーの［表示］から、［表示順序］や［整頓］をクリックします。

● アイコンを並べ替える

Finderウインドウの▦▾をクリックし❶、［種類］をクリックします❷。ファイルの種類を基準に、アイコンが並べ替えられます。

MEMO ほかの基準で並べ替える
▦▾をクリックしたあと、［名前］や［変更日］、［サイズ］などほかの項目をクリックすると、選択した項目を基準にファイルの並び順を変更できます。

● アイコンを整列する

グループ未使用時に⊙▾をクリックし❶、［整頓］をクリックします❷。雑然と並んでいたアイコンが整列されます。

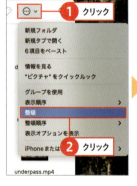

MEMO リスト表示での並べ替え
リスト表示では、ウインドウ上部の「名前」「最後に開いた日」などの項目ラベルをクリックすると、その項目を基準にファイルやフォルダを並べ替えることができます。1回クリックで昇順、もう1回クリックで降順の並びになります。

ウインドウの表示をカスタマイズする

アイコンの既定の大きさや、ファイルやフォルダの名前の表示サイズは「表示オプション」で変更します。表示オプションでの設定は、アクティブウインドウにのみ適用されます。同じ設定をほかのウインドウにも適用するには、表示オプションの最下部にある[デフォルトとして使用]をクリックします。

● 表示オプションを表示する

表示内容を変更するウインドウを開き、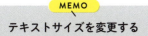をクリックし❶、[表示オプションを表示]をクリックします❷。アクティブウインドウの表示形式に応じて、表示オプションが表示されます。

> **MEMO**
> **テキストサイズを変更する**
> テキストサイズを変更するには、「ギャラリー」以外の表示形式で表示オプションを表示し、[テキストサイズ]をクリックして、任意のサイズをクリックします。

● ウインドウの表示オプション

ウインドウの「表示オプション」は、表示形式ごとに設定項目が異なります。

● アイコン　　　　● リスト　　　　● カラム　　　　● ギャラリー

Chapter 2　Macの基本操作

Section 7

Finderでファイルを操作する

☑ Finderウインドウ
☑ 操作
☑ 編集

Macでは、Finderの表示形式によってはかんたんなファイル操作ができます。動画のトリムや画像のPDF変換など、すぐに済ませたい操作がある際に利用してみましょう。

Finderからファイルを操作する

Finderの表示形式によっては、画面に何らかのクイックアクションが表示されることがあります。ファイルの種類によって表示される項目は異なり、それぞれに応じた操作ができます。

● Finderのクイックアクション

表示形式を[カラム]か[ギャラリー]にすると、Finderにクイックアクションが表示されます。

クイックアクションに表示される項目は、ファイルの種類によって異なります。

MEMO　表示項目
ウインドウの右側に表示されるファイル情報内で、[表示項目を増やす]をクリックすると、ファイルの詳細な情報を確認できます。

Finderからファイルを編集する

実際にファイルを編集してみましょう。高度な操作はできませんが、かんたんな変更であればすぐに行うことができます。

1 アクションボタンを表示する

ここでは音楽ファイルをトリミングします。Finderでアクションボタンが表示される形式を選択し、編集したいファイルの[トリミング]をクリックします❶。

2 ファイルを編集する

編集画面が表示されます。操作後、[完了]をクリックするとファイルが保存されます❶。

> **MEMO**
> **音楽ファイルのトリミング**
> 音楽ファイルを[トリミング]でトリミングすると、指定した部分だけ音楽を残しておくことができます。右の画面で編集画面内のスライダーを動かして、音楽ファイルの開始と終了の位置を選択し、[完了]をクリックすると、指定した部分以外はトリミングされます。

Column 注釈や書き込みを行う

クイックアクションの[その他]→[カスタマイズ]をクリックすると、表示される機能を選択できます。また、画像ファイルを選択して[マークアップ]をクリックすると、クイックルックの利用時(90ページ参照)とほぼ同様の編集を行えます。

Chapter 2　Macの基本操作

Section

8 | サイドバーを利用する

- ☑ サイドバー
- ☑ よく使う項目
- ☑ Finder設定

サイドバーの「よく使う項目」には、主要なフォルダが項目として表示され、クリックするだけでフォルダの中身を表示できます。「よく使う項目」によく利用するフォルダやファイルを登録することもできます。

「よく使う項目」で目的のファイルにすばやくアクセスする

サイドバーには、使用頻度の高いフォルダや機能を呼び出すための項目が並んでいます。それぞれの項目は「よく使う項目」「iCloud」「デバイス」「場所」「タグ」などに分類されています。「よく使う項目」にファイルやフォルダを登録しておくと、わざわざ階層を辿らなくてもすばやくアクセスできます。

● サイドバーからフォルダを開く

ウインドウを開き、サイドバーの［書類］をクリックします❶。ウインドウの表示が「書類」フォルダの中身に切り替わります。

● サイドバーにフォルダを登録する

サイドバーに登録するフォルダを［よく使う項目］にドラッグします❶。ドラッグしたフォルダが、サイドバーに登録されます。

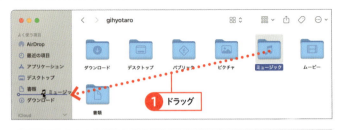

MEMO

よく使う項目からフォルダを削除する

「よく使う項目」に追加したフォルダを削除するには、フォルダをサイドバーの外側にドラッグします。サイドバーから削除しても、オリジナルのフォルダは元の場所に残ります。

サイドバーの表示項目をカスタマイズする

サイドバーに登録されている項目の中で、あまり使わない項目がある場合は非表示にできます。なお、サイドバーそのものを非表示にするには、Finderのメニューバーで[表示]→[サイドバー非表示]をクリックします。サイドバーを再表示するには、[表示]→[サイドバーを表示]をクリックします。

1 サイドバーに表示する項目を設定する

メニューバーで[Finder]→[設定]をクリックします❶。「Finder設定」で[サイドバー]をクリックし❷、サイドバーに表示する項目をクリックしてオンにして❸、非表示にする項目をクリックしてオフにします❹。

MEMO
非表示にした項目を再登録する
サイドバーに登録された項目は、アイコンをウインドウの外側にドラッグしても非表示にできます。再登録するにはサイドバーにアイコンをドラッグするか、「Finder設定」でチェックをオンにします。

2 表示項目が変更される

Finderウインドウに戻ると、チェックをオフにした「最近の項目」が非表示になり、チェックをオンにしたホームフォルダ(ここでは「ミュージック」)が表示されます。

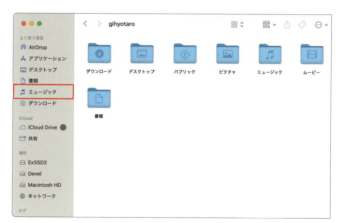

Column 分類ごとに表示と非表示を切り替える

Macに接続している外部記憶装置や、同一ネットワークのパソコンの数が多いと、サイドバーに表示される項目が増えすぎて、使いづらくなります。このような場合は、サイドバーの分類ごとに、項目の表示と非表示を切り替えましょう。分類内の項目をまとめて非表示にするには、分類名にマウスポインタを合わせると表示される ⌄ をクリックします❶。再表示するには、再度 › をクリックします。

Chapter 2　Macの基本操作

Section 9　フォルダを作成する／選択する

☑ 新規フォルダ
☑ 名前の変更
☑ フォルダの選択

Finderでは、ユーザが新たにフォルダを作成して、ファイルやフォルダを整理できます。一部のシステム関係のフォルダを除き、フォルダは任意のフォルダ内に作成できます。

フォルダを作成する

新規フォルダは、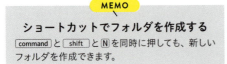をボタンから作成します。新規フォルダを作成したら、続いてフォルダの名前を入力します。フォルダの名前はあとから変更することもできます。

● 新規フォルダを作成する

Finderウインドウの ⊙˅ をボタンをクリックし❶、表示されたメニューから［新規フォルダ］をクリックします❷。新たにフォルダが作成されるので、名前を入力して return を押します❸。

> **MEMO**
> **ショートカットでフォルダを作成する**
> command と shift と N を同時に押しても、新しいフォルダを作成できます。

● フォルダやファイルの名前を変更する

名前を変えたいフォルダやファイルを選択し、名前が表示されている部分をクリックします❶。名前欄が入力可能になるので、任意の名前を入力して return を押すと❷、変更が反映されます。

ファイル／フォルダを選択する

ファイル／フォルダはクリックして選択できます。複数のファイルを選択したい場合は、`command`もしくは`shift`を押しながら選択したい項目をクリックします。また、ドラッグすることでも範囲内にある複数のファイル／フォルダを選択できます。

● ファイル／フォルダを1つ選択する

選択するファイル／フォルダの上にマウスポインタを移動して、クリックします❶。クリックしたファイル／フォルダが選択され、選択中はアイコンやフォルダ名の色が変わります。

● 隣接する複数ファイル／フォルダを選択する

ウインドウやデスクトップでドラッグすると❶、ドラッグの始点と終点を対角線とする矩形が表示されます。この矩形で囲まれた範囲内にあるファイル／フォルダが選択されます。

● 離れた位置にある複数ファイル／フォルダを選択する

1つ目のファイル／フォルダをクリックし❶、`command`を押しながら別のファイル／フォルダをクリックします❷。最初に選択したファイル／フォルダに加えて、続けてクリックしたファイル／フォルダも選択されます。

> **MEMO**
> **`shift`を押して選択する**
> リスト表示、カラム表示、ギャラリー表示で`shift`を押しながら2つのファイル／フォルダをクリックすると、その間にあるファイル／フォルダがまとめて選択されます。

Chapter 2　Macの基本操作

Section 10　タブを利用する

- ☑ タブ
- ☑ タブの分離
- ☑ タブの結合

フォルダの内容の比較や、フォルダ間でのファイルのコピーなど、複数のフォルダを同時に表示した状態で作業する場合は「タブ」を利用すると効率的です。タブとは、1つのウインドウ内に複数のフォルダの中身を表示する機能です。

タブでフォルダを開く／切り替える

異なる複数のフォルダ間で作業する場合は、作業するフォルダを「タブ」で表示すると便利です。1つのウインドウ内がタブによって区切られるため、たくさんのウインドウで画面を占有されることなく、効率的に作業ができます。

● フォルダをタブで開く

タブに内容を表示するフォルダを、command を押しながらダブルクリックします❶。タブバーに2つのタブが表示され、ダブルクリックしたフォルダの内容が右側のタブに表示されます。

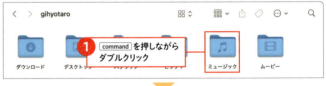

● タブを切り替える

複数のタブでフォルダを開いた状態で、切り替えたいフォルダのタブをクリックします❶。タブが切り替わり、クリックしたタブのフォルダの内容が表示されます。

MEMO
新規タブ
タブバーの右端にある + をクリックして、新規にタブを開くことも可能です。

タブを分離する／結合する

タブを分離することで、元のウインドウとは別のウインドウにフォルダの内容を表示できます。複数のフォルダの内容を同時に確認したい場合などは、タブを分離すると便利です。また、開いているウインドウが増えてきたら、タブを結合してまとめておくとデスクトップがスッキリします。

● タブを分離する／結合する

分離したいタブをウインドウの外側に向けてドラッグします❶。タブの内容が、新しいウインドウで表示されます。
なお、タブを別のウインドウの中にドラッグすると、ドラッグ先のウインドウとタブが結合し、1つのウインドウとして表示されます。

● すべてのウインドウを結合する

フォルダのウインドウが複数開いた状態で、メニューバーで［ウインドウ］→［すべてのウインドウを結合］をクリックします❶。ウインドウが1つにまとめられ、それまで開いていたウインドウが1つのウインドウにタブ表示されます。

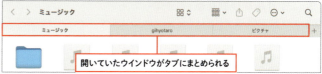

Column　タブを使わずにウインドウを開く

初期設定では、commandを押しながらフォルダをダブルクリックすると、新たなタブにフォルダの内容が表示されます。この設定を変更することで、同様の操作で新しいウインドウにフォルダの内容を表示させることもできます。設定を変更するには、「Finder設定」（65ページ参照）の「一般」パネルで、［フォルダを新規ウインドウではなくタブで開く］をクリックしてオフにします❶。

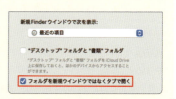

Chapter 2　Macの基本操作

Section 11　ファイルやフォルダを移動する／コピーする

- ✓ ファイルの移動
- ✓ ファイルのコピー
- ✓ ファイルの複製

ファイルやフォルダの移動／コピーは、ファイルやフォルダのアイコンを移動先のフォルダにドラッグして行います。また、ファイルやフォルダのコピーを同じ場所に作成することも可能です。

ドラッグして移動する／コピーする

ファイルやフォルダを別のフォルダに移動するには、移動先フォルダのタブやウインドウに、ファイルやフォルダのアイコンをドラッグします。コピーするには、[option]を押しながらファイルやフォルダをコピー先のフォルダにドラッグします。

● ファイルやフォルダを移動する

① ファイルをドラッグする

移動するファイルのアイコンを、移動先フォルダのタブまたはウインドウにドラッグします❶。移動したファイルのアイコンが、元フォルダから消えます。

② ファイルが移動する

移動先フォルダのタブまたはウインドウをクリックします❶。移動先フォルダの内容に切り替わり、ファイルが移動していることを確認できます。

Column　同名ファイルがある場合

移動／コピー先フォルダに同名のファイル／フォルダがあると、図のようなメッセージが表示されます。［両方とも残す］をクリックすると、移動／コピーしたファイル／フォルダ名の末尾に「(1)」という文字列が付けられます。［中止］は操作を中止し、［置き換える］は同名のファイル／フォルダを上書きします。

● ファイル／フォルダをコピーする

1 `option` を押しながらドラッグする

コピーするファイルのアイコンを、`option` を押しながら移動先フォルダのタブまたはウインドウにドラッグします❶。このとき、マウスポインタに ⊕ アイコンが表示されます。

2 コピー元のファイルを確認する

コピーしたファイルのアイコンは、元フォルダにそのまま残ります。コピー先フォルダのタブをクリックします❶。

3 ファイルがコピーされる

コピー先フォルダの内容に切り替わり、ファイルがコピーされていることを確認できます。

> **MEMO**
> **外部ディスクを使う場合**
> USBメモリや外部ストレージからMacの起動ディスクへファイルやフォルダをドラッグすると、データは「コピー」されます。`command` を押しながらドラッグすると、「移動」されます。

Column 移動やコピーを中断する

ファイルやフォルダの移動／コピーを中断するには、移動／コピー中に表示される画面で ⊗ をクリックします❶。

メニューバーを使って移動する／コピーする

メニューバーを使って、ファイルやフォルダを移動／コピーすることもできます。コピー元のファイルやフォルダを選択し、メニューバーで［編集］→［"（選択項目）"をコピー］をクリックします。これにより、元ファイルやフォルダのデータが、Mac内の「クリップボード」と呼ばれる領域に一時保存されます。続いてコピー先のフォルダを表示して、「編集」メニューの［項目をペースト］をクリックすると、データが複製されます。また、メニューバーで［ファイル］→［複製］を選んだ場合は、クリップボードに一時保存することなく、即座に元ファイルやフォルダのデータが複製されます。

● ファイル／フォルダをコピーする

1 ファイルをコピーする

コピーするファイルをクリックして選択し❶、メニューバーで［編集］→［"○○"をコピー］をクリックします❷。

2 コピー先フォルダを開く

コピー先のフォルダを開き、メニューバーで［編集］→［項目をペースト］をクリックします❶。

> **MEMO**
> **ショートカットでコピーする**
> commandを押しながらCを押すとコピー、commandを押しながらVを押すとペーストの操作ができます。

3 ファイルがコピーされる

コピー先フォルダに、手順❶でクリックしたファイルがコピーされます。

Column　メニューを使って移動する

ファイルを移動する場合も、手順❶の方法でコピーを行い、コピー先フォルダを開きます。optionを押しながら［編集］をクリックすると❶、［ここに項目を移動］というメニュー項目が表示されます。これをクリックすると❷、ファイルが移動し、元のフォルダからファイルが消えます。［ここに項目を移動］をクリックする代わりに、optionとcommandとVを同時に押しても同じ結果になります。

● ファイル／フォルダを複製する

1 メニューをクリックする

複製を作るファイル／フォルダをクリックします❶。メニューバーで［ファイル］→［複製］をクリックします❷。

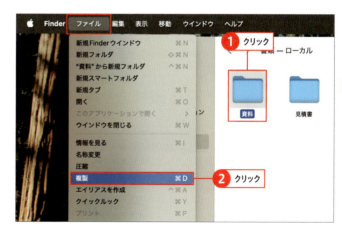

> **MEMO ショートカットで複製する**
> ファイル／フォルダを選択して、command を押しながら D を押すことでも複製できます。

2 ファイルが複製される

同じフォルダ内に、手順❶でクリックしたファイル／フォルダの複製が作られます。複製で作成されたファイル／フォルダの名前は「○○のコピー」となります。必要に応じて、66ページの方法で名前を変更します。

Column フォルダの自動表示のタイミングを変更する

ファイルやフォルダをコピー／移動先フォルダのアイコンにドラッグして重ね、そのまましばらく待つと、フォルダの内容が自動的にウインドウで開きます。この動作を「スプリングローディング」と呼びます。

ファイルやフォルダをコピー／移動先フォルダに重ねてから自動的にウインドウが開くまでのタイミングは、「システム設定」アプリの「アクセシビリティ」パネル内の「ポインタコントロール」（382ページ参照）で変更できます。なお、コピー／移動先フォルダにファイルやフォルダを重ねて space を押すと、すぐにウインドウが開きます。

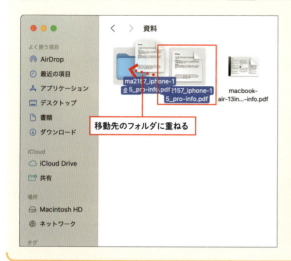

Chapter 2　Macの基本操作

Section 12 ファイル／フォルダを削除する

- ゴミ箱
- ゴミ箱を空にする
- ファイルの削除

不要になったファイル／フォルダを放置しておくと、ファイル整理の妨げになるうえ、Macの起動ディスクの空き容量も圧迫します。不要なファイル／フォルダは、「ゴミ箱」という特別なフォルダに入れて削除しましょう。

ファイル／フォルダを「ゴミ箱」に入れる

「ゴミ箱」は、Dockの右端にあるアイコンをクリックすると開く特殊なフォルダで、削除したファイル／フォルダが保管されています。この時点ではファイル／フォルダはMacから削除されておらず、通常のFinderウインドウでの操作と同様に、ドラッグして「ゴミ箱」から取り出すことができます。

● ファイル／フォルダを移動する

① ［ゴミ箱に入れる］をクリックする

削除するファイル／フォルダを選択し、メニューバーで［ファイル］→［ゴミ箱に入れる］をクリックします❶。

MEMO ショートカットで削除する
ファイル／フォルダを選択して、command を押しながら delete を押すことでも削除できます。

② ファイルが移動する

ファイルがゴミ箱に移動し、Dockの「ゴミ箱」アイコンが変化します。

MEMO 削除を取り消す
手順①で［ゴミ箱に入れる］をクリックした直後、あるいは command を押しながら delete を押した直後に、command を押しながら Z を押すと、削除したファイルが元の場所に戻ります。ただし、削除後に別のファイル／フォルダのコピー／移動などほかの操作をした場合は、この方法ではファイルを元の場所に戻すことはできません。

「ゴミ箱」に入れたファイル／フォルダを削除する

ファイル／フォルダをゴミ箱に移動しただけでは、Macの起動ディスクの空き容量は増えません。空き容量が不足するとMacの動作が不安定になることがあるので、「ゴミ箱」の中身は定期的に空にして、空き容量を確保しましょう。

1 「ゴミ箱」の中身を表示する

Dockの[ゴミ箱]をクリックし、「ゴミ箱」ウインドウを開きます。「ゴミ箱」の中身を確認し、[空にする]をクリックします❶。

2 メッセージが表示される

確認のダイアログボックスが表示されるので、[ゴミ箱を空にする]をクリックします❶。

3 ファイル／フォルダが削除される

ファイル／フォルダが削除され、[ゴミ箱]の中身が空になりました。

Column 削除したファイルを元に戻す

ゴミ箱を空にする前であれば、削除したファイル／フォルダは元の場所に戻すことができます。「ゴミ箱」フォルダで削除したファイル／フォルダを選択し、メニューから[ファイル]→[戻す]をクリックすると❶、選択したファイル／フォルダが元の場所に移動します。

Chapter 2　Macの基本操作

Section 13　コントロールセンターを活用する

- ☑ コントロールセンター
- ☑ メニューバー
- ☑ ステージマネージャ

コントロールセンターは、Wi-Fi、Bluetooth、サウンドなどの項目をまとめた機能です。この画面から、Wi-Fiなどのオン／オフや設定の変更がかんたんにできて便利なので、使い方を覚えておきましょう。

コントロールセンターを開く

macOSの主要な設定にすばやくアクセスできる、便利なコントロールセンターの使い方を解説します。なお、「システム設定」アプリでコントロールセンターの項目をメニューバーに表示することもできます。

①　[コントロールセンターのアイコン] をクリックする

メニューバーの 🎛 をクリックします❶。

②　コントロールセンターが表示される

ウインドウの右上にコントロールセンターが表示されました。

● コントロールセンターの各部名称

❶ Wi-Fi／Bluetooth／AirDrop
ボタンをクリックすると、各機能のオン／オフを切り替えできます。また、接続先の設定も可能です。

❷ 集中モード
クリックすると、集中モードの設定を変更できます。

❸ ステージマネージャ
クリックすると、ステージマネージャのオン／オフを切り替えできます。

❹ 画面ミラーリング
ミラーリング先のディスプレイを設定できます。

❺ ディスプレイ
ディスプレイの明るさを調整できます。また、ダークモードやNight Shiftのオン／オフを切り替えできます。

76

❻ **サウンド**
サウンドの大きさを調整できます。また、サウンドの出力先を選択できます。

❼ **ミュージック**
ミュージックの再生／停止、次の曲の再生を操作できます。

● コントロールセンターの項目をメニューバーにも表示する

① 「システム設定」アプリを開く

Dockから「システム設定」アプリを開いて［コントロールセンター］をクリックし❶、「コントロールセンターモジュール」の項目（ここでは集中モード）の［メニューバーに常に表示］をクリックします❷。

② メニューバーに表示される

手順①で設定した集中モードのアイコンがメニューバーにも表示されました。

Column　コントロールセンターに項目を追加表示させる

手順①の画面には、その他のモジュールの一覧があります。コントロールセンターに表示させたい項目の［コントロールセンターに表示］をクリックしてオンにすると、画像のようにアイコンが表示されます。初期設定の項目以外にも、よく使う項目がある場合は、追加すると便利です。

Chapter 2　Macの基本操作

Section
14 ｜ 通知センターを活用する

- ✓ 通知センター
- ✓ システム設定
- ✓ ウィジェットの追加

メールの受信やカレンダーの予定、SNSでのメッセージの受信など、さまざまな情報を伝えてくれる機能が通知センターです。通知は画面の右上にポップアップ表示されるため、作業の邪魔になりません。

通知を確認する

新しいメールの受信時や、カレンダーに設定していた予定の時間が近づくと、新しい通知が表示されます。通知は数秒間表示されたのち自動的に消えますが、処理していない通知を通知センターでまとめて確認することもできます。

1 バナー型の通知を確認する

右の画面は、メッセージを受信したときに現れるバナー型の通知です。マウスオーバーで、メールの返信や削除の操作ボタンが選択できるようになります。

2 通知センターを確認する

バナー型の通知を見逃してしまったときや、これまでの通知を確認するには、メニューバーの右端にある時刻をクリックします❶。通知センターが表示されるので、メールやカレンダー、SNSの通知をまとめて確認できます。また、特定のメッセージをクリックすると、該当するアプリが起動して内容を確認できます。

78

通知の方法を変更する

通知センターでは、2種類の通知方法が利用できます。自動的に消えるバナーと、操作するまで消えない通知パネルの2つです。これらの通知方法を選択することで、Macをより使いやすくできます。

● アプリケーションごとに通知を変更する

「システム設定」アプリから「通知」パネルを開くと、カレンダーやメール、メッセージなど、アプリケーションごとに通知方法や通知音のオン／オフを設定できます。また、通知をDock内のアイコンに表示する「バッジ表示」の設定も可能です。

ウィジェットをカスタマイズする

通知センターには今日の予定、株価、天気などのウィジェットを配置して、リアルタイムの情報を確認できます。表示するウィジェットはカスタマイズが可能です。ここでは「SNS」ウィジェットを追加して、通知センターからメッセージを送信する手順を解説します。

● アプリケーションごとに通知を変更する

1 通知センターを表示する

時刻をクリックして❶、通知センターを開きます。下にスクロールして、［ウィジェットを編集］をクリックします❷。

② ウィジェットを編集する

追加可能なウィジェットのリストが表示されます。リストの左上の検索フィールドで検索するか、リスト上の追加したいウィジェットをクリックします❶。

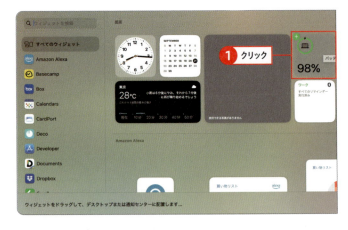

③ ウィジェットが追加される

バッテリーの充電状態を表示するウィジェットが追加されました。なお、左上の ⊖ をクリックすると、通知パネルからウィジェットを削除できます❶。

④ 編集の完了

［完了］をクリックするか❶、デスクトップ上の何もない場所をクリックすると、編集が完了します。

Column　通知パネルの利用

79ページの「通知の方法を変更する」の方法で、「メール」アプリや「メッセージ」アプリの通知スタイルを「通知パネル」に設定すると、通知がパネルとして残るようになります。スタイルを「バナー」にした場合、バナーは一定の時間が経つと消えてしまいますが、通知パネルは操作して消すまで画面に表示され続けるようになります。

ウィジェットの表示サイズを変更する

多くのウィジェットは、表示サイズを大、中、小から選択できます。ウィジェットによっては、サイズが変更できないものもあります。ここでは、天気予報のウィジェットのサイズを変更します。

1 ウィジェットのサイズを選択する

メニューバーの時刻をクリックして、通知センターを開きます。天気予報のウィジェットの上で control を押しながらクリックし❶、表示されたリストの［大］をクリックします❷。

2 ウィジェットのサイズが変更される

手順❶でクリックした天気予報のウィジェットが［大］のサイズで表示されました。

ウィジェットの順番を並び替える

縦に並んでいるウィジェットの順番は、ドラッグ＆ドロップで自由に並び替えることができます。よく使用するウィジェットは上部に配置すると便利です。

1 配置したい場所にドラッグ＆ドロップする

スクリーンタイムのウィジェットをドラッグし、ひとつ上にドラッグ＆ドロップします❶。

2 ウィジェットの順番が並び替えて表示される

手順❶でドロップした位置にウィジェットが配置されました。

Chapter 2　Macの基本操作

Section 15 デスクトップの表示を変更する

- ダークモード
- ライトモード
- ピクチャを変更

デスクトップの背景に表示される「壁紙」(デスクトップピクチャ)は好きな画像に変更できます。また、黒を基調とした「ダークモード」も利用できるので、好みに応じて設定しましょう。

ライトモードとダークモード

最新のMacでは、黒を基調としたデザインの「ダークモード」が利用できます。これに対して、通常の画面は「ライトモード」と呼ばれます。操作などには全く差がないので、好みのモードを利用しましょう。本書では、基本的にライトモードで解説を行います。

● ライトモードとダークモードの違い

以前と同様の画面は「ライトモード」と呼ばれるようになりました。白を基調とした明るい色合いです。

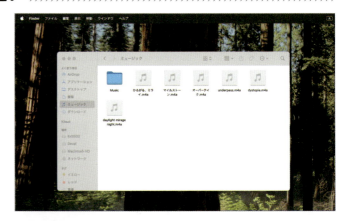

ダークモードに設定すると、画面全体が黒を基調とした色合いになります。Finderなどもモードに合わせて色が変更されます。

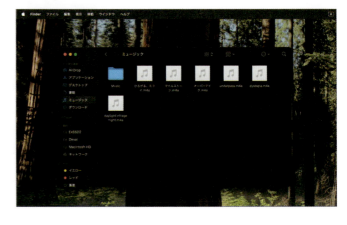

MEMO
ダイナミックデスクトップ
一部の壁紙は、時間帯によってデスクトップの画像が変化する「ダイナミックデスクトップ」機能が利用できます。

ライトモードとダークモードを切り替える

ライトモードとダークモードはセットアップ時に選択して設定できますが、あとから変更することもできます。どちらのモードでも、色合い以外は同じ機能・画面を利用できます。

1 「コントロールセンター」を起動する
メニューバーの をクリックします❶。

2 「ディスプレイ」設定を開く
[ディスプレイ]の をクリックします❶。

3 モードを変更する
[ダークモードオフ]のアイコンをクリックすると❶、ダークモードに切り替わります。同様の手順で[ダークモードオン]をクリックすると、ライトモードに切り替わります。

Column 「システム設定」アプリからモードを変更する

Dockの[システム設定]をクリックし（342ページ参照）、[外観]をクリックして❶、「外観モード」の中からモードをクリックすることでも❷、デスクトップの表示を変更できます。さらに、この設定画面からアクセントカラーや強調表示色なども自由に選択できます。

壁紙を変更する

1 「壁紙」パネルを開く

デスクトップを control を押しながらクリックし❶、表示されるメニューの[壁紙を変更]をクリックします❷。

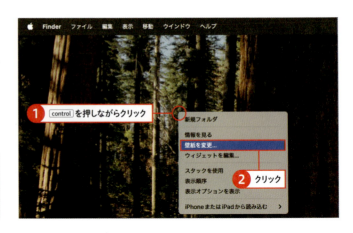

> **MEMO**
> **「システム設定」アプリから開く**
> 「壁紙」パネルは、「システム設定」アプリから開くことも可能です。

2 壁紙を選択する

「システム設定」アプリの「壁紙」パネルが開きます。Macに用意されている壁紙が表示されるので、背景にしたい壁紙をクリックします❶。

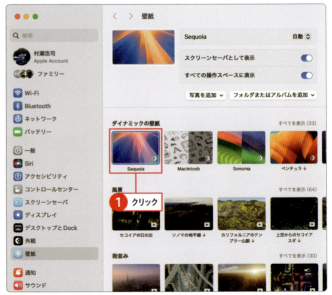

> **MEMO**
> **壁紙のダウンロード**
> 「壁紙」パネルに表示される壁紙のうち、名前の右に⬇が表示されているものは、初めて壁紙に設定する際にダウンロードが必要です。ダウンロードは壁紙をクリックすると自動的に行われます。

3 壁紙が変更される

手順❷でクリックした壁紙が、デスクトップの背景になります。

> **MEMO**
> **好きな画像を選択する**
> 手順❷の画面で[写真を追加]をクリックすると、「写真」アプリのライブラリやフォルダ内にある写真、画像を壁紙に設定できます。[フォルダまたはアルバムを追加]をクリックすると、写真が保存されたフォルダやアルバムを「壁紙」パネルに追加できます。

Chapter 3

ファイル管理を効率化する

Section

1. よく使うファイルやフォルダをすばやく開く
2. ファイルやフォルダの内容をすばやく確認する
3. ファイルをすばやく編集する
4. ファイルやフォルダにタグを付ける
5. ファイルやフォルダを圧縮する
6. ファイルやフォルダを検索する
7. スマートフォルダを作成する
8. 外部記憶装置を利用する
9. Finderウインドウのツールバーを利用する

Chapter 3 ファイル管理を効率化する

Section 1

よく使うファイルやフォルダをすばやく開く

- ☑ ファイル
- ☑ Dock
- ☑ 最近使った項目

ひんぱんに中身を参照するファイルやフォルダは、すばやく呼び出せるように工夫しましょう。Dockにファイルやフォルダを登録しておけば、クリックするだけで、いつでも表示できて便利です。

ファイルの操作履歴からすばやく開く

Macでは、ユーザによるファイルの編集や操作の履歴が一定期間、自動的に保存されます。この履歴を参照してファイルを開けるのが、Appleメニューの「最近使った項目」や、Finderの「最近の項目」などの機能です。これらの機能を利用すれば、途中まで進めていた作業をすばやく再開できるなどのメリットがあります。

● Appleメニューを利用する

[Appleメニュー]をクリックします❶。[最近使った項目]をクリックすると❷、最近使ったファイルの履歴が表示されます。目的のファイルをクリックすると❸、ファイルが対応アプリケーションで開きます。

● Finderを利用する

Finderウインドウで、サイドバーの[最近の項目]をクリックすると❶、Macに保存したすべてのファイルの中から、最近使用したものが表示されます。をクリックし、名前や種類別に並べ替えることで、効率的にファイルを探せます。

Dockからファイルやフォルダをすばやく開く

初期設定では、DockはMacの画面に常に表示されています。そのため、どのアプリケーションで作業していても、登録されたファイルやフォルダをクリックすることで、すばやく中身を表示できます。ひんぱんに利用するファイルやフォルダは、Dockに登録しておくと便利です。

● フォルダをDockに登録する

Dockにファイルやフォルダを登録するには、Dockの境界線の右側にファイルやフォルダをドラッグします❶。なお、Dockからファイルやフォルダを削除するには、登録したアイコンをDockの外側にドラッグします。

● Dockのフォルダを開く

(1) アイコンをクリックする
Dockに登録したフォルダのアイコンをクリックします❶。

(2) フォルダの中身が表示される
フォルダの中身が並んで表示されます。並んだアイコンのいずれかをクリックすると❶、ファイルやフォルダが開きます。［Finderで開く］をクリックすると❷、Finderウインドウにフォルダの中身が表示されます。

Column　Dockに登録したフォルダの表示形式を切り替える

Dockに登録したフォルダの中身を表示する形式は、手順②のようにアイコンが並んで表示される「グリッド」のほか、「ファン」と「リスト」が用意されています。初期設定では、アイコンの数に応じて表示形式を切り替える「自動」が選択されています。表示形式を切り替えるには、Dockのアイコンを control を押しながらクリックし、メニューの［内容の表示形式］から目的の形式をクリックします。

Chapter 3　ファイル管理を効率化する

Section 2 ファイルやフォルダの内容をすばやく確認する

- ☑ クイックルック
- ☑ タイル表示
- ☑ 情報ウインドウ

クイックルックを利用すると、アプリケーションを使わずに、写真やムービー、文書などのファイルをプレビューできます。また、ファイルやフォルダの詳細情報を確認したい場合は、情報ウインドウやインスペクタを表示します。

ファイルのプレビューをすばやく表示する

Macでは、Finderでファイルのアイコンを選択し、 space を押すことで、ファイルの内容をすばやくプレビューできます。この機能を「クイックルック」と呼びます。プレビューを閉じるには、再度 space を押します。クイックルックは、主要な文書ファイルをはじめ、写真、ムービー、音楽など、さまざまな形式のファイルに対応しています。

● ファイルをプレビューする

(1) 文書をプレビューする

PDFなどの文書ファイルを選択し、 space を押してプレビュー表示すると、本文とともに、文書内の各ページがサムネール（縮小）表示されます。

(2) ムービーをプレビューする

ムービーや音楽ファイルを選択し、 space を押してプレビュー表示すると、簡易再生が開始されます。再生の一時停止や早送り／巻き戻しは、ウインドウ下部のコントローラを操作して行います。

● 複数のファイルをプレビュー表示する

(1) 複数のファイルをプレビュー表示する

複数のファイルを選択して space を押すと、最後に選択したファイルの内容がプレビュー表示されます。□□ をクリックします❶。

(2) タイル状にプレビュー表示される

選択しているすべてのファイルのプレビューが、タイル状に表示されます。いずれかのプレビューをクリックすると、そのファイルの内容が大きくプレビュー表示されます。

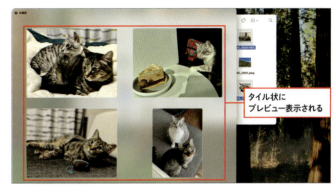

> **MEMO フルスクリーンモードでプレビューする**
> ファイルを選択して、 option を押しながら space を押すと、プレビューが全画面表示されます。

● ファイルやフォルダの詳細を確認する

(1) メニューをクリックする

ファイルやフォルダを選択し、メニューバーで[ファイル]→[情報を見る]をクリックします❶。

(2) 情報ウインドウが表示される

情報ウインドウが表示され、フォルダの総ファイルサイズ、保存されているファイルの数、作成日や変更日などを確認できます。

> **MEMO 複数のファイルやフォルダの情報を確認する**
> 複数のファイルやフォルダの情報は、「インスペクタ」ウインドウで確認できます。インスペクタを表示するには、複数のファイルを選択した状態で option を押しながら、メニューバーの[ファイル]→[インスペクタを表示]をクリックします。

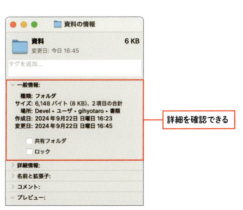

Chapter 3　ファイル管理を効率化する

Section 3　ファイルをすばやく編集する

☑ クイックルック
☑ 機能拡張を編集
☑ 編集

Macでは、クイックルックからかんたんなファイル編集をすぐに行うことができます。画像にメモを記入したい場合や、写真の一部をトリミングしたい時などに活用してみましょう。

クイックルックから編集する

Macでは、クイックルックの上部にFinderのクイックアクション（349ページ参照）のようなボタンが表示され、ここから編集を行うことができます。ここに表示される内容は、ファイルの種類によって異なり、それぞれクリックだけで利用することができます。

Column　その他の操作

クイックルック上部の 📤 をクリックすると❶、メールなどにファイルを添付することができます。［機能拡張を編集］をクリックすると、カスタマイズ用の画面が開きます。

● クイックルックから画像を編集する

(1) 編集画面を開く

編集したいファイル（ここでは画像）をクイックルックで表示し、◎をクリックします❶。

(2) ファイルを編集する

編集用画面が表示されます。ウインドウの上部に手書き記入やカラー調整などの編集ボタンが表示されており、クリックして操作します❶。ここではトリミングをします。

(3) 変更を保存する

編集が完了したら、[完了]をクリックします❶。

(4) ファイルを確認する

再度ファイルを開くと、編集結果が反映されていることを確認できます。

Chapter 3　ファイル管理を効率化する

Section 4 ファイルやフォルダにタグを付ける

☑ タグ
☑ タグのカスタマイズ
☑ Finder設定

ファイルやフォルダには、「タグ」と呼ばれる目印を付けることができます。タグを設定しておけば、ファイル名の先頭にアイコンが表示されるので、重要なファイルをほかのファイルと区別するのに役立ちます。

ファイルやフォルダにタグを付ける

ファイルやフォルダにタグを付けるには、目的のファイルやフォルダを選択し、Finderウインドウの◇をクリックします。表示されるメニューから、目的のタグをクリックします。メニューの[すべてを表示]をクリックすると、「ホーム」「仕事」「重要」などの具体的な名前の付いたタグが追加表示され、ファイルやフォルダに設定できるようになります。

● ファイルをプレビューする

1　タグをクリックする

ファイルやフォルダをクリックして❶、◇をクリックします❷。表示されるメニューから、目的のタグをクリックします❸。

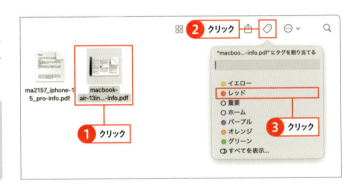

MEMO　新しいタグを追加する
メニュー上部のテキストエリアに、追加したいタグの名前を入力すると、新しいタグとして登録できます。

2　タグが付けられる

メニュー以外の部分をクリックすると、選択したファイルにタグが付き、ファイル名の先頭にタグと同色のアイコンが表示されます。

Column　タグを削除する

ファイルやフォルダに付けたタグを削除するには、手順②の画面で設定済みのタグをクリックし、[delete]を押します。なお、1つのファイルやフォルダには複数のタグを付けることができます。

タグをカスタマイズする

タグは、名前の変更や新規追加などのカスタマイズができます。「仕事用」「プライベート用」「緊急」などの名前をタグに付けておけば、タグを付けたファイルやフォルダの内容を判別できるようになり、ファイルの整理や管理に役立ちます。

● タグの名前を変更する

65ページの方法でFinder設定を表示して、[タグ]をクリックします❶。変更したいタグの名前の部分をクリックし、新しい名前を入力して❷、return を押します。

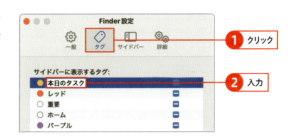

● タグを新たに追加する

(1) 新規タグを追加して名前を付ける

Finder設定の「タグ」設定画面で、+ をクリックします❶。リストの最上部に新しいタグが作成されたら、名前を入力して❷、return を押します。

> **MEMO**
> **タグを並べ替える**
> タグを上下にドラッグすることで、表示の順番を変更できます。よく使うタグを上位に配置しておくと、すばやくタグが付けられます。

(2) タグの色を設定する

タグに色を付ける場合は、色のアイコンをクリックして❶、表示されたメニューから任意の色をクリックします❷。

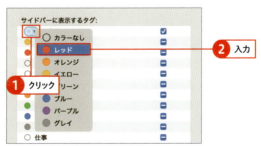

Column　同じタグを付けたファイルやフォルダを探す

Finderウインドウのサイドバーには、「タグ」の一覧が表示されています。いずれかのタグをクリックすると、そのタグが設定されたファイルやフォルダを検索し、ウインドウにまとめて表示できます。

Chapter 3 ファイル管理を効率化する

Section 5 ファイルやフォルダを圧縮する

- ☑ 圧縮
- ☑ 展開
- ☑ ZIP形式

容量の大きいファイルや、複数のファイルをメールに添付して送信する場合は、相手の負担を低減するために「圧縮」してファイルサイズを減らし、複数のファイルを1つのファイルにまとめましょう。

ファイルやフォルダを圧縮して1つにまとめる

Macでは、Finderで選択したファイルをZIP形式のファイルとして圧縮し、1つのファイルにまとめることができます。ZIP形式はMacに限らずWindowsでも標準で扱えるため、広く普及しています。

① メニューをクリックする

圧縮するフォルダをクリックして❶、メニューバーで［ファイル］→［圧縮］をクリックします❷。

② フォルダが圧縮される

フォルダが圧縮されます。 をクリックすると、圧縮を中止できます。

③ フォルダの圧縮が完了する

元のファイルやフォルダと同じフォルダ内に、圧縮したZIPファイルが作成されます。

> **MEMO キーボードとマウス操作で圧縮する**
> ファイルやフォルダを control を押しながらクリックして、［"（選択項目名）"を圧縮］をクリックしても、ZIPファイルを作成できます。

Column ファイルサイズが変わらない場合がある

PDFの文書やJPEGの写真などは、最初から圧縮された形式のファイルです。このようなファイルを圧縮してZIP形式にしても、圧縮の効果はほとんどなく、ファイルサイズもあまり変わりません。

圧縮したファイルやフォルダを展開する

圧縮されたZIPファイルを元のファイルやフォルダに戻して扱えるようにすることを、「展開」（または解凍）と呼びます。ZIPファイルを展開するには、ファイルをダブルクリックします。展開が完了すると、ZIPファイルと同じ場所に、元のファイルやフォルダが現れます。

1 ダブルクリックする

ZIPファイルをダブルクリックします❶。ZIPファイルを選択して、[command]を押しながら[O]を押してもかまいません。

2 展開される

ZIPファイルが展開されます。[キャンセル]をクリックすると、展開を中止します。

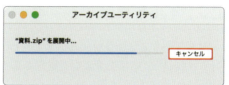

3 展開が完了する

元のZIPファイルと同じ場所に、ファイルやフォルダが展開されて作成されます。

> **MEMO**
> **SIT形式で圧縮されたファイルを展開する**
> Mac用アプリケーションなどのオンライン配布用途で、比較的多く利用されているのが、SIT形式と呼ばれる圧縮形式です。SIT形式のファイルを展開するには、別途「Stuffit Expander」などのアプリケーションが必要です。Stuffit Expanderは、App Store（148ページ参照）から無料で入手できます。

Column　Windowsで展開すると文字化けする

94ページの手順で圧縮したZIPファイルは、Mac間のやり取りでは問題ありませんが、Windowsの標準機能で展開すると、ファイルやフォルダの名前に使われた2バイト文字（日本語の漢字、ひらがな、カタカナ）が文字化けしてしまいます。また、不要なファイルなども紛れ込んでしまいます。以前はこの問題に対応した無料の圧縮ツールがApp Storeで入手できましたが、本稿の執筆時点では公開されていません。Macで圧縮したファイルがWindowsで文字化けする場合は、Windows側でこの問題に対応した「7-Zip」などの解凍ツールを利用しましょう。

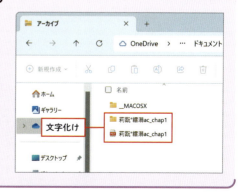

Chapter 3 ファイル管理を効率化する

Section 6 ファイルやフォルダを検索する

- ☑ Spotlight
- ☑ キーワード
- ☑ システム設定

Spotlightは、Mac標準の検索機能です。ファイルはもちろん、連絡先や予定などMac内に保存したさまざまな情報を検索できます。さらにストアやApp Storeなどのコンテンツやアプリを検索することも可能です。

Spotlightでファイルを検索する

Spotlightにキーワードを入力すると、ファイルの名前だけでなく、テキスト文書やメールのメッセージ、カレンダーの予定など、Mac内の情報をくまなく検索します。検索結果はプレビューで確認できるほか、クリックすれば、直接ファイルが開きます。

① 🔍 をクリックする
Spotlightで検索を始めるには、ステータスメニューの🔍をクリックします❶。

② キーワードを入力する
キーワードの入力ボックスが表示されたら、検索したいファイルに関連するキーワードを入力します。キーワードは、スペースで区切ることで複数指定できます。その場合、入力したすべてのキーワードを含むファイルやフォルダが検索されます。

③ 検索結果が表示される
表示された検索結果のリストをクリックして space を押すと❶、クイックルックでアプリやファイルの情報が確認できます。

選択したファイルの内容をクイックルックで確認できる

> **MEMO**
> **ファイルの場所を開く**
> 検索したファイルを直接開かずに、ファイルがある場所をFinderで開くには、 command と option を押した状態でクリックします。

SpotlightでWeb検索する

SpotlightにはWeb検索機能が備わっています。キーワードからWebページを検索するほか、ストア（iTunes Store）やApp Store内の検索にも対応しています。

1 キーワードを入力する

96ページの手順①を参考に🔍をクリックし、検索したいキーワードを入力します❶。検索結果が表示されるのでクリックします❷。

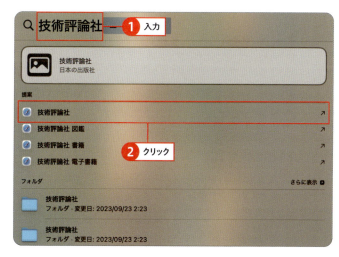

2 ブラウザでページを閲覧する

Webブラウザが起動して、ページが表示されます。

Column　Spotlightで特殊な検索を行う

Spotlightでは、ファイルやWeb検索以外にも、辞書や計算機などさまざまな機能を呼び出すことができます。たとえば、検索キーワードの入力ボックスに計算式を入力すると、計算の結果が表示されます。

フォルダ内を条件で絞って検索する

Finderウインドウのツールバーにある検索ボックスを使うと、検索範囲を現在開いているフォルダに限定したり、キーワード以外の条件を指定したりなどの絞り込み検索ができます。

① キーワードを入力する

Finderウインドウの🔍をクリックし、キーワードを入力します❶。キーワードをファイル名に限定する場合は、「名前に"○○"を含む」をクリックします❷。特定のフォルダ内を検索する場合は、そのフォルダを開いたウインドウで検索を開始します。

② フォルダを選択する

入力したキーワードを含む名前のファイルやフォルダが検索結果に表示されました。⊕をクリックして❶、条件を追加し、手順①で開いたフォルダ名をクリックして、検索範囲をフォルダ内に限定します。

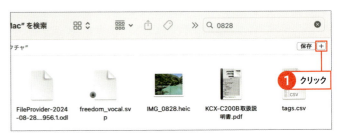

③ 条件を指定する

検索バーが表示されたら、左端のメニューをクリックして条件を指定し❶、属性を入力またはクリックして指定します❷。

④ 検索結果が絞り込まれる

追加した条件によって絞り込まれた検索結果が表示されます。さらに絞り込む場合は、改めて⊕をクリックして条件を追加します。

Column　常に表示中のフォルダ内を検索する

Finderウインドウからの検索では、上記のように、最初にMac内のすべてのフォルダを対象に検索した結果が表示されます。最初から現在表示中のフォルダのみの検索を行いたい場合は、Finder設定の「詳細」タブで、「検索実行時」のプルダウンメニューから[現在のフォルダ内を検索]をクリックします。

Spotlightの設定を変更する

Spotlightの検索結果として表示される項目が多すぎる場合や、検索結果に含めたくない項目がある場合は、検索対象となる項目を減らしたり、検索対象から除外するフォルダを指定するなどしましょう。これらの設定は、「システム設定」アプリの「Spotlight」パネルで行います。

① 「システム設定」アプリを開く

「システム設定」アプリを開いて、[Spotlight] をクリックします❶。表示された「Spotlight」パネルの「検索結果」では、検索するデータの種類を設定します。検索結果として表示する項目をクリックしてオンにし、表示しない項目をクリックしてオフにします❷。

② 「プライバシー」タブで設定する

Spotlightでの検索には、Macの起動ディスクをはじめ、接続したUSBメモリやSDカードも含まれます。[検索のプライバシー] をクリックし❶、表示されたパネルの [+] をクリックして❷、除外する外付けドライブやフォルダを選択します。

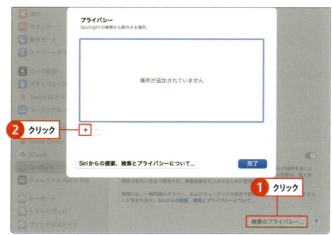

Column Spotlightで検索できる項目

Spotlightを使って検索できる項目の一例です。いずれの項目も、「検索結果」タブで検索結果への表示／非表示を変更できます。

アプリケーション	インストールされたアプリケーションを検索します。		連絡先	「連絡先」アプリに登録された、連絡先カードのデータを検索します。
システム設定	「システム設定」アプリの設定項目を検索します。		イベントとリマインダー	「カレンダー」アプリの予定と、リマインダーのタスクを検索します。
書類	ホームフォルダの「書類」フォルダ内を検索します。		Siriからの提案	SiriがSafariで関連するWebページを検索します。
フォルダ	フォルダを検索します。		メールとメッセージ	「メール」「メッセージ」の各アプリケーションでやり取りしたメール、メッセージを検索します。
各種ファイル	PDF、イメージ (写真)、ミュージック (音楽)、ムービーなどの各種ファイルを検索します。			
フォント	Macにインストールされたフォントを検索します。			

Chapter 3 ファイル管理を効率化する

Section 7 スマートフォルダを作成する

☑ スマートフォルダ
☑ 検索条件
☑ 検索

検索条件は、「スマートフォルダ」として保存することができます。スマートフォルダを作成しておけば、フォルダを開くだけで、条件を満たすファイルやフォルダをいつでも表示できます。

スマートフォルダを利用する

スマートフォルダは、条件を満たすファイルやフォルダを検索するためのフォルダです。普段は異なるフォルダにバラバラに保存している複数の文書ファイルの中から、仕事に関連するものだけを1つのウインドウにまとめて表示して確認する、などの用途で利用すると便利です。

● スマートフォルダを作成する

① **新規スマートフォルダを作成する**

Finderのメニューバーで、[ファイル]→[新規スマートフォルダ]をクリックします❶。

② **検索条件を入力する**

「新規スマートフォルダ」ウインドウが開いたら、[+]をクリックします❶。98ページの手順を参考にキーワードや検索条件を指定し、[保存]をクリックします。

③ **検索条件を保存する**

スマートフォルダの名前を入力して❶、保存場所を選択します❷。ここではサイドバーに配置するため、保存場所は変更しません。設定後、[保存]をクリックします❸。

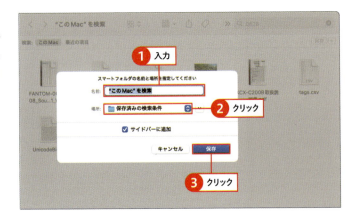

④ スマートフォルダが作成される

Finderウインドウのサイドバーに、スマートフォルダが作成されます。スマートフォルダをクリックすると、内容を確認できます❶。ほかの場所に保存したスマートフォルダは、通常のフォルダと同様にダブルクリックで開きます。

● スマートフォルダの検索条件を変更する

① スマートフォルダを開く

スマートフォルダをクリックして開きます❶。 をクリックし❷、［検索条件を表示］をクリックします❸。

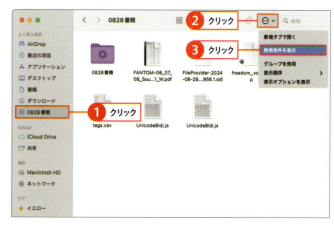

② 検索条件を変更する

「検索バー」が表示されるので、検索条件を変更します❶。［保存］をクリックすると❷、スマートフォルダの検索条件が変更されます。

Column　スマートフォルダを削除してもファイルは残る

スマートフォルダは通常のフォルダとは異なり、ファイルやフォルダがそこに保存されているわけではありません。あくまで検索結果として、ファイルやフォルダが表示されているだけです。そのため、スマートフォルダを削除しても、検索結果として表示されていたファイルやフォルダが削除されることはなく、本来の場所に残ります。

Chapter 3　ファイル管理を効率化する

Section 8　外部記憶装置を利用する

- ☑ USBメモリ
- ☑ SSD
- ☑ 取り外し

Macのデータ保存領域を拡張したり、ほかのユーザとデータをやり取りしたりする際は、外付けハードディスク／SSDやUSBメモリなどの外部記憶装置を利用します。これらは、内蔵ストレージの容量が少ないMacで特に有効です。

外部記憶装置を接続する

外付けハードディスク／SSDやUSBメモリ／SDカードなどの外部記憶装置をMacのUSBポートに接続すると、その機器のアイコンがデスクトップに表示されます。このアイコンをダブルクリックすると、記憶装置に保存されているデータが確認できます。なお、USB-C（USB TYpe-C）コネクタのみ搭載するMacにUSB-A対応の外部記憶装置を接続するには、変換ケーブル／アダプタが必要です。

● 外部記憶装置を接続する

① USBポートに接続する

USBケーブルを使用して、MacのUSBポートに外部記憶装置を接続します❶。

MEMO

Windows用の外部記憶装置

Windows用として販売されているUSBメモリや外付けハードディスク／SSDでも、USBで接続する方式の機器であれば、通常はMacで問題なく利用できます。ただし、付録でWindows用の管理ツールなどがインストールされている製品の場合、それらは利用できません。

② アイコンが表示される

外部記憶装置が正しく認識されると、デスクトップにアイコンが表示されます。アイコンをダブルクリックすると❶、記憶装置に保存されているファイルを確認できます。

●ファイル／フォルダをコピーする

(1) ファイル／フォルダをドラッグする
Mac内に保存されているファイルやフォルダを、外部記憶装置のウインドウにドラッグします❶。

(2) ファイル／フォルダがコピーされる
外部記憶装置にMacのファイルやフォルダがコピーされます。

外部記憶機器を取り外す

外部記憶装置をMacから取り外す場合は、事前に取り外しの操作を行う必要があります。取り外しの操作をせずに機器を取り外すと、最悪の場合、機器に保存されていたデータが破損して、読み書きができなくなることがあるので注意しましょう。

●取り外しの操作を行う

外部記憶装置のアイコンを、Dockのゴミ箱にドラッグします❶。デスクトップからアイコンが消えたら、外部記憶装置をMacから取り外します。

> **MEMO**
> **サイドバーから取り外す**
> サイドバーの「場所」に表示される機器名の右にある⏏をクリックしても、Macから機器を取り外せる状態になります。
>
>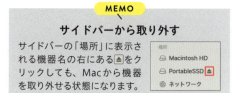

Column アイコンがデスクトップに表示されないときには？

外部記憶装置のアイコンがデスクトップに表示されない場合は、Finder設定（65ページ参照）の「一般」タブで、[外部ディスク]をクリックしてオンにします❶。

Chapter 3 ファイル管理を効率化する

Section 9

Finderウインドウの ツールバーを利用する

☑ ツールバー
☑ ツールバーのカスタマイズ
☑ ボタンの表示形式

Finderウインドウのツールバーは、必要に応じて表示／非表示を切り替えることができます。また、ボタンの配置を変更したり、新たなボタンを追加したりと、使いやすいようにカスタマイズすることも可能です。

ツールバーの表示／非表示を切り替える

ツールバーを非表示にすると、同時にサイドバーも非表示になります。なお、ツールバーの表示／非表示の設定は、設定したフォルダのウインドウにのみ適用され、ほかのフォルダのウインドウには影響しません。

① メニューをクリックする

ツールバーを非表示にするウインドウを開いた状態で、メニューバーの［表示］→［ツールバーを非表示］をクリックします❶。

② ツールバーが非表示になる

ツールバーとサイドバーが非表示になります。再表示するには、メニューバーの［表示］→［ツールバーを表示］をクリックします。

> **MEMO**
> **ステータスバーの表示／非表示**
> メニューバーの［表示］から、ステータスバーの表示／非表示の設定もできます。ステータスバーはFinderウインドウの下部にある、フォルダ内の項目数や容量などが表示される部分です。

104

ツールバーをカスタマイズする

ツールバーのボタンの配置を変更したり、ボタンを追加したりするには、ツールバーのカスタマイズ画面を表示します。

● ツールバーにボタンを追加する

1 メニューをクリックする

Finderウインドウを開き、メニューバーの[表示]→[ツールバーをカスタマイズ]をクリックします❶。

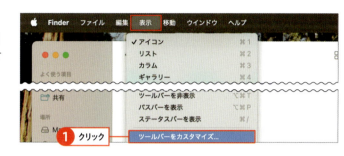

2 ボタンをドラッグする

ツールバーのカスタマイズ画面が表示されます。ツールバーに追加したいボタンを、カスタマイズ画面からツールバーにドラッグすると❶、ツールバーにボタンが追加されます。[完了]をクリックして❷、カスタマイズ画面を閉じます。

> **MEMO**
> **ボタンを並べ替える**
> ツールバーのカスタマイズ画面では、ツールバーに配置されているボタンをドラッグして並べ替えることができます。

3 ボタンが追加される

手順②でドラッグしたボタンがツールバーに追加されます。

Column　ツールバーのボタンを元に戻す

ツールバーのボタンを初期設定の状態に戻すには、カスタマイズ画面の[デフォルトセット]をツールバーにドラッグします❶。

● ツールバーのボタンを削除する

Finderウインドウで command を押しながら、削除するボタンをツールバーの外側にドラッグします❶。

● ボタンの表示形式を変更する

カスタマイズ画面の「表示」のプルダウンメニューから、ツールバーのボタンの表示形式をクリックして選択します❶。表示形式の種類は、下記の表の通りです。

アイコンとテキスト	ボタンのアイコンとボタン名が表示されます。
アイコンのみ	ボタンのアイコンのみが表示されます。
テキストのみ	ボタン名のみが表示されます。

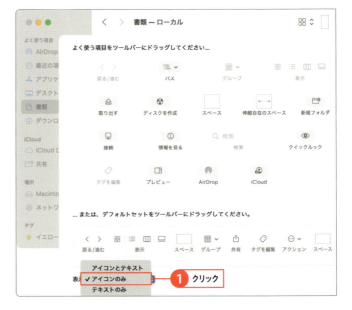

● アイコンとテキスト

● アイコンのみ

● テキストのみ

Chapter 4

アプリケーションの基本操作と文字入力

Section

1 アプリケーションの起動と基本操作
2 Dockを活用する
3 Mission Controlを利用する
4 フルスクリーンモードを利用する
5 文字入力を行う
6 日本語を入力する
7 日本語入力ソースの機能を活用する
8 文書を編集する
9 音声入力と読み上げを利用する
10 プリンタを設定する
11 書類を印刷する
12 ファイルを保存してアプリケーションを終了する
13 書類を保存する/復元する
14 新しくアプリケーションを追加する

Chapter 4　アプリケーションの基本操作と文字入力

Section 1 アプリケーションの起動と基本操作

- ☑ 起動
- ☑ Dock
- ☑ Launchpad

Macでファイルを操作したり音楽を聴いたりするには、アプリケーションを利用します。Chapter 2で使ったFinderも、アプリケーションの一種です。ここではまず、アプリケーションを起動する方法を紹介します。

Dockからアプリケーションを起動する

Dockに配置されているアプリケーションのアイコンをクリックすると、Dockでアイコンが数回ジャンプするようなアニメーション効果が表示されて、続いてアプリケーションが起動します。

① Dockのアイコンをクリックする

Dockから、起動したいアプリケーションのアイコンをクリックします❶。

MEMO 起動済みアプリケーションの表示を知る

Dockの起動済みアプリケーションのアイコン下には、起動済みであることを示すインジケータが表示されます。

② アプリケーションが起動する

アプリケーションが起動し、アプリケーションウインドウが表示されます。また、メニューバーの項目が、アプリケーション固有のものに変化します。

Launchpadからアプリケーションを起動する

Mac内のすべてのアプリケーションを表示したいときは、「Launchpad」を表示します。Launchpadは、トラックパッドのジェスチャ操作でも呼び出せます。

1　Launchpadを表示する

マウス操作の場合は、Dockの[Launchpad]をクリックします❶。ジェスチャ操作の場合は、トラックパッドで親指と人差し指、中指、薬指を閉じるように動かします（38ページ参照）。

2　Launchpadが表示される

Launchpadの画面に切り替わり、Mac内のすべてのアプリケーションが表示されます。ここでは、[その他]フォルダをクリックします❶。

> **MEMO**
> **Launchpadを終了する**
> Launchpadでアプリケーションを起動せずに元の画面に戻るには、Launchpadのアイコン以外の余白部分をクリックします。

3　フォルダが開く

フォルダが開き、フォルダ内のアイコンが表示されます。起動したいアプリケーション（ここでは「テキストエディット」）のアイコンをクリックします❶。

4　アプリケーションが起動する

アプリケーションが起動して、アプリケーションウインドウが表示されます。

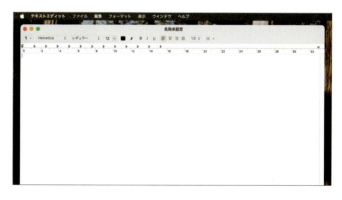

> **MEMO**
> **「アプリケーション」フォルダから起動する**
> Finderの「移動」メニューから「アプリケーション」フォルダを開き、アプリケーションの本体をダブルクリックすることでもアプリケーションを起動できます。

Launchpadをカスタマイズする

Launchpadのアイコンの並びは、ドラッグして変更できます。また、アプリケーションのアイコンをフォルダにまとめることも可能です。

1 アイコンを移動する

並べ替えたいアイコンを目的の位置にドラッグすると❶、アイコンが移動します。

> **MEMO**
> **アイコンを別のページに移動する**
> Launchpadの画面が複数あり、別のページにアイコンを移動したい場合は、画面両端のいずれかにアイコンをドラッグすると、画面が切り替わります。

2 アイコンを重ねる

アイコンをフォルダにまとめたいときは、対象のアイコンどうしを重ねるようにドラッグします❶。

3 フォルダにまとめられる

重ねたアイコンが1つのフォルダにまとめられ、フォルダ名が自動的に付けられます。名前を変更するには、名前部分をクリックし、フォルダの名前を入力して❶、return を押して確定します。フォルダにアイコンを追加するには、アイコンをフォルダに重ねるようにドラッグします。

Column　Launchpadのページを切り替える

Macにインストールしたアプリケーションが増え、アイコンが1画面で表示しきれなくなると、新たなLaunchpadの画面が追加されます。Launchpadのページを切り替えるには、トラックパッドを2本指で左右にスワイプするか、command を押しながら← もしくは→ を押します。

ログイン直後にアプリケーションを自動起動する

毎回利用するアプリケーションがある場合、Macの電源を入れ、デスクトップが表示されると同時に、自動的に起動するよう設定することができます。

1 「システム設定」アプリを表示する

「システム設定」アプリの[一般]をクリックし❶、[ログイン項目と機能拡張]をクリックします❷。

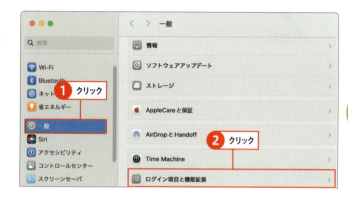

2 「ログイン項目」タブを表示する

「ログイン項目と機能拡張」パネルが表示されるので、➕をクリックします❶。

3 アプリケーションを選ぶ

自動的に起動したいアプリケーション(ここでは「天気」アプリ)をクリックし❶、[開く]をクリックします❷。

4 アプリケーションが登録される

アプリケーションが登録され、「ログイン時に開く」の一覧に追加されます。

> **MEMO**
> 「ログイン時に開く」から削除する
> アプリケーションを「ログイン時に開く」から削除するには、一覧でアプリケーションを選択して、➖をクリックします。

Chapter 4 アプリケーションの基本操作と文字入力

Section 2 | Dockを活用する

- ☑ Dock
- ☑ アプリケーション
- ☑ Dockのカスタマイズ

Dockはアプリケーションを起動するほか、アプリケーションの切り替えやウインドウの選択、一時的にウインドウをしまうなどの機能を備えています。ここではDockの使い方とカスタマイズの方法を紹介します。

Dockのアイコンを操作する

Dockにアプリケーションを登録するには、アプリケーションのアイコンをDockにドラッグします。アプリケーションはDockの境界線の左側に登録できます。

● Dockにアプリケーションを登録する

1 アイコンをドラッグする

「アプリケーション」フォルダ(109ページ下のMEMO参照)から、アプリケーションのアイコンをDockにドラッグします❶。

MEMO
Dockの区切り
Dockの右端付近は境界線(29ページ参照)で区切られています。境界線から左のエリアにはDockに登録されたアプリケーションが表示され、境界線から右のエリアには非表示にしたウインドウやショートカット用のフォルダが表示されます(87ページ参照)。

2 アイコンが登録される

ドラッグした位置に、アプリケーションのアイコンが登録されます。以降は、このアイコンをクリックするとアプリケーションが起動します。

MEMO
Launchpadから登録する
Launchpad内のアイコンをDockにドラッグしても、アプリケーションを登録できます。

● Dockのアイコンを並べ替える

Dockに登録済みのアプリケーションのアイコンを、目的の位置までドラッグします❶。アイコンが移動し、並べ替えられます。

> **MEMO**
> **Dockの透明度**
> 本書の一部の画像では、Dockの透明度を下げるよう設定しています。「システム設定」アプリの[アクセシビリティ]から[ディスプレイ]を選択すると、透明度などを変更できます。

● Dockのアイコンを削除する

① Dockの外側にドラッグする
削除するアプリケーションのアイコンを、Dockの外側にドラッグします❶。

② アイコンを移動する
手順①の状態でしばらく待ち、「削除」の吹き出しが表示されたら、マウスやトラックパッドから指を離します。

Column　アプリケーションのウインドウを非表示にする

アプリケーションのウインドウを一時的に非表示にするには、Dockのアイコンを control を押しながらクリックし、[非表示]をクリックします。ウインドウを再表示するには、Dockのアイコンをクリックします。

Dockでアプリケーションを操作する

Dockのアイコンをクリックすると、操作するアプリケーションを切り替えられます。またDockでは、Safariなどで複数のWebページを表示している際に、すべてのウインドウをタイル状に並べて表示し、その中からウインドウを選択することができます。

● アプリケーションを切り替える

1 Dockのアイコンをクリックする

Dockで起動済みであることを示すインジケータの付いたアイコンをクリックします❶。

2 アプリケーションが切り替わる

クリックしたアプリケーションのウインドウが、前面に表示されます。

● アプリケーションのウインドウを並べる

1 メニューを表示する

起動済みのアプリケーションのアイコンをクリックし、そのままボタンを押し続けると❶、メニューが表示されます。メニューで［すべてのウインドウを表示］をクリックします❷。

2 複数のウインドウが並べられる

同じアプリケーションで開いていた複数のウインドウが、並んで表示されます。いずれかのウインドウをクリックすると❶、選択したウインドウが最前面に表示されます。

Column　アプリケーション固有の機能を使う

control を押しながらDockのアイコンをクリックすると、アプリケーション固有の機能を利用できます。Safariの場合は、開いているWebページを切り替えるメニューが表示されます。

Dockの設定を変更する

Dockの設定を変更することで、アイコンの大きさや表示位置を変更できます。Dockの設定を変更するには、「システム設定」アプリの「デスクトップとDock」パネルを開きます。

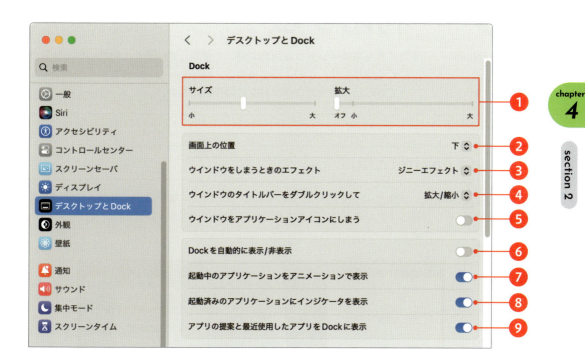

❶ **サイズ／拡大**

「サイズ」のスライドバーでは、Dockのアイコンの大きさを設定できます。「拡大」のスライドバーでは、Dockにマウスポインタを合わせたときに表示する大きさを設定します。

❷ **画面上の位置**

Dockの表示位置を左、下、右から選択できます。初期設定では「下」が選択されています。

❸ **ウインドウをしまうときのエフェクト**

Dockウインドウをしまう際のアニメーション効果を選択できます。

❹ **ウインドウのタイトルバーをダブルクリックして拡大／縮小**

「拡大／縮小」を選択した状態でウインドウのタイトルバーをダブルクリックすると、ウインドウサイズは拡大／縮小されます。「しまう」を選択した状態でウインドウのタイトルバーをダブルクリックすると、ウインドウをDockにしまうことができます。

❺ **ウインドウをアプリケーションアイコンにしまう**

オンにした状態で、ウインドウのタイトルバーをダブルクリックすると、ウインドウをアプリケーションアイコンにしまうことができます。

❻ **Dockを自動的に表示／非表示**

オンにすると、Dockが非表示になります。Dockの表示位置付近にマウスポインタを移動させると、Dockは再表示されます。

❼ **起動中のアプリケーションをアニメーションで表示**

オンにすると、アプリケーションの起動時にアイコンがDock内で跳ねるようなアニメーション効果が表示されます。

❽ **起動済みのアプリケーションにインジケータを表示**

オンにすると、起動済みのアプリケーションのアイコンの下にインジケータが表示されます。

❾ **最近使ったアプリケーションをDockに表示**

オンにすると、最近使ったアプリケーションが、Dockの右側に表示されます。

Chapter 4　アプリケーションの基本操作と文字入力

Section 3 | Mission Controlを利用する

- ☑ Mission Control
- ☑ 操作スペース
- ☑ ホットコーナー

たくさんのウインドウを同時に開いて作業していると、目的のウインドウを見つけにくくなります。このような場合は、Mission Controlですべてのウインドウを並べて表示し、目的のウインドウに切り替えます。

Mission Controlとは

「Mission Control」は、Mac上で開いているすべてのウインドウ、操作スペースを一覧できる画面です。すべてのウインドウが縮小（サムネール）表示されるので、すばやく目的のウインドウや操作スペースに切り替えることができます。

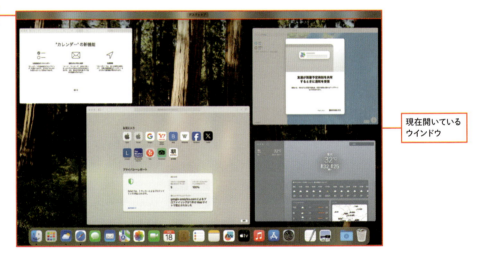

操作スペース

現在開いているウインドウ

● Mission Controlでウインドウを切り替える

① Mission Controlを表示する

あらかじめ、たくさんのウインドウが同時に表示された状態にしておきます。Magic Mouseの場合は2本指でダブルタップ、トラックパッドの場合は3本指を上方向に動かします❶。

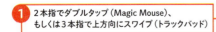

❶ 2本指でダブルタップ（Magic Mouse）、もしくは3本指で上方向にスワイプ（トラックパッド）

② **すべてのウインドウが表示される**

Mission Controlの画面に切り替わり、現在開いているウインドウがすべて表示されます。最前面に表示したいウインドウのサムネールをクリックします❶。

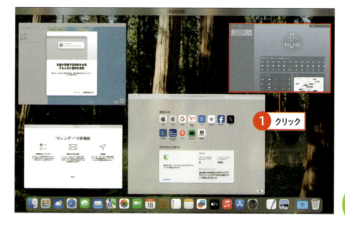

③ **ウインドウが前面に表示される**

クリックしたウインドウが最前面に表示されます。

> **MEMO**
> **Launchpadから表示する**
> Mission Controlは、Launchpadの [Mission Control] をクリックしても表示できます。

複数のデスクトップを利用する

Macでは、「操作スペース」と呼ばれる複数のデスクトップを作成して使い分けることができます。Mission Controlを起動すると画面上部に操作スペースの一覧が表示され、新しいデスクトップの追加や不要なデスクトップの削除ができます。

● 操作スペースを追加する

① **マウスポインタを画面右上に移動する**

Mission Controlを起動し、マウスポインタを画面の右上に移動します。表示される をクリックします❶。

117

② 操作スペースが追加される

操作スペースが追加されます。元のデスクトップは「デスクトップ1」、追加された操作スペースは「デスクトップ2」という名前になります。操作スペースを削除するには、Mission Controlで操作スペースにマウスポインタを合わせ、⊗ をクリックします。

● 操作スペースを切り替える

① ジェスチャ操作で切り替える

「デスクトップ1」を表示した状態で、Magic Mouseを2本指（トラックパッドの場合は3本指）で左方向にスワイプするか❶、 control を押しながら → を押します。

② 操作スペースが切り替わる

操作スペースが切り替わり、「デスクトップ2」（壁紙を変更済み）が表示されます。「デスクトップ1」に戻るには、Magic Mouseを2本指（トラックパッドの場合は3本指）で右方向にスワイプするか、 control を押しながら ← を押します。

Column　別の操作スペースにウインドウを移動する

「デスクトップ1」に表示中のウインドウを画面右端までドラッグします❶。そのまましばらく待つと操作スペースが「デスクトップ2」に切り替わり、ドラッグしたウインドウが「デスクトップ2」に移動します。

Mission Controlの設定を変更する

Mission Controlの設定は、「システム設定」アプリ（342ページ参照）の「デスクトップとDock」パネルにまとめられています。ここでは、計算機やカレンダーなどの単機能アプリケーションの表示領域であるDashboardの表示／非表示を切り替えたり、Mission Controlでのウインドウのサムネールの表示方法を変更したりできます。

❶ **最新の使用状況に基づいて操作スペースを自動的に並べ替える**

オンにすると、1つ前に作業をしていた操作スペースが、現在の操作スペースの隣に移動し、すぐにアクセスできるようになります。

❷ **アプリケーションの切り替えで、アプリケーションのウインドウが開いている操作スペースに移動**

オンにすると、アプリケーションの切り替え時に、同時にそのアプリケーションが表示された操作スペースへ切り替わります。オフにすると、現在の操作スペースにアプリケーションのウインドウが表示されます。

❸ **ウインドウをアプリケーションごとにグループ化**

オンにすると、Mission Controlのサムネールをアプリケーションごとに並べます。オフにすると、もとの表示位置に基づいてサムネールが並びます。

❹ **ディスプレイごとに個別の操作スペース**

オンにすると、複数ディスプレイの利用時に、ディスプレイごとに操作スペースを作成できます。

❺ **キーボードとマウスのショートカット**

Mission ControlやDashboardを表示するためのショートカットキーをリストから選択できます。

❻ **ホットコーナー**

ホットコーナーは、画面四隅のいずれかにマウスポインタを移動して、各種機能を呼び出す操作です。このボタンをクリックすると、ホットコーナーでMission Controlを表示する設定ができます。

Chapter 4 アプリケーションの基本操作と文字入力

Section 4 | フルスクリーンモードを利用する

- ☑ フルスクリーン
- ☑ スプリットビュー
- ☑ Mission Control

Macの標準ソフトは、画面全体を使ったフルスクリーン表示に対応しています。フルスクリーンモードは、ウインドウではなく操作スペースとして扱われ、ほかのウインドウやDockの干渉を受けることがありません。

ウインドウをフルスクリーンモードで表示する

通常、アプリケーションを起動すると、デスクトップにアプリケーションウインドウが開きます。このウインドウをフルスクリーンモードに切り替えて、画面全体を使ってアプリケーションを操作できます。

① 表示モード切り替えボタンをクリックする

フルスクリーンで開きたいアプリケーションウインドウの ● をクリックします①。

② フルスクリーン表示に切り替わる

フルスクリーンモードで開いた画面には、メニューバーやDockは表示されません。メニューを使用する場合は、マウスポインタを画面上部に移動して表示します。

フルスクリーンモードに切り替わる

③ 表示を元に戻す

マウスポインタを画面上部に移動して、表示された ● をクリックすると①、通常のウインドウ表示に戻ります。[Esc]を押しても同様の操作が可能です。

スプリットビューで2つのアプリを1画面に表示する

「スプリットビュー」機能を使えば、フルスクリーンモードで2つのアプリを同時に表示することができます。フルスクリーン表示は操作スペースとして扱うため、スプリットビューへの切り替えはMission Controlの画面で行います。

1 Mission Controlを表示する

スプリットビューで表示したいアプリをそれぞれフルスクリーンモードで表示した状態で、キーボードで F3 を押して画面をMission Controlに切り替えます。アプリをフルスクリーンモードで表示した操作スペースは、サムネールの名前がアプリ名になります。

2 サムネールを重ねる

画面上部のバーにマウスポインタを移動して、一緒に表示したいアプリのサムネールをドラッグしてもう一方に重ねます ❶。

3 スプリットビューが表示される

1つの画面に2つのアプリケーションが同時に表示されます。それぞれのアプリケーションは、通常通り操作できます。

> **MEMO**
> **スプリットビューを解除する**
> スプリットビューを解除するには、手順❶の方法でMission Controlを表示して、マウスポインタをサムネールに合わせ、表示される をクリックします。スプリットビューを解除したアプリは、フルスクリーンではなく、アプリケーションウインドウで表示されます。

Column 直接スプリットビューにする

120ページの手順❶の画面でクリックせず、マウスポインタを合わせて待つ（または長押しする）と、メニューが表示されて、ここから直接スプリットビューを利用できます。

Chapter 4 アプリケーションの基本操作と文字入力

Section 5

文字入力を行う

- ☑ 日本語入力ソース
- ☑ 英字
- ☑ 数字

Macでは文字入力をする際、ひらがな／カタカナ／英字など、入力したい文字に合わせて入力モードを切り替えます。まずは入力ソースの切り替え方を身に付け、目的の文字種を選べるようになりましょう。

入力ソースを切り替える

ひらがな、カタカナ、漢字などの日本語を入力するためには、日本語入力ソースに切り替えます。また、日本語入力ソースでは、半角英数字、全角英数字の入力も可能です。

● 入力メニューから切り替える

ステータスメニューで［入力メニュー］アイコンをクリックし❶、［日本語］をクリックすると❷、入力ソースが「日本語」に切り替わり、ひらがな入力ができるようになります。
［日本語］の上の［ABC］をクリックすると、入力ソースが「英語」に切り替わり、英数字や記号が入力できるようになります。

● キーボードから切り替える

キーボードの[かな]を押すと、入力ソースが「日本語」に切り替わり、ひらがな入力ができるようになります。また、[英数]を押すと、入力ソースが「英語」に切り替わり、英数字や記号が入力できるようになります。

MEMO
USキーボードで入力ソースを切り替える
[かな]と[英数]のないUSキーボードでは、[control]を押しながら[space]を押して入力ソースを切り替えられます。

英字を入力する

● 大文字を入力する

文字を入力するアプリケーションを表示し、文字を入力する位置をクリックします❶。[shift]を押しながらMを押すと、カーソルのある位置に大文字の「M」が入力されます。

> **MEMO**
> **[caps lock]を利用する**
> [caps lock]を押してcaps lockをオンにしておくと、[shift]を押さなくても大文字のアルファベットを入力できます。caps lockがオンの状態で[shift]を押すと、入力できるアルファベットは小文字になります。

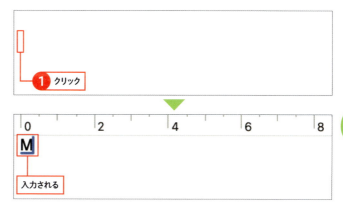

● 小文字を入力する

[A][C][I][N][T][O][S][H]の各キーを順番に押します。押したキーに対応するアルファベットが、小文字で入力されます。

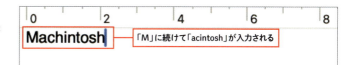

数字や記号を入力する

● 数字を入力する

数字が刻印された数字キーを押します❶。数字キーは、キーボード上部に配置されています。押したキーに刻印された数字が入力されます。

● 記号を入力する

キーの上部に記号が刻印されているキーを、[shift]を押しながら押します❶。押したキーに刻印された記号が入力されます。

> **MEMO**
> **数字／記号を全角で入力する**
> 「英字」モードでは、数字や記号は半角文字で入力されます。全角で入力したいときは、「ひらがな」モードに切り替えてから入力します。

Chapter 4　アプリケーションの基本操作と文字入力

Section

6 | 日本語を入力する

- 日本語入力ソース
- 変換
- 文節

ひらがなや漢字などの日本語入力は、日本語入力ソースを使います。漢字の入力は、日本語入力ソースで漢字の「読み」を入力してから、漢字に変換します。ここでは、かなの入力方法と漢字への変換手順を紹介します。

ひらがな／漢字を入力する

日本語入力の初期設定では、ローマ字綴りで日本語を入力する「ローマ字入力」に設定されています（「かな入力」への切り替えは、下のColumnを参照）。ここでは、ローマ字入力での日本語入力と、漢字かな変換の方法を紹介します。

● ひらがなを入力する

122ページの方法で、入力ソースを「日本語」に切り替えます。H I R A G A N Aの順にキーを押すと、「ひらがな」と入力されます。

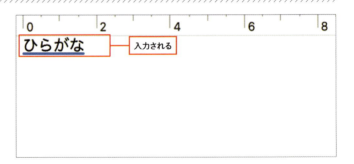
入力される

MEMO
促音を含むひらがなを入力する
途中に促音の「っ」を含むひらがなを入力する場合は、「IPPAI」というように、促音直後の子音の文字のキーを2回押します。

Column　ローマ字入力とかな入力を切り替える

かな入力に慣れている場合は、入力方法をかな入力に切り替えることもできます。［入力メニュー］→［"日本語 - ローマ字入力"設定を開く］をクリックします❶。表示された「キーボード」パネルの［日本語 - かな入力］をクリックし❷、［完了］をクリックします❸。［日本語 - かな入力］が表示されていない場合は、＋をクリックして表示される画面から追加できます。

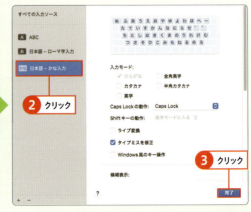

● 漢字を入力する

1 読みを入力する

かなを漢字に変換するには、最初にその「読み（ここでは「じてん」）」をひらがなで入力します❶。入力後、自動的に漢字に変換されます。変換されない場合は、spaceを押すと変換されます。正しく変換された場合は、returnを押すと変換が確定します。

2 変換候補が表示される

入力したい漢字とは違う漢字に変換された場合は、spaceを押します。入力した読みに該当する漢字が、変換候補として一覧表示されます。spaceを押すと変換候補の選択が下に移動するので、目的の漢字を選択し❶、returnを押します❷。

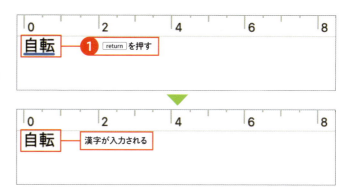

3 漢字に変換される

選択した漢字に変換されました。確定前の文字の下には下線が表示され、下線の表示中は再度spaceを押して別の漢字に変換できます。returnを押し❶、変換を確定します。下線が消えれば入力完了です。

Column　推測変換とライブ変換

ひらがなや漢字の「読み」の入力中に表示される入力候補は「推測変換」によるもので、入力中の文字から推測する語句や変換候補が表示されます。さらに、「ライブ変換」機能がオンになっている場合は、入力中に変換候補の漢字が直接テキストエリアに入力されます。これらの変換機能は初期設定でオンになっていますが、「システム設定」アプリで［キーボード］をクリックし、「キーボード」パネル内の「入力ソース」の［編集］をクリックして、［日本語 － ローマ字入力］→［ライブ変換］をクリックしてオフにすることもできます。

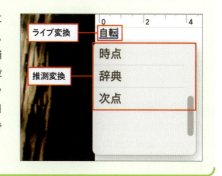

文章を入力する

文章を入力するときに覚えておくと便利なのが、文節の移動と文節区切りの変更方法です。文章を「ひらがな」モードで入力して space を押すと、単語や、単語と助詞の組み合わせごとに自動的に文節が区切られ、各文節に下線が表示されます。文章の中で一部の漢字がうまく変換されなかった場合などは、その漢字が含まれる文節に移動し、再度変換を行います。

● 文節を移動して変換する

1 文章を入力する

文章をひらがなで入力（ここでは「これは、きのうのせつめいです」）します❶。 space を押します。

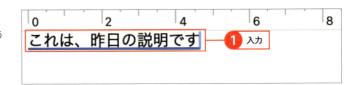

2 文節を移動する

文節ごとに下線が表示されます。太い下線が、現在選択中の文節です。文節の選択を移動するには、→を押します❶。

3 文節の選択が切り替わる

変換したい文節が選択されたら、 space を押します❶。

4 変換候補を選択する

選択した文節の漢字が、同じ読みの別の漢字に変換されます。さらに別の漢字に変換したい場合は再度 space を押し、正しい漢字の場合は return を押します❶。

> **MEMO**
> **変換結果を学習する**
> 変換した結果は学習され、蓄積されていきます。初めて入力した際には適切に変換されなかった漢字も、変換の操作を繰り返すうちに、適切な漢字に変換されるようになります。

5 入力が確定する

選択した文節の入力が確定します。再度 return を押すと❶、文章全体の入力が確定され、下線が消えます。

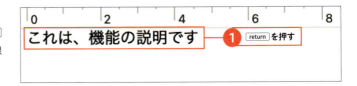

● 文節の長さを変更して変換する

1 文章を入力する
「明日は医者に行かなければ」と入力します❶。最初に文章をひらがなで入力すると、自動で変換されます。space を押します。

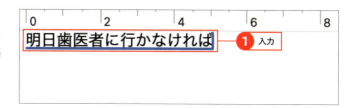

2 文節を伸ばす
文節ごとに下線が表示されます。「明日は」まで文節を伸ばしたいので、shift を押しながら→を押します❶。

3 文節の区切りが変更される
文節の区切り位置が変更され、「明日は」までが1つの文節になります。文節区切りの変更に合わせ、漢字も変換し直されます。以降は126ページと同様に、return を押して入力を確定します❶。

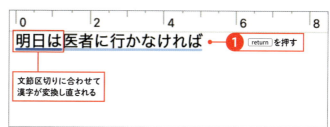

Column 半角英数字やカタカナに変換する

日本語はひらがなやカタカナ、漢字や英数字など、複数の文字を使い分けて入力します。文字種が変わるたびに入力モードを切り替えるのは効率が悪いので、「ひらがな」モードのままショートカットを活用して変換しましょう。

Chapter 4　アプリケーションの基本操作と文字入力

Section 7　日本語入力ソースの機能を活用する

- ☑ 日本語入力ソース
- ☑ 絵文字と記号ビューア
- ☑ ユーザ辞書

読みのわからない記号や漢字は、日本語入力ソースの「文字ビューア」機能を使って入力できます。また、よく使う言葉や変換が難しい固有名詞などは、ユーザ辞書に登録しておくと便利です。

特殊な記号や読みの難しい漢字を入力する

丸囲み数字や数学記号、通貨記号など、キーボードに刻印のない特殊な記号を入力したり、読みがわからないため変換できない漢字を入力したりするには、「文字ビューア」を利用します。

● 絵文字と記号ビューアを表示する

ステータスメニューで［入力メニュー］→［絵文字と記号を表示］をクリックすると❶、文字ビューアが表示されます。

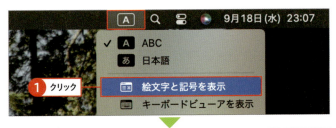

1　文字ビューアを切り替える

文字ビューア下部のアイコンをクリックします❶。

② 異なる種類の絵文字を選択できる

表示が切り替わり、異なる絵文字を入力できるようになります。右下の ≫ をクリックします❶。

③ 記号を選択できる

さらに表示が切り替わり、単位や図形などを入力できるようになります。右上の をクリックします❶。

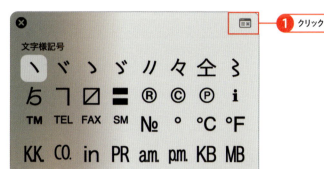

> **MEMO**
> 入力
> 入力については、下のColumnを参照してください。

④ ビューアが拡張される

ビューアの表示が拡張され、カラム式に表示されるようになります。左側のカテゴリから分類を選択して入力できます。元の表示に戻す場合も右上の 🔲 をクリックします❶。

Column 文字ビューアでカテゴリを選択して記号を入力する

絵文字と記号ビューアのウインドウ左端から、入力する記号が含まれるカテゴリをクリックします❶。画面中央に、選択したカテゴリに含まれる記号が一覧表示されます。一覧から目的の記号をダブルクリックします❷。アプリケーションでカーソルを表示していた位置に、記号が入力されます。

● 読みのわからない漢字を入力する

1 部首の画数を選択する

カテゴリの［漢字］をクリックし❶、読みのわからない漢字の「部首の画数」の ▶ をクリックします❷。

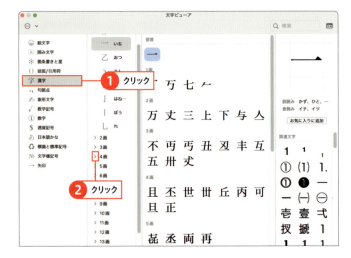

2 漢字が表示される

画数の一覧が展開され、展開した画数の部首が一覧表示されます。目的の漢字に含まれる部首をクリックし❶、目的の漢字をダブルクリックします❷。カーソルを表示していた位置に漢字が入力されます。

Column　よく使う記号や漢字をすばやく入力する

文字ビューアで記号や漢字を「お気に入り」に追加すると、その文字をすばやく入力できるようになります。「お気に入り」に追加するには、ビューアを拡張（129ページ参照）している状態で、追加したい文字をクリックし❶、画面右に表示される［お気に入りに追加］をクリックします❷。

ユーザ辞書に単語を登録する

人名や固有名詞など、変換候補に表示されない特殊な単語をかんたんに入力するには、「ユーザ辞書」を利用します。ユーザ辞書に「読み」と「漢字」をセットで登録することで、変換候補に登録した漢字が表示されるようになります。

1 「キーボード」パネルを表示する

「システム設定」アプリで[キーボード]をクリックして「キーボード」パネルを表示し、[ユーザ辞書]をクリックします❶。

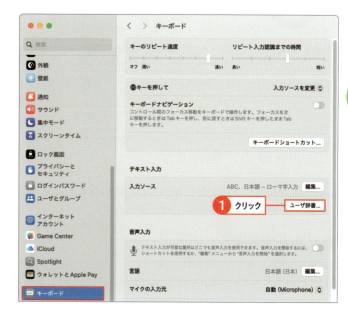

2 ユーザ辞書の新規登録画面を表示する

表示されたユーザ辞書のウインドウの+をクリックします❶。

3 読みと漢字を入力する

「入力/読み」に読みを❶、「変換/語句」に変換結果を入力します❷。これで辞書への登録は完了です。

4 変換候補に漢字が表示される

以降、登録した「読み」を入力すると❶、ユーザ辞書で登録した漢字が表示されます。

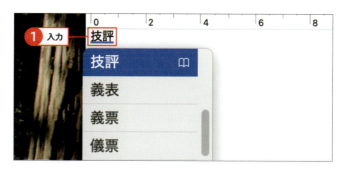

> **MEMO**
> **ユーザ辞書から削除する**
> ユーザ辞書から単語を削除するには、手順②の画面で単語を選択して、−をクリックします。

Chapter 4　アプリケーションの基本操作と文字入力

Section

文書を編集する

- ☑ 挿入／削除
- ☑ コピー／ペースト
- ☑ 文字列の選択

文字の挿入や削除、コピーや移動などの操作は、ビジネス文書やメールの作成などで必須となる、文字入力の基本的なテクニックです。ショートカットキーでの操作も合わせて覚えておくと、文字入力の効率が格段にアップします。

文字を挿入／削除する

文章を編集するときは、カーソルを目的の位置に移動することで、文章の間に新しく文字を挿入したり、入力した文字を消したりすることができます。

● 文字を挿入する

文字を挿入する位置をクリックすると❶、クリックした位置にカーソルが点滅します。この状態で文字を入力すると❷、カーソルのある位置に文字が挿入されます。

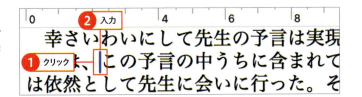

● 文字を削除する

削除する文字の右側をクリックしてカーソルを移動し❶、 delete を押します❷。 delete を押すごとに、カーソルの左側にある文字が１文字ずつ削除されます。

MEMO
文字列の右側を削除する
カーソルの右側にある文字を削除したいときは、 fn を押しながら delete を押します。

文字列をコピーして別の場所に貼り付ける

すでに入力した文章をほかの文書で使いまわす場合に、いちから入力し直すのは面倒です。コピーの使い方を覚えておけば、効率的に文書を作成できます。

1 文字列を選択する

選択する文字列の先頭の文字から末尾の文字までをドラッグします❶。ドラッグした範囲の文字列が選択され、選択範囲を示す薄いブルーでハイライト表示されます。

2 文字列をコピーする

メニューバーで［編集］→［コピー］をクリックします❶。

3 カーソルを移動する

貼り付けたい場所をクリックしてカーソルを移動し❶、メニューバーで［編集］→［ペースト］をクリックします❷。

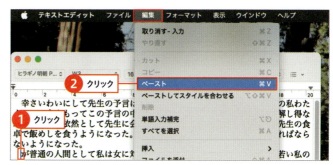

4 文字列が貼り付けられた

カーソル位置に、コピーした文字列が貼り付けられます。手順❷で［カット］をクリックした場合は、元の文字列が削除されます。

Column　文字編集のショートカット

文字編集のショートカットキーを覚えておくと、文書の作成時にキーボードから手を離さずに作業ができます。

コマンド	ショートカット
コピー	command + C
ペースト	command + V
カット	command + X
すべてを選択	command + A
作業のやり直し	command + Z

Chapter 4　アプリケーションの基本操作と文字入力

Section 9　音声入力と読み上げを利用する

- 音声入力
- スピーチ
- 読み上げ

Macの音声入出力機能を利用すると、内蔵マイクに向けて発声した言葉がそのまま文字として入力されます。また、アプリケーション内の文章を、英語や日本語をはじめとするさまざまな言語で読み上げさせることもできます。

音声入力を利用する

「テキストエディット」や「メール」など、音声入力に対応するアプリケーションでは、Macに向かって話しかけるだけで文章を入力できます。

1　音声入力を開始する

「テキストエディット」や「メモ」などの入力用アプリケーションを起動し、メニューバーの［編集］→［音声入力を開始］をクリックします❶。

2　音声入力をオンにする

はじめて音声入力を利用する場合、音声入力を有効にしてよいか確認するメッセージが表示されます。［OK］をクリックします❶。

3　文章が入力される

マイクのアイコンが表示されます。この状態で、Macの内蔵マイクに向けて言葉や文章を発声すると、文章が入力されます❶。単語や文節の下に青い点線が表示された場合は、その部分をクリックすると、ほかの変換候補を選択できます。　をクリックすると、音声入力を終了します❷。

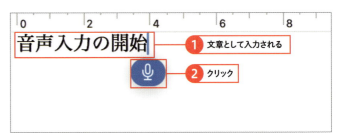

音声入力の設定をする

音声入力を利用するかどうかやショートカットキーの設定など、音声入力の設定を変更することができます。ここでは、その手順を紹介します。

●「音声入力」を切り替える

「システム設定」アプリの「キーボード」をクリックします❶。「音声入力」のスイッチをクリックして、オンとオフを切り替えます❷。また、「ショートカット」のメニューをクリックし、表示されたリストの中から任意の操作方法を選択して表示を切り替えることもできます。

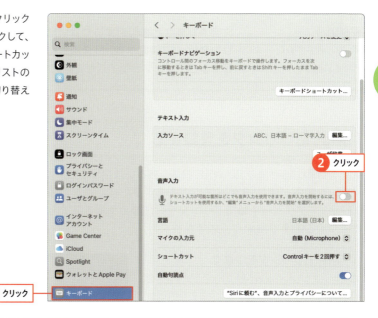

テキスト読み上げ機能を利用する

「テキスト読み上げ」は、文章を音声で読み上げる機能です。読み上げ機能は日本語以外の言語にも対応しているので、語学学習にも大いに役立つでしょう。

● 日本語を読み上げさせる

テキストエディットなどのアプリに切り替え、メニューバーの［編集］→［スピーチ］→［読み上げを開始］をクリックすると❶、アプリ内のテキストが読み上げられます。

Chapter 4 アプリケーションの基本操作と文字入力

Section

10 | プリンタを設定する

- ☑ プリンタ
- ☑ プリンタドライバ
- ☑ Wi-Fi接続

文書や写真などを印刷するには、Macにプリンタを接続する必要があります。プリンタはUSB接続かWi-Fi経由でMacと接続します。どちらの場合も、Macに接続するとプリンタドライバが自動的にインストールされます。

Macにプリンタを登録する

Macでは、USBケーブル、Wi-Fi接続、あるいはネットワーク経由でプリンタを登録することができます。プリンタの中にはUSBケーブルで接続するだけで設定が完了するものもありますが、ここでは「システム設定」アプリから手動でプリンタを追加する手順を紹介します。Wi-Fiで接続したプリンターも、以下で紹介する手順でMacに追加できます。

1 Macとプリンタをつなぐ

USBケーブルもしくはWi-FiでMacとプリンタを接続します(接続方法は各プリンタの取扱説明書を参照してください)。次に、Dockの[システム設定]をクリックします❶。

2 「プリンタとスキャナ」パネルを開く

サイドバーの[プリンタとスキャナ]をクリックします❶。「プリンタとスキャナ」パネルで[プリンタ、スキャナ、またはファクスを追加]をクリックします❷。

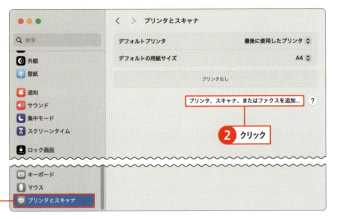

Column ドライバをインストールする

プリンタの機能をフルに利用するには、メーカーから提供されているプリンタのドライバが必要です。プリンタドライバの多くは、製品に付属するCD-ROMなどに収録されているほか、メーカーのWebサイトでも配布されています。インターネットに接続すると、ドライバのアップデートが行われた際に最新のドライバを利用できるようになります。

3 追加したいプリンタを選択する

「プリンタを追加」ダイアログボックスが表示されます。Macに追加したいプリンターをクリックし❶、[追加]をクリックします❷。

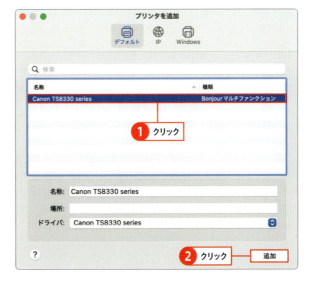

4 プリンタが追加された

「プリンタとスキャナ」パネルに、手順③で選択したプリンタが追加されます。これでプリンタで印刷ができる状態となりました。

Column　デフォルトプリンタに設定する

職場などで、複数のプリンタを設定する場合は、毎回プリンタを選択するよりも、初めにデフォルトのプリンタを設定しておくと便利です。登録したプリンタの▷をクリックし❶、表示されたパネルの[デフォルトプリンタに設定]をクリックして❷、[完了]をクリックしましょう❸。

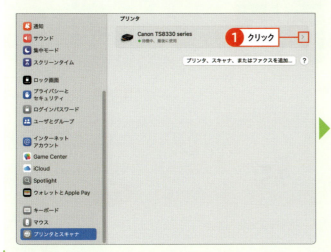

Chapter 4　アプリケーションの基本操作と文字入力

Section 11　書類を印刷する

- ☑ ページ設定
- ☑ プリント
- ☑ PDF

Macにプリンタを接続したら、文書や写真などを印刷してみましょう。設定画面で用紙の種類や印刷部数を指定してから、印刷を実行します。また、プリント画面から、文書をPDFとして書き出すこともできます。

文書を印刷する

文書を閲覧／編集するアプリケーションや、SafariのようなWebブラウザは、文書の印刷機能を備えています。ここでは「テキストエディット」を例に、作成した文書を印刷する手順を紹介します。

● 用紙サイズを設定する

① 「ページ設定」を表示する

文書を開き、メニューバーで［ファイル］→［ページ設定］をクリックします❶。

② 用紙の設定を行う

「対象プリンタ」で、使用するプリンタを選択します❶。「用紙サイズ」で用紙の大きさを選択し❷、［OK］をクリックします❸。これで用紙の設定が完了しました。

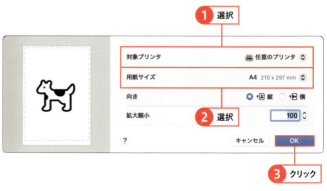

> **MEMO**
> **プリンタと用紙サイズを保存する**
> ［ファイル］→［プリント］をクリックして表示される画面で、「プリセット」のプルダウンメニューから［現在の設定をプリセットとして保存］をクリックすると、選択したプリンタや用紙サイズが既定となり、次回の印刷時にプリンタと用紙サイズが設定された状態になります。

● 印刷を開始する

1 プリント画面を表示する

用紙の設定が完了したら、メニューバーで[ファイル]→[プリント]をクリックします❶。

2 プリント画面が表示される

「部数」に印刷部数を入力し❶、「ページ」では、印刷する範囲を「すべてのページ」「範囲」「選択部分」から選択してクリックします❷。必要に応じて、カラーや両面などを設定したら、[プリント]をクリックします❸。

> **MEMO**
> **プリセット**
> 使っているMacによっては、「プリント」画面にプリセットに関する表示(138ページMEMO参照)が表示されないことがあります。その場合は[詳細を表示]をクリックします(140ページ参照)。

3 印刷状況を確認する

印刷を開始すると、Dockにプリンタアイコンが表示されます。プリンタアイコンをクリックすると❶、プリントジョブのウインドウが表示され、印刷の進行状況が確認できます❷。印刷が終わると、ウインドウは閉じられます。

Column 印刷を一時停止する

印刷を一時停止するには、プリントジョブのウインドウで[一時停止]をクリックします❶。印刷を再開するには、[再開]をクリックします。また、印刷を中止するには、プログレスバーの右端に表示される❌をクリックします❷。

印刷の設定項目を設定する

プリント画面で［詳細を表示］をクリックすると、印刷の詳細な設定項目が表示されます。設定項目には、1枚の用紙に複数ページを印刷する機能や、印刷するページと順序を設定する機能などが用意されています。これらの設定項目は、印刷を実行するアプリケーションや、使用するプリンタによって異なる場合があります。

● 印刷の方法を詳細に設定する

138ページの方法でプリント画面を表示し、各項目の前にある ▷ をクリックすると❶、アプリケーション固有の設定項目が表示されます。ここでは「テキストエディット」の例を紹介します。

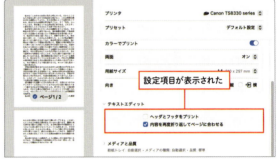

● メディアと品質

給紙の方法を設定します。

● レイアウト

1枚の用紙に、複数のページをまとめて印刷するための設定です。

● 用紙処理

印刷するページやページの印刷順序を変更します。

● 両面の設定

印刷するページの両面設定を「オフ」「オン」「オン（短辺）」から選択します。

文書をPDFとして書き出す

Macでは、PDF作成機能が標準機能として用意されています。PDF作成用のアプリケーションを持っていなくても文書をPDF化できるので、文書を配布する際などに手軽に使うことができます。

1 プリント画面を表示する

プリント画面で[PDF]をクリックし❶、[PDFとして保存]をクリックします❷。

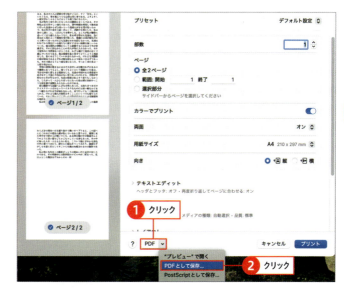

2 PDFを書き出す

「名前」にファイル名を入力し❶、「場所」で保存先を選択します❷。必要に応じて「タイトル」と「作成者」を入力します❸。[保存]をクリックすると❹、PDFファイルが書き出されます。

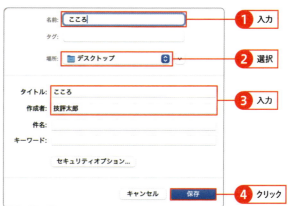

Column PDFにパスワードを設定する

PDFファイルには、必要に応じてパスワードを設定できます。パスワードは、手順❷の画面で[セキュリティオプション]をクリックして設定します。パスワードは、❶書類を開くとき、❷PDFの内容をコピーするとき、❸書類を印刷するときに設定することが可能です。❶と❷❸には、それぞれ異なるパスワードを設定できます（❷❸には、共通のパスワードを設定します）。たとえば、❶を設定せず❷❸を設定した書類の場合、誰でも開いて閲覧することができますが、書類をコピーやプリントするときにはパスワードを要求されます。

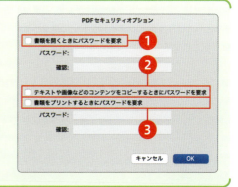

Chapter 4 アプリケーションの基本操作と文字入力

Section 12 ファイルを保存してアプリケーションを終了する

- ☑ 保存
- ☑ 別名で保存
- ☑ ファイルを開く

アプリケーションで文書を作成したら、ファイルとして保存します。ファイルとして保存することで、ほかの人に受け渡したり、あとで続きの作業したりできるようになります。

ファイルを保存する

アプリケーションがフリーズして、途中まで作った文書が消えてしまった。こうした事態を招かないためにも、ファイルはこまめに保存しておきましょう。ここでは「テキストエディット」を例に、作成した文書を保存する手順を紹介します。

① メニューをクリックする

保存したいファイルを表示した状態で、メニューバーで［ファイル］→［保存］をクリックします❶。

② ファイル名を入力する

「保存」ダイアログボックスでファイル名を入力し❶、「場所」で保存先を選択します❷。「フォーマット」からファイル形式を選択することも可能です。設定が完了したら、［保存］をクリックします❸。

③ ファイルが保存される

指定した場所にファイルが保存されます。一度ファイルとして保存すると、タイトルバーにファイル名が表示されます。

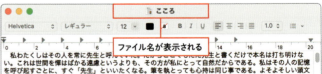

> **MEMO**
> **保存後の変更を反映する**
> 保存後に加えた変更を保存済みのファイルに反映するには、「上書き保存」を行います。上書き保存するには、メニューバーで［ファイル］をクリックし、［保存］もしくは［上書き保存］をクリックします。なお、メニュー項目の表記は、アプリケーションによって異なります。

ファイルを複製する

一部を修正した文書を、新しいファイルとして保存したい場合は「複製」を実行します。複製した書類を編集して保存しても、元のファイルには編集内容は反映されません。

1 メニューをクリックする

保存済みの文書を別のファイルとして保存するには、メニューバーで［ファイル］→［複製］❶をクリックします。

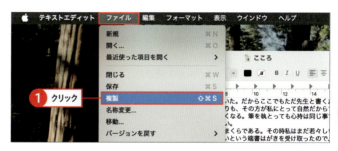

2 複製のウインドウが表示される

元の文書が複製され、別ウインドウで表示されます。新しいファイル名を入力して❶、[return]を押します❷。

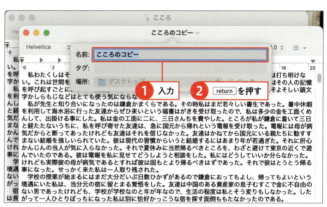

> **MEMO**
> **別名で保存する**
> アプリケーションの中には、メニュー項目に［複製］がないものもあります。その場合は、メニューバーで［ファイル］→［別名で保存］をクリックします。名前と場所を指定して、別ファイルとして保存します。

3 複製が保存される

元のファイルと同じ場所に、複製した文書が別名のファイルとして保存されます。

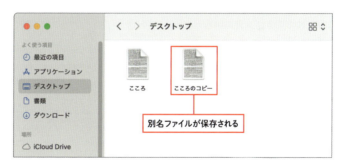

Column 複製を別の場所に保存する

複製を別の場所に保存する場合は、ファイル名の右側に表示される ▽ をクリックして❶、名前と場所を指定したあと[return]を押します。

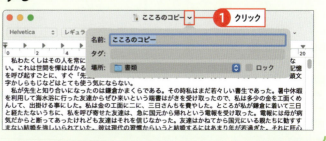

ファイルを開く

保存したファイルをアプリケーションから開くには、メニューバーで[ファイル]→[開く]をクリックします。Finderウインドウでファイルをダブルクリックすることでも、ファイルは開けます。

1 メニューをクリックする

ファイルを開きたいアプリケーション（ここでは「テキストエディット」）を起動し、メニューバーで[ファイル]→[開く]をクリックします❶。

2 開くファイルを選択する

「開く」ダイアログボックスが表示されます。目的のファイルをクリックし❶、[開く]をクリックします❷。

3 ファイルが開く

ファイルが開き、文書の内容がウインドウに表示されます。

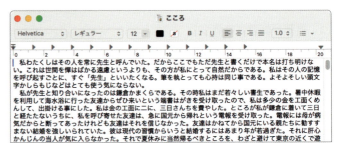

Column　ほかのアプリケーションで開く

作成したファイルを別のアプリケーションで開いて編集したい場合は、controlを押しながらファイルをクリックします❶。[このアプリケーションで開く]のメニューをクリックし❷、目的のアプリケーションをクリックします❸。なお、ファイルの形式によっては、別のアプリケーションで開くことができない場合もあります。

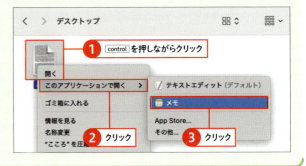

アプリケーションを終了する

アプリケーションでの作業が完了したら、アプリケーションを終了します。文書を保存していない状態で終了しようとすると、保存、または上書き保存を促されます。
アプリケーションは、起動させたままにしておくと画面をウインドウで占有するだけでなく、Macに搭載されたメモリも消費します。多くのアプリケーションを同時に起動させている状態では、メモリの消費量も多くなり、Macの動作が重くなることもあります。必要のないアプリケーションはなるべく終了させるようにしましょう。

1 メニューをクリックする

終了したいアプリケーション（ここでは「テキストエディット」）のウインドウを選択し、メニューバーで［○○（アプリケーション名）］→［○○を終了］をクリックします❶。

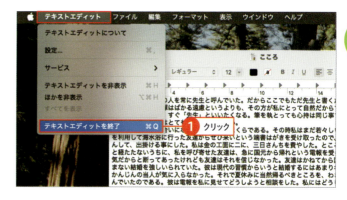

2 上書き保存される

文書を保存していない場合は、文書が上書き保存され、アプリケーションが終了します。

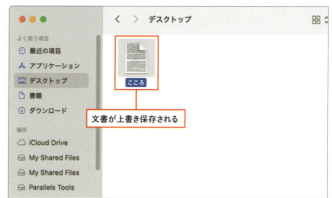

Column　Dockから終了する

アプリケーションはメニューバーだけでなく、Dockから終了させることもできます。Dockから終了させるには、終了させるアプリケーションのアイコンを control を押しながらクリックし❶、［終了］をクリックします❷。

Chapter 4 アプリケーションの基本操作と文字入力

Section 13 書類を保存する／復元する

- ☑ オートセーブ
- ☑ バージョン
- ☑ 復元

オートセーブに対応したアプリケーションでは、10分おきに自動で文書が保存されます。何らかのトラブルが発生した場合でも、それまで進めた作業が無駄になることはありません。また、文書を以前保存した状態に復元できます。

オートセーブとは

オートセーブは、文書の編集中に、自動的に文書を上書き保存する機能です。オートセーブは文書を開いている間、10分おきに行われるので、ユーザが上書き保存の操作をしなくても、常にファイルは最新の状態で保存されます。

オートセーブでは、上書き保存したときの文書の状態を「バージョン」として保存しています。そのため、バージョンの復元機能を使えば、現在編集中の文書を過去のバージョンの状態にかんたんに戻せます。また、ユーザが自身で上書き保存した内容も、バージョンとして記録されます。編集を誤った場合でも、バージョンが記録されていれば、147ページの方法で変更前の状態に戻すことができます。

ファイル（常に最新の状態）

こころ

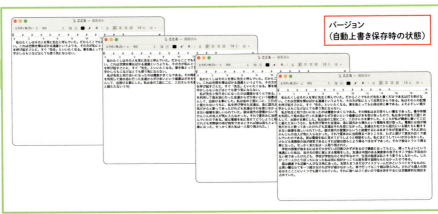

バージョン（自動上書き保存時の状態）

文書のファイルは、オートセーブによって常に最新の状態が維持されます。オートセーブが実行されるたびにそのときの状態がバージョンとしてファイル内に保存され、いつでも過去の状態に戻すことができます。

Column オートセーブ対応のアプリケーション

オートセーブに対応しているのは、テキストエディット、プレビュー、GarageBand、Pages、Numbers、KeynoteなどのMacの標準アプリケーションです。意図しない変更で自動的に文書が保存されてしまうのを防ぎたい場合は、オートセーブを無効にします。「システム設定」アプリから「デスクトップとDock」パネルを開き、［書類を閉じるときに変更内容を保持するかどうかを確認］をクリックしてオンにします。

過去のバージョンから復元する

オートセーブに対応するアプリケーションでは、過去のバージョンの状態を復元して、現在の文書に置き換えることが可能です。復元の画面では、文書を左右に並べて比較しながら復元したいバージョンを探せます。

1 メニューをクリックする

以前のバージョンに復元したい書類を開き、メニューバーで［ファイル］→［バージョンを戻す］→［すべてのバージョンをブラウズ］をクリックします❶。

2 復元するバージョンを表示する

現在の文書と過去のバージョンの文書が左右に並んで表示されます。▲と▼をクリックし❶、復元したい状態の文書が右側に表示されたら❷、［復元］をクリックします❸。

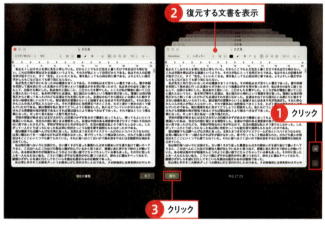

3 文書が復元される

現在の文書の内容が、過去のバージョンの状態に置き換えられます。

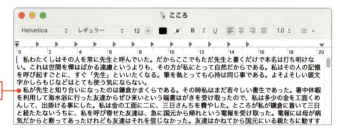

文書が以前の状態に戻る

Column　別のMacでファイルを開いた場合

オートセーブ対応アプリケーションで作成した文書のファイルには、過去のバージョンの情報も含まれています。そのためファイルをほかのMacにコピーした場合でも、オートセーブ対応のアプリケーションでファイルを開くと、同様の操作で過去のバージョンを復元できます。ただし、復元ができるのは、オートセーブに対応するアプリケーションでファイルを開いた場合のみです。

Chapter 4 アプリケーションの基本操作と文字入力

Section 14 新しくアプリケーションを追加する

- ☑ App Store
- ☑ インストール
- ☑ イメージファイル

Macには標準で多くのアプリケーションが搭載されていますが、アプリケーションを追加することで、Macをさらにパワーアップできます。アプリケーションは、「App Store」からいつでも、かんたんに追加できます。

App Storeでアプリケーションを探す／入手する

App Storeは、Mac用のアプリケーションを配布／販売するオンラインストアです。有料／無料のさまざまなアプリケーションが用意されており、その場でインストールしてすぐに使いはじめることができます。

● App Storeを表示する

Dockの[App Store]アイコンをクリックします❶。App Storeが起動して、「見つける」ページが表示されます。「見つける」ページでは、カテゴリごとに分類されたアプリケーションを閲覧できます。

● アプリケーションを探す

① キーワードを入力する

App Storeの検索ボックスに、アプリケーション名や必要な機能など、探したいアプリケーションに関連するキーワードを入力して❶、return を押します。

② アプリケーションが検索される

キーワードに関連するアプリケーションが検索され、表示されます。アプリケーションのアイコンをクリックすると❶、説明やユーザによるレビューが掲載されたページが表示されます。

● アプリケーションを入手する

1 アプリケーションの詳細画面を表示する

アプリケーションの詳細画面で、[入手]をクリックします❶。有料の場合は価格のボタンが表示されます。ボタンの表記が変わったら[インストール]をクリックします❷。有料の場合は、[購入]をクリックします。

> **MEMO**
> **Apple Accountでサインインする／情報を登録する**
> App Storeからアプリケーションを入手するには、Apple Account（344ページ参照）でサインインする必要があります。また、有料のアプリケーションを購入するには、事前に支払い情報の登録が必要です（386ページ参照）。

2 サインインする

Apple Accountのメールアドレスとパスワードを入力して❶、[入手]をクリックします❷。

3 インストールされる

アプリケーションのダウンロードとインストールが行われます。「Launchpad」を起動すると、アプリケーションのアイコンが追加されていることがわかります。

> **MEMO**
> **アプリケーションを削除する**
> App Storeで購入したアプリケーションは、Launchpadから削除できます。Launchpadで option を押すと ⓧ が表示されるので、これをクリックします。

App Store以外からアプリケーションを入手する

App Storeで配布/販売されているもの以外にも、インストールの方法は、大きく分けて「インストーラ型」と「イメージファイル型」があります。

● インストーラを使ってインストールする

「インストーラ」と呼ばれるアプリケーションを起動し、画面に表示される指示に従って操作することでインストール作業を行います。正規版であることを示す「シリアルナンバー」の入力が必要な場合もあります。

● イメージファイルを使ってインストールする

インターネットで配布されているアプリケーションの多くが「.dmg」という形式のイメージファイルです。イメージファイルをダブルクリックして開き、アプリケーションのアイコンを「アプリケーション」フォルダにドラッグすることで❶、インストールを行います。

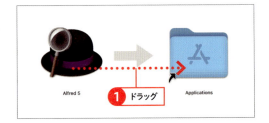

Column　アプリケーションが起動できない場合は？

パッケージ版やダウンロード版のインストーラを起動しようとすると、右の画面のようなメッセージが表示され、実行できないことがあります。このような場合は、「システム設定」アプリの［プライバシーとセキュリティ］をクリックし❶、「プライバシーとセキュリティ」パネルを開き、［このまま開く］をクリックします❷。メッセージが表示されるので、［このまま開く］をクリックすると❸、アプリケーションを起動することができます。

Chapter 5

Webページを閲覧する

Section

1. Safariの画面構成
2. Webページを表示する
3. Webページを検索する
4. 以前見たWebページにすばやくアクセスする
5. タブでWebページを切り替える
6. Webページのデータを保存する
7. Webページを便利に見るためのテクニック
8. 履歴を残さずにWebページを見る
9. Safariをカスタマイズする
10. Webサイトのパスワードを保存する
11. パスキーを使用する

Chapter 5　Webページを閲覧する

Section 1 | Safariの画面構成

☑ Safari
☑ リーダー
☑ リーディングリスト

ニュースやブログのWebページをチェックしたり、さまざまなデータをダウンロードしたりするには、Webブラウザを利用します。ここでは、Macの標準Webブラウザ「Safari」の画面の見方を説明します。

Safariを起動する

Safariを起動するには、Dockの[Safari]をクリックします❶。DockからSafariのアイコンを削除している場合は、「Launchpad」（109ページ参照）から[Safari]をクリックします。

Safari画面の各部名称を確認する

SafariはWebページを読みやすく整形する「リーダー」や、Webページを保存してオフライン時でも読める「リーディングリスト」など、多彩な機能を備えています。ここでは、Safariの画面各部の名称とその役割を紹介します。

● Safariの各部名称

❶ 閉じる、しまう、表示モード切り替え

ウインドウを閉じる（●）、Dockにしまう（●）、フルスクリーン表示に切り替える（●）ボタンです。

❷ サイドバーを表示／非表示

サイドバーの表示／非表示を切り替えるボタンです。

❸ 戻る／進む

Webページの表示履歴を行き来して、表示を切り替えるボタンです。

❹ プライバシーレポート

Webサイトなどからのアクセス追跡、解析などの防止記録を確認できます。

❺ スマート検索フィールド

WebページのURLや、インターネットで検索したいキーワードを入力する場所です。

❻ リーダー

対応するWebページの不要な広告画像などをカットし、本文を読みやすく整形表示するボタンです。

❼ 再読み込み

現在表示中のWebページを最新の状態に更新するボタンです。

❽ ダウンロード

インターネットからダウンロードしたファイルの一覧や、ダウンロードの進行状況を確認できるボタンです（Column参照）。

❾ 共有

表示中のWebページのURLをメールやSNSで共有したり、ブックマークに登録したりするボタンです。

❿ 新規タブ

クリックすると、新しいタブを追加できるボタンです。

⓫ タブの概要を表示

クリックすると、そのウインドウに開いているすべてのタブの内容がサムネールで表示され、一覧で確認できるボタンです。

⓬ タブブラウズバー

タブを表示する領域です。

⓭ ページピン

常に開いておきたいタブが表示されます。クリックすると、開いているWebページ画面が切り替わります（169ページ参照）。

⓮ タブ

タブを利用すると、1つのウインドウで複数のWebページを開き、切り替えて表示できます。タブには、表示中のWebページのタイトルが表示されます。

W Mac (コンピュータ) - Wikipedia

Column Safariに表示されていないボタンについて

初めて起動したばかりのSafariには、ここで紹介したボタンの一部は表示されていません。たとえば「ダウンロード」ボタンは、Webページからファイルをダウンロードしたときに初めて表示されます。また、タブブラウズバーは、タブが1つしかないときには表示されません。このように、Safariはそのときの状況に応じて画面の表示を微調整しています。

Chapter 5　Webページを閲覧する

Section 2

Webページを表示する

- ☑ URL
- ☑ リンク
- ☑ Webページ

SafariでWebブラウジングをしてみましょう。ここではWebページを表示するためのもっとも基本的な手段である、URLを入力してWebページにアクセスする方法と、リンクをクリックしてページを移動する方法を紹介します。

URLを入力してWebページを表示する

「URL」は、Webページの所在地を示す住所のようなもので、一般的に「http://〜」や「https://〜」で始まります。このURLをSafariのスマート検索フィールドに入力して return を押すと、該当するWebページが表示されます。

1　URLを入力する

スマート検索フィールドに、閲覧したいWebページのURLを入力して❶、 return を押します❷。

2　Webページが表示される

Webページが表示されます。スマート検索フィールド右端の ↻ をクリックすると❶、Webページの内容が最新の状態に更新されます。

Column　URLの補完入力

URLの一部を入力すると、過去に表示したWebページのURLがメニューとして表示されることがあります。このURLをクリックすると、目的のWebページへと移動できます。

Webページを切り替える

クリックすると別のWebページに移動する文字列や画像、ボタンなどを総称して「リンク」と呼びます。Safariではこのリンクをクリックすることで、目的のページへと移動します。

● リンク先のWebページを表示する

1 リンクをクリックする

リンクの上にマウスポインタを合わせ、そのままクリックします❶。

2 Webページが切り替わる

リンク先のWebページが表示されます。< をクリックすると❶、手順①のWebページに戻ります。元のWebページに戻ってから > をクリックすると、リンク先のWebページを再表示します。

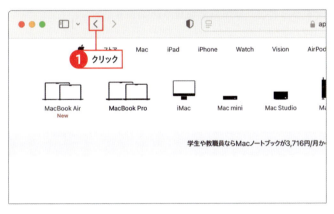

> **MEMO**
> **Webページを閉じる**
> Webページを閉じるには、タブにマウスポインタを合わせると表示される ✕ をクリックします。開いているタブが1つだけのときは、ウインドウ左上の ✕ をクリックします。

Column　トラックパッドでSafariを操作する

トラックパッドでは、2本指で左から右にスワイプすると前のページに、右から左にスワイプすると次のページに移動します。また、ピンチ操作で画面の表示を拡大／縮小できます。

● 前のページに移動　　● 次のページに移動　　● 画面の拡大　　● 画面の縮小

 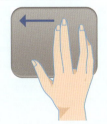  

2本指で右にスワイプ　　2本指で左にスワイプ　　親指と人指し指でピンチアウト　　親指と人指し指でピンチイン

Chapter 5　Webページを閲覧する

Section 3 | Webページを検索する

☑ スマート検索フィールド
☑ Google
☑ ページ検索

インターネット上の無数のWebページの中から、目的の情報を効率よく探すには、検索サービスを利用するのがいちばんです。Safariでは、定番の検索サービス「Google」を使ってWebページを検索できます。

キーワードで目的のWebページを検索する

知りたい情報が掲載されたWebページを探すには、スマート検索フィールドに目的の情報に関連するキーワードを入力します。検索結果が多すぎて目的のページが見つからないときは、複数のキーワードで検索することで、検索結果を絞り込めます。

1　キーワードを入力する

スマート検索フィールドに、検索したいキーワードを入力して❶、return を押します❷。

> **MEMO**
> **キーワードのサジェスト機能**
> スマート検索フィールドにキーワードを入力すると、「Google検索」の項目におすすめのキーワードが表示されます。表示された項目をクリックすると、選択したキーワードによる検索結果が表示されます。

2　検索結果が表示される

キーワードに関連するWebページが検索され、検索結果が表示されます。リンクをクリックすると❶、そのWebページが表示されます。

> **MEMO**
> **履歴とブックマークの検索**
> スマート検索フィールドにキーワードを入力すると、過去に閲覧したページやブックマークの中から関連する項目が表示されます。

Webページ内の文字列を検索する

文字量の多いWebページなどでは、目的の情報を探すのに時間がかかります。このような場合は、Webページ内の文字列の検索機能を使うと、指定したキーワードを効率よく探せます。

1 検索機能を呼び出す

目的の情報が掲載されているWebページを表示して、メニューバーで[編集]をクリックし❶、メニューから[検索]→[検索]をクリックします❷。

2 検索語句を入力する

検索バーが表示されたら、検索フィールドにキーワードを入力します❶。検索された語句はハイライト表示になり❷、そのうち選択中の語句は背景が黄色になります。

> **MEMO**
> **キーボードから検索バーを呼び出す**
> ページ内で検索を行う場合、[command]を押しながら[F]を押して呼び出すこともできます。

3 検索語句を入力する

検索バーの[<｜>]をクリックすると❶、別の箇所にあるキーワードが選択されます。検索を完了するには、検索バーの[完了]をクリックします❷。

Column 検索エンジンを切り替える

スマート検索フィールドの🔍をクリックすると❶、検索メニューが表示されます。このメニューで[Google][Yahoo][Bing][DuckDuckGo][Ecosia]のいずれかを選択すると❷、それぞれの検索サービスでWebページを検索できます。検索エンジンの設定は、Safariの設定からも行えます(174ページ参照)。

Chapter 5　Webページを閲覧する

Section 4　以前見たWebページにすばやくアクセスする

☑ ブックマーク
☑ お気に入り
☑ 履歴

定期的に閲覧するWebページを「ブックマーク」に登録しておくと、いつでも呼び出せるので便利です。また、過去に見たWebページをさかのぼって表示する履歴機能も活用しましょう。

ブックマークを利用する

ひんぱんに閲覧するWebページは、ブックマークに登録しておきましょう。ブックマークはWebページのURLを保存する機能で、登録したWebページはお気に入りバーやサイドバーからクリックするだけで表示できます。

● ブックマークに登録する

(1) ボタンをクリックする

ブックマークに登録するWebページを表示して、□をクリックし❶、[ブックマークに追加]をクリックします❷。

(2) 追加先を選択する

「このページの追加先」をクリックし、[お気に入り]を選択します❶。必要に応じてブックマークの名前を入力し❷、説明を入力して❸、[追加]をクリックします❹。

(3) サイドバーを表示する

□をクリックして❶、サイドバーを表示します。[ブックマーク]をクリックすると、ブックマークの一覧が表示されます。ページを追加したフォルダ名（ここでは「お気に入り」）の横の▶をクリックすると❷、Webページが登録されていることを確認できます。

ブックマークを編集する

ブックマークをフォルダを使って整理したり、登録したWebページを削除したりするには、Safariのサイドバーを表示します。また、登録されているWebページやフォルダは並べ替えることができるので、自分の使いやすい配置にしましょう。

● フォルダでブックマークを整理する

1 サイドバーを表示する

📖 をクリックして、サイドバーを表示します❶。

2 新規フォルダを作成する

`control`を押しながらサイドバーをクリックし❶、[新規フォルダ]をクリックすると❷、フォルダが作成されます。フォルダの名前を入力し❸、`return`を押します。

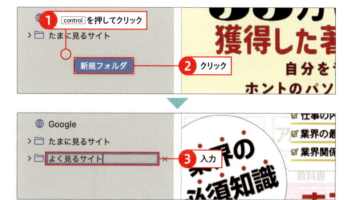

3 ブックマークを別のフォルダに移動させる

フォルダ内のブックマークを別のフォルダにドラッグすると❶、ブックマークを別のフォルダに移動させることができます。

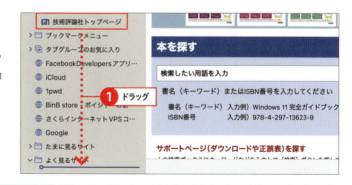

Column　お気に入りに登録する

ブックマークを「お気に入り」フォルダに追加すると、スマート検索フィールドをクリックすると表示される「お気に入りパネル」や、Safariで新しいウインドウを開いたときに表示される画面にブックマークが追加されます。また、サイドバーのブックマークパネルからもアクセスできます。

● 不要なブックマークを削除する

をクリックしてサイドバーを開き❶、[ブックマーク]をクリックします。control を押しながらブックマークをクリックし❷、[削除]をクリックすると❸、ブックマークに登録したWebページが削除されます。

履歴からWebページを表示する

Webページを閲覧した履歴は、Safariに自動で保存されています。履歴は、メニューバーの「履歴」から確認できます。

● 「履歴」メニューから過去に見たページを開く

(1) 「履歴」メニューを表示する

メニューバーで[履歴]をクリックし❶、確認したい日付をクリックすると❷、その日に閲覧したWebページの履歴が表示されます。一覧から、開きたいWebページをクリックします❸。

(2) Webページが表示される

クリックしたWebページが表示されます。なお、Webページによっては、以前に表示したときから内容が変更されていることがあります。

● 履歴を閲覧する／編集する

① 履歴の一覧を表示する

メニューバーで［履歴］→［すべての履歴を表示］をクリックします❶。

② 履歴を削除する

保存されたWebページの閲覧履歴がすべて表示されます。履歴を削除したいときは、control を押しながら項目をクリックし❶、［削除］をクリックします❷。

> **MEMO　複数の履歴をまとめて削除する**
>
> command を押しながら複数の履歴をクリックして選択し、delete を押すと、選択した履歴をまとめて削除できます。

Column　Spotlightからブックマークや履歴を探す

Spotlight（96ページ参照）で、ブックマークやWebページの閲覧履歴を検索することもできます。Spotlightの検索ボックスにキーワードを入力すると、キーワードに関連するブックマークやWebページの履歴が表示されます。

Chapter 5　Webページを閲覧する

Section 5

タブでWebページを切り替える

- ☑ タブ
- ☑ タブバー
- ☑ タブビュー

記事を読み比べたい場合など、複数のWebページを同時に表示し、切り替えながら閲覧するには「タブ」を利用します。タブ機能を使えば、1つのウインドウで複数のWebページを開いておくことができます。

タブでWebページを開く

商品の値段や記事の情報を見比べたりするとき、複数のWebページを開いておけると便利です。Safariでは、タブ機能を利用することで、1つのウインドウに複数のWebページを同時に開いておくことができます。

● 新しいタブを開く

(1) [command]を押しながらクリックする

新しいタブで開きたいリンクにマウスポインタを合わせ、[command]を押しながらクリックします❶。

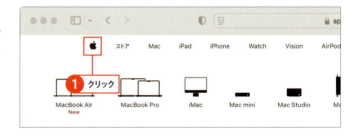

(2) 新しいタブが開く

タブバーが表示され、現在表示しているWebページのタブとは別に、新たなタブが表示されます。新しいタブをクリックすると、リンク先のWebページが表示されます。

Column　空のタブを追加する

Safariのウインドウの右側にある ＋ をクリックすると❶、新しいタブが表示されます。この方法で開いたタブには、お気に入りの一覧が表示されます。なお、タブやウインドウを新規に開いたときに表示するページは、メニューバーで[Safari]→[設定]→[一般]をクリックすると変更できます。

162

● タブを閉じる

タブにマウスポインタを合わせると、⊠ が表示されます。⊠ をクリックすると❶、そのタブを閉じることができます。

● タブを分離する／結合する

(1) タブを分離してウインドウにする

ウインドウとして分離するタブを、Safariのウインドウの外側にドラッグします❶。タブがウインドウとして分離し、タブに表示されていたWebページが分離したウインドウに表示されます。

(2) 複数のウインドウをまとめる

Safariで複数のウインドウを開いている状態で、[ウインドウ] → [すべてのウインドウを結合] をクリックします❶。タブとウインドウが1つにまとめられます。

Column　タブビューを利用する

トラックパッドでタブを操作する場合は、タブビューの利用がおすすめです。トラックパッドでピンチインするとタブビューに切り替わり、同一ウインドウ内にタブで開いているWebページが縮小表示されます。タブを切り替えるには、目的のタブのサムネールをクリックします。

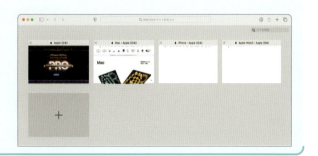

Chapter 5　Webページを閲覧する

Section 6 Webページのデータを保存する

- ダウンロード
- PDF
- Webページの保存

インターネットでは、PDF文書やアプリケーション、さまざまなファイルが配布されています。ここではこれらのファイルをSafariでダウンロードする方法と、今開いているWebページをMacに保存する方法を紹介します。

各種ファイルをダウンロードする

ファイルのダウンロードは、ダウンロード用のリンクをクリックすると自動的に開始されます。ダウンロードしたファイルは、「ダウンロード」フォルダに保存されます。

● リンクからファイルを入手する

(1) リンクをクリックする

ダウンロードしたいファイルが配布されているWebページを開き、ダウンロード用のリンクをクリックします❶。

> **MEMO**
> **ダウンロードの許可**
> ファイルをダウンロードしようとしたときに「"（Webページ名）"でのダウンロードを許可しますか？」と表示されたら、［許可］をクリックします。

(2) ダウンロードが開始される

ダウンロードが開始されると、ツールバーに「ダウンロード」ボタンが表示されます。をクリックすると❶、ダウンロードの進行状況を確認できます。

(3) ダウンロードが完了する

ダウンロードしたデータは、「ダウンロード」フォルダに保存されます。保存したデータはFinderやDockの「ダウンロード」フォルダをクリックすると確認できます❶。

● PDFをダウンロードする

SafariでPDFを表示した際に、マウスポインタを画面下に移動するとツールバーが表示されます。ツールバーの ◉ をクリックすると❶、PDFがダウンロードされます。

> **MEMO**
> **画像をダウンロードする**
> Webページに表示されている画像は、デスクトップなどにドラッグするとダウンロードできます。

Webページを保存する

重要な情報が掲載されたWebページを保存しておくと、Webページが制作者によって削除されてしまった場合でも、情報は手元に残るので安心です。保存したWebページは、インターネットに接続していない環境でも閲覧できるというメリットもあります。

① メニューをクリックする

保存するWebページを表示して、[ファイル]→[別名で保存]をクリックします❶。

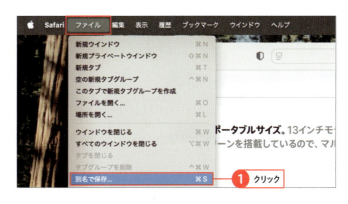

> **MEMO**
> **Webページの保存場所**
> [別名で保存]で保存したWebページは、標準では「書類」フォルダに保存されます。保存場所は、手順②の「場所」で変更できます。

② ファイル名と保存場所を指定する

「名前」に保存するファイルの名前を入力して❶、「場所」で保存先のフォルダを指定します❷。「フォーマット」で[Webアーカイブ]を選択し❸、[保存]をクリックします❹。保存したファイルをダブルクリックすると、Safariで開いて確認できます。

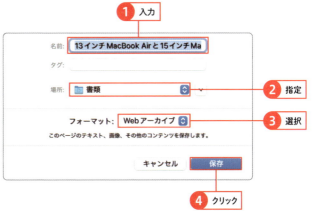

> **MEMO**
> **Webアーカイブ**
> WebアーカイブはWebページの本文だけでなく、Webページに掲載されている画像やボタンなども含めて保存し、1つのファイルとして書き出す形式です。

Chapter 5　Webページを閲覧する

Section 7　Webページを便利に見るためのテクニック

☑ リーダー
☑ リーディングリスト
☑ ページピン

広告などの不要な画像をカットして、本文を読みやすく整形する「リーダー」、気になる記事を一時保存してあとで読む「リーディングリスト」など、SafariにはWebページを快適に閲覧するための便利な機能が搭載されています。

リーダーでWebページを読みやすく整形する

長文のWebページや、複数のページにまたがるWebページを読むときは、「リーダー」機能が便利です。リーダーはWebページの本文の文字列を抽出し、不要な画像や広告などをカットして表示します。なお、記事が複数のページにまたがる場合は、リーダー表示時に1つのページに結合されます。

① ボタンをクリックする

対応するWebページをSafariで表示すると、「リーダー」ボタン 📄 が表示されます。📄 をクリックし❶、表示されたメニューの[リーダーを表示]をクリックします❷。

MEMO　リーダーが表示されない場合
リーダーで表示できるのは、対応するWebページのみです。対応していないWebページでは「リーダー」ボタンは表示されません。

② 本文が整形表示される

リーダーに切り替わり、Webページの本文が読みやすく整形表示されます。元のWebページに戻るには、再度[リーダー]ボタン 📄 をクリックします❶。

MEMO　文字サイズを変更する
リーダー表示時に本文の文字サイズを変更するには、スマート検索フィールドの右横に表示される 🅰 をクリックします。

リーディングリストにWebページを一時保存する

「リーディングリスト」は、Webページを一時的に保存しておく機能です。今は時間がないので読めない記事をリーディングリストに保存しておき、あとでじっくり読むなどの使い方をします。また、リーディングリストに保存したWebページは、本文や画像などのデータがMac内に保存されます。そのため、インターネットに接続していない状態でも閲覧できます。

● WebページをリーディングリストにⅠ保存する

リーディングリストに保存するWebページを表示し、 をクリックして❶、［リーディングリストに追加］をクリックします❷。

MEMO　その他の保存方法
 をクリックし、［リーディングリストに追加］をクリックしても、Webページを保存できます。

● リーディングリストからWebページを表示する

(1) リーディングリストを開く

 をクリックしてサイドバーを表示し❶、［リーディングリスト］をクリックします。そうすると、保存したWebページが一覧表示されます。表示したいWebページをクリックします❷。

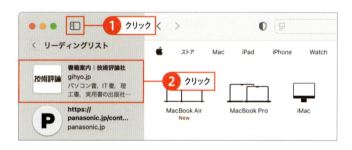

(2) Webページが表示される

Webページが表示されます。

Column　リーディングリストをiPhoneやiPadと同期する

リーディングリストに保存したWebページは、同じApple Accountを使ってiCloudを設定したiPhoneやiPad、ほかのMacと同期できます。MacでWeb保存したWebページをあとからiPhoneで読む、反対にiPhoneで保存したWebページをMacで読む、などの使い方ができます。

● 未読のWebページを表示する

サイドバーのリーディングリストを下方向にスクロールすると❶、[すべて]と[未読のみ]の2つのボタンが表示されます。[未読のみ]をクリックすると❷、未読のWebページのみが表示されます。

● リーディングリストからWebページを削除する

サイドバーのリーディングリストのWebページを control を押しながらクリックし、[項目を削除]をクリックすると❶、リーディングリストからWebページを削除できます。

MEMO

既読のWebページを未読に戻す

既読のWebページを未読に戻すには、Webページを control を押しながらクリックし、[未読にする]をクリックします。

● リーディングリストを検索する

① キーワードを入力する

サイドバーを下方向にスクロールして検索ボックスを表示し❶、キーワードを入力します❷。

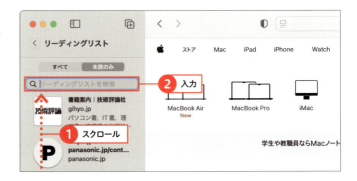

② 検索結果が表示される

リーディングリストの中で、入力したキーワードを含むWebページが検索結果に表示されます。

よく利用するWebページをページピンに登録する

Safariのウインドウを閉じると通常はタブも閉じてしまいます。これでは、Safariを起動するたび毎回同じWebページを開き直さなくてはいけません。そこで、よく閲覧するWebページを「ページピン」としてタブバーに固定することで、よく使うWebページを常に開いておくことができます。

chapter 5
section 7

1 タブを固定する

タブバーにピン留めしておきたいWebページをタブに表示します。[control]を押しながらタブの上をクリックし❶、メニューから[タブを固定]をクリックします❷。なお、タブは複数固定できます。

2 タブが固定される

固定したタブが、タブバーの左端に表示されました。このタブをクリックすると、Webページが開きます。Safariを終了しても、次に起動すると同じ場所にタブが固定され続けます。

MEMO 常にタブバーを表示する

Webページが1つしか開いていないときなどタブバーが非表示の場合は、固定したタブが表示されません。常にタブバーを表示させるには、メニューバーで[表示]→[タブバーを常に表示]をクリックします。

3 固定したタブを解除する

[control]を押したまま解除したい固定タブの上をクリックし❶、[タブを固定解除]をクリックします❷。

Column　タブでWebページの音声を止める

複数のタブでWebページを開いていても、タブに表示される🔊で、どのタブで動画や音楽などの音声が流れているかわかります。見ていないタブで音声が鳴っている場合でも、🔊をクリックして音を消すことができます。また、スマート検索フィールドにも同様のアイコンが表示されるので、それをクリックして消すことも可能です。

気をそらす項目を非表示にする

Webページに掲載されている記事を読んでいると、動きの多い広告などに気を取られ、集中できない場合があります。そのようなときは、「気をそらす項目を非表示」機能を利用すると、集中して読むことができます。

● 気をそらす項目を非表示にする

1) 非表示にしたい項目を選択する

スマート検索フィールドの左にある 📖 をクリックし❶、［気をそらす項目を非表示…］をクリックします❷。スマート検索フィールドには「非表示にする項目をクリック」と表示されて、Webページ内でマウスポインタを動かすと、非表示にできる項目が青枠で表示されるので、対象の項目をクリックします❸。

2) 気をそらす項目を非表示にする

非表示にしたい項目をすべてクリックしたら、［完了］をクリックします❶。

Column　プライベートウィンドウでWebページを閲覧している場合

「気をそらす項目を非表示」は一度設定すると、閲覧履歴に残っている間などは、再度設定しなくても非表示のままになります。しかし、プライベートウィンドウで閲覧している場合は、そのWebページは閲覧履歴に残らないため、再度表示すると、非表示になった項目が表示されます。

● 非表示にする項目を追加する

追加する場合も、最初に項目を非表示にした手順と同じです。青枠で表示される項目であれば、一度に複数の項目を選択して非表示にできます❶。

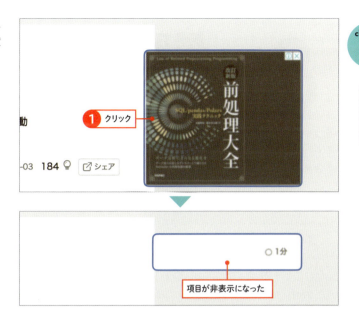

● 非表示にした項目を表示する

スマート検索フィールドの左にある アイコン をクリックし❶、［非表示の項目を表示］をクリックします❷。続いて表示されるメッセージで［表示］をクリックすると❸、非表示にしていた項目がすべて表示されます。

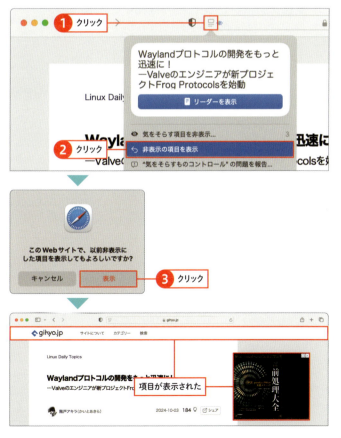

Chapter 5　Webページを閲覧する

Section 8

履歴を残さずにWebページを見る

- ☑ プライベートウインドウ
- ☑ Safariのリセット
- ☑ 履歴

共用のMacでは、Safariを使ったWebページの閲覧履歴は、使用者全員に見られてしまいます。このような環境でプライバシーを守りつつ、Webページを見るには、閲覧履歴を残さない「プライベートウインドウ」を使用します。

プライベートウインドウでWebページを閲覧する

Safariには、通常のウインドウと「プライベートウインドウ」があります。プライベートウインドウで開いたWebページは、閲覧履歴のほか検索キーワードやフォーム、ユーザIDとパスワードなどの入力履歴も記憶されません。なお、プライベートウインドウとして開いたウインドウ内のタブにも、プライベートモードが適用されます。

① 新規プライベートウインドウを開く

メニューバーで［ファイル］→［新規プライベートウインドウ］をクリックします❶。

② 履歴を確認する

開いたウインドウで、Webページにアクセスします。プライベートウインドウで開いたWebページは、「プライベート」と表示され、スマート検索フィールドの背景が濃いグレーになります。現在閲覧中のWebページは履歴に表示されません。

Column　2つのウインドウを共存させる

プライベートウインドウを使用中に、別の新規ウインドウを開いて、通常通りにWebページを閲覧することも可能です。なお、1つのウインドウ内に、通常のウインドウで開いたページとプライベートウインドウで開いたページを同時に表示することはできません。

Safariをリセットする

Safariの履歴で「すべてを削除」を実行すると、Webページの閲覧履歴やファイルのダウンロード履歴など、蓄積されたさまざまなデータが一括して消去されます。なお、この操作を行っても、ブックマークやリーディングリストに保存したWebページは失われません。

● 直近の履歴とWebサイトデータを消去する

① メニューをクリックする

メニューバーで[Safari]→[履歴]→[履歴を消去]をクリックします❶。

> **MEMO**
> **履歴だけを消去する**
> option を押しながら、メニューバーで[Safari]または[履歴]→[履歴を消去(Webサイトデータは保持)]をクリックすると、キャッシュやログイン情報などを保持したまま履歴だけを消去できます。

② 消去する範囲を選択する

消去の対象を「直近1時間」、「今日」、「今日と昨日」、「すべての履歴」の中からクリックして選択し❶、[履歴を消去]をクリックします❷。

● すべてのWebサイトデータを消去する

① Webサイトデータを消去する

メニューバーで[Safari]→[設定]をクリックし、[プライバシー]タブをクリックします❶。[Webサイトデータを管理]をクリックします❷。

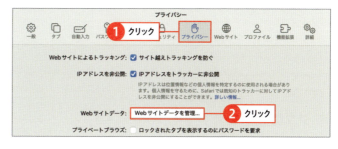

② 削除を実行する

[すべてを削除]をクリックすると❶、すべてのWebサイトデータが消去されます。この操作で消去されるのは、サイトへの訪問履歴や入力したWebフォームの内容、ログインIDやパスワードなどです。

Chapter 5　Webページを閲覧する

Section 9 ｜ Safariをカスタマイズする

- ☑ 設定
- ☑ ツールバーをカスタマイズ
- ☑ ピクチャ・イン・ピクチャ

Safariの動作やWebページの表示に関する設定は、「設定」で変更できます。また、ツールバーにボタンを追加したり、配置を変更したり、拡張機能で新たな機能を追加したりも可能です。

動作やWebページの表示に関する設定を変更する

メニューバーで[Safari]→[設定]をクリックすると、設定のダイアログボックスが表示され、Safariの設定が変更できます。特に「一般」タブや「詳細」タブの設定項目では、Safariの起動時に表示するホームページや利用する検索エンジンを変更したり、Webページの文字サイズを変更したりできます。

● 検索エンジンを変更する

Safariの初期設定では、利用する検索エンジンに「Google」が設定されています。これを「Yahoo」もしくは「Bing」、「DuckDuckGo」「Ecosia」に変更することができます。設定のダイアログボックスで[検索]タブをクリックし❶、「検索エンジン」のプルダウンメニューをクリックして、目的の検索エンジンを選択します❷。

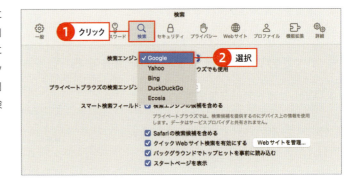

● タブの設定を変更する

Safariでは`command`を押しながらリンクをクリックすると、新しいタブでWebページが開きます。この動作を変更したいときは、設定のダイアログボックスで[タブ]タブをクリックし❶、[[⌘]+クリックでリンクを新規タブで開く]をクリックしてオフにします❷。この状態で`command`を押しながらリンクをクリックすると、新しいウインドウでWebページが開きます。

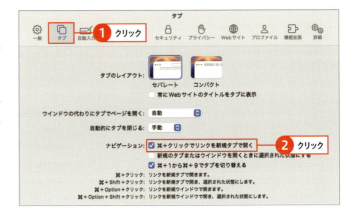

174

ツールバーをカスタマイズする

Finderのウインドウと同様に、Safariでもボタンを追加したり、ボタンの配置を入れ替えたりして、ツールバーをカスタマイズできます。ツールバーをカスタマイズするには、配置できるボタンやデフォルトセットが配置されたカスタマイズの画面を表示します。

1 メニューをクリックする

メニューバーで［表示］→［ツールバーをカスタマイズ］をクリックします❶。

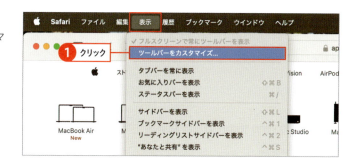

2 ボタンをドラッグする

任意のボタンを、ツールバーの目的の位置にドラッグし❶、［完了］をクリックします❷。

3 ボタンが追加される

ツールバーにボタンが追加されます。ツールバーを初期状態に戻すには、デフォルトセットをツールバーにドラッグします。

Column　ステータスバーの表示／非表示を切り替える

初期状態のSafariでは、マウスポインタをWebページ上のリンクに合わせても、リンク先のURLを確認することができません。［表示］をクリックし、［ステータスバーを表示］をクリックして❶、ステータスバーを表示すると、ステータスバーでリンク先のURLを確認できるようになります。

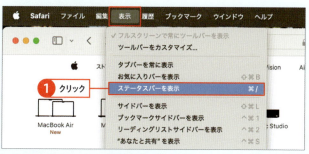

自動動画再生をオフにする

Webページを開くと、CMなどの動画が自動的に再生されます。しかし、この設定はモバイルデータ通信時など、通信量が限られている場合はオフにしておきたい機能です。この設定を無効にするには、[設定]から行います。

1 設定を開く

メニューバーで[Safari]→[設定]をクリックします❶。

2 特定のWebサイトの自動動画再生をオフにする

設定のダイアログボックスで、[Webサイト]タブ→[自動再生]をクリックします❶。一覧の中から、オフにしたいWebサイトの設定を「自動再生しない」にします❷。

3 デフォルトの自動動画再生設定をオフにする

通常の設定をオフにするには、手順②の画面の右下にある[これ以外のWebサイトでのデフォルト設定]を「自動再生しない」にします❶。

4 設定を削除する

Webサイトごとの設定を削除するには、手順②の画面から、削除したいWebサイトを選択し❶、画面下にある[削除]をクリックします❷。

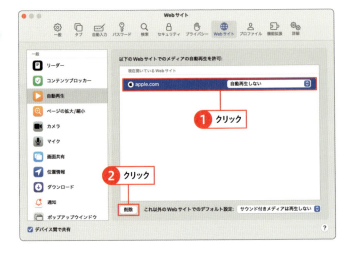

動画を見ながらほかの作業をする

Safariには、「ピクチャ・イン・ピクチャ」と呼ばれる機能があります。「ピクチャ・イン・ピクチャ」を使えば、一部の動画サイトの動画を見ながらほかの作業をすることができます。

1 動画を開く

YouTubeなどの動画サイトを開き、見たい動画を再生します。

2 メニューを表示する

control を押しながら動画をダブルクリックし❶、[ピクチャ・イン・ピクチャにする]をクリックします❷。

3 ピクチャ・イン・ピクチャウインドウが表示される

動画が別のウインドウで表示され、別の作業をしながら動画を見ることができます。ほかのアプリケーションをフルスクリーン表示にしても、ほかのアプリケーションの前面に動画が表示され続けます。ピクチャ・イン・ピクチャを終了したいときは、❌ をクリックします❶。

Chapter 5　Webページを閲覧する

Section 10　Webサイトのパスワードを保存する

- ☑ ユーザID
- ☑ パスワード
- ☑ 自動入力

通販サイトや会員制サイトで入力するユーザIDやパスワードなどの情報は、Webサイトごとに「パスワード」アプリに記憶させて、次回以降は自動入力させることができます。保存した情報はあとから確認／編集できます（312ページ参照）。

パスワードを「パスワード」アプリに記憶させる

Safariで入力したユーザIDとパスワードは「パスワード」アプリに記憶して、次回以降自動で入力してくれる機能を備えています。この機能は便利ですが、同じMacを操作すれば誰でもサービスにログインできてしまうので、第三者にMacを使わせないようにするなど、注意が必要です。

● パスワードを保存する

① ログインする

サービスへのログインページを表示して、ユーザIDとパスワードを入力し❶、ログインをクリックします❷。

② ダイアログボックスが表示される

このWebページのユーザIDとパスワードを記憶させる場合は、［パスワードを保存］をクリックします❶。これでログインが完了するとともに、手順①で入力したユーザIDとパスワードが「パスワード」アプリにに保存されます。

Column　「パスワード」アプリにパスワードを保存しない

手順②の画面で［このWebサイトでは保存しない］をクリックすると、ユーザIDとパスワードは記憶されず、以降このWebページではダイアログボックスは表示されません。［今はしない］をクリックすると、ユーザIDとパスワードは記憶されませんが、次回同じWebページからログインしようとしたときに、再度ダイアログボックスが表示されます。

● パスワードを自動入力する

ログイン情報を保存したWebページを表示し、ログインページの入力欄をクリックします❶。保存したユーザIDやパスワードが表示されるのでクリックすると❷、ユーザIDやパスワードが自動で入力されます。あとは[ログイン]をクリックするだけで、そのままログインできます。

● パスワードを削除する

① 「パスワード」アプリを表示する

保存したログイン情報は、「パスワード」アプリで管理されています。「パスワード」アプリを起動し、削除したい情報をクリックし❶、[編集]をクリックします❷。

② [パスワード]を削除する

画面下に表示された[パスワードを削除]をクリックすると❶、パスワードは削除されます。

> **MEMO**
> **自動入力を無効にする**
> ログイン情報の自動入力機能は、手順②の画面の「自動入力」タブから無効にできます。

Column 記憶させたパスワードを表示する

手順②の画面では、記憶させたパスワードは「●●●●●●●●」と表示され、実際の文字列が見られない状態になっています。パスワードの文字列を表示するには、パスワードの上にマウスポインタを合わせます。パスワードはマウスポインタを合わせている間のみ表示されます。

Chapter 5　Webページを閲覧する

Section 11

パスキーを使用する

- ☑ パスキー
- ☑ 生体認証
- ☑ Touch ID

Safariでは、パスワードに代わる新たなログイン手段として、「パスキー」を採用しています。パスキーを「パスワード」アプリに保存しておけば、Webページにパスワードを入力せずにサインインできます。

パスキーとは

「パスキー」とは、Touch IDやFace IDなどの生体認証を用いた、新たな認証機能です。パスキーには特殊な暗号化技術が使われており、外部からハッキングが行えないため、アカウント情報が漏れず、パスワードを用いるよりもセキュリティを強化できます。パスキーは「パスワード」アプリ（178ページ参照）に保存され、同じApple Accountでサインインしていれば、異なる端末でも使えます。パスワードと異なり、自分で番号を考えたり覚えておいたりする必要がないため、サインインの際に手間が省けるのも利点です。

● パスワードは入力不要

Webサービスなどにサインインする際、通常はユーザIDやメールアドレスのあとにパスワードを入力する必要があります。パスキーを保存していると、パスワードの入力の代わりに生体認証を行ってサインインを行うため、パスワードの入力は不要です。パスキーはアカウントの作成時や、サインインしてアカウントの管理画面に移ったときなどに保存できます。また、保存したパスキーはあとから削除することも可能です。

● パスキーの対応OSと必要な設定

パスキーは、MacではVenture、iPhoneやiPadではiOS 16以降のOSを搭載した端末で使用できます。パスキーでは「パスワード」アプリにと生体認証を利用するため、事前に「パスワード」アプリの機能を有効にし、Touch IDまたはFace IDを設定しておく必要があります。MacがTouch IDの機能を備えていたり、対応するキーボードを使用している場合は、Touch IDを利用してパスキーを保存できます。Mac上でTouch IDを使用できなくても、Touch IDやFace IDを設定したiPhoneで、パスキーの使用時に表示されるQRコードを読み込むことで、認証を行えます。

パスキーを使えるようにする

本書では、MacのTouch ID（指紋データによる生体認証）とiPhoneのFace ID（顔データによる生体認証）を使用し、Mac上でパスキーを保存／使用する手順を解説します。まずは、MacでTouch IDを設定し、iCloudパスワードの機能を有効にします。

● Touch IDを設定する

(1) 「システム設定」アプリを開く

システム設定を開き、［Touch IDとパスワード］をクリックします❶。続いて、「指紋を追加」の⊕をクリックします❷。

(2) ロックを解除する

「Touch IDとパスワード」画面でユーザのログインパスワードを入力し❶、［ロックを解除］をクリックします❷。

(3) Touch IDセンサーに指を置く

「指を置いてください」と表示されたら、指紋を登録する指をTouch IDセンサーの上に置き、指を置く→離すの動作を繰り返します。

(4) Touch IDの設定を完了する

「Touch IDの準備ができました」と表示されたら、［完了］をクリックします❶。手順①の画面に戻ると、⊕の横に指紋のアイコンが表示されます。

パスキーを保存する

パスキーの保存は、Webサービスなどのアカウントの作成時に保存する方法と、Webサービスにサインインした際に保存する方法があります。そのため、新規にアカウントを作成する場合でも、既存のアカウントを利用する場合でも、どちらもパスキーを保存できます。

● MacのTouch IDを使ってパスキーを保存する

(1) Webサービスにパスキーを設定する

Webサービスなどのアカウントの作成画面や管理画面で、パスキーを設定する画面へ移動します。[設定]など、パスキーを作成するためのボタンをクリックします❶。

(2) Touch IDセンサーに指を置く

Touch IDを使用してパスキーを作成するか確認されるので、指紋を登録した指をTouch IDセンサーに置きます。

(3) パスキーの保存が完了する

「完了」と表示されると、パスキーの保存が完了します。

● iPhoneのFace IDを使ってパスキーを保存する

(1) 他の端末を使ってパスキーを設定するようにする

182ページの手順①と同様、パスキーの設定画面へ移動し、パスキーを設定するためのボタンをクリックします。ここでは［その他のオプション］をクリックします❶。

(2) デバイスを選択する

続いて表示された画面では、［iPhone、iPad、またはAndroidデバイス］を選択し❶、［続ける］をクリックします❷。

(3) Rコード`を読み込む

パスキーのQRコードが表示されるので、iPhoneの「カメラ」アプリなどで読み込みます❶。

(4) パスキーでのサインイン画面を表示する

iPhone側でQRコードを読み込むと表示される、［パスキーを保存］をタップします❶。

⑤ パスキーを保存する

iPhoneでパスキー作成が表示されるので［続ける］をタップします。iPhoneに「パスワード」アプリ以外のパスワード管理アプリがインストールされている場合は、どのアプリに保存するかをこの画面で選択します。

⑥ パスキーの保存が完了する

顔認証が行われます。「完了」と表示されると、パスキーが保存されます。

● MacのTouch IDを使って保存したパスキーを使用する

Webサービスなどのログイン画面で、パスキーを使用するための画面が表示されたら、指紋を登録した指をTouch IDセンサーに置きます。「完了」と表示されるとログインできます。

● iPhoneのFace IDを使って保存したパスキーを使用する

Webサービスなどのログイン画面で、パスキーを使用するための画面が表示されます。［続ける］をクリックします。

Chapter 6

メールを
やり取りする

Section

1 メールアカウントを設定する
2 「メール」アプリの画面構成
3 メールを送信する
4 ファイルを添付してメールを送信する
5 メールを受信する
6 メールを返信する／転送する
7 メールを検索する
8 メールボックスを作成してメールを整理する
9 メールを分類する
10 ルールを設定してメールを自動で振り分ける
11 迷惑メール対策をする
12 メールを削除する
13 連絡先にメールアドレスを登録する
14 複数のメールアカウントを使い分ける
15 「メール」アプリに署名を設定する
16 「メール」アプリの設定を変更する

Chapter 6　メールをやり取りする

Section 1

メールアカウントを設定する

- ☑ 「メール」アプリ
- ☑ メールアカウント
- ☑ iCloudメール

メールは、仕事やプライベートで日常的に利用する通信手段です。ここでは、Macの「メール」アプリを使って、iCloud、Gmail、そしてプロバイダや会社のメールアカウントを設定する方法を解説します。

メールにアカウントを追加する

「メール」アプリを起動する前に、「システム設定」アプリの「インターネットアカウント」パネルで、利用するメールアカウントを追加しておきましょう。ここでは、Gmailアカウントを設定します。

① 設定画面を開く

Dockの[システム設定]をクリックして「システム設定」アプリを開き、[インターネットアカウント]をクリックし❶、[アカウントを追加]をクリックします❷。

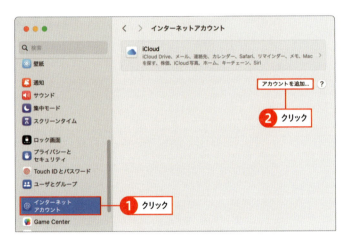

> **MEMO**
> 「メール」アプリでアカウントを登録する
> ここでは、Gmailの登録に「インターネットアカウント」パネルを使いましたが、「メール」アプリから直接アカウントを登録することも可能です。「メール」アプリで登録する場合は、[メール]→[アカウント]をクリックして画面の指示通りに操作します。

② アカウントの種類を選択する

「インターネットアカウント」パネルが表示されたら、「メール」アプリに追加したいアカウントをクリックして選択します。ここではGmailを追加するので、[Google]をクリックします❶。確認のダイアログボックスが表示された場合は、[ブラウザで開く]をクリックします。

3 メールアドレスを入力する

ブラウザが起動され、Gmailのアカウント情報の入力を求められます。まずは「メールアドレス」を入力し①、[次へ]をクリックします②。

4 パスワードを設定する

続いて、「パスワード」を入力し①、[次へ]をクリックします②。

5 使用するアプリケーションを確認する

追加したGoogleアカウントを使用するアプリケーションを選択します。今回はGmailを使いたいので、「メール」がオンになっていることを確認し①、[完了]をクリックします②。

6 アカウントの設定が完了する

手順①の「インターネットアカウント」パネルに「Google」が追加されます。[Google]をクリックし、「メール」がオンになっていることを確認できたら①、メールアカウントの設定は完了です。

プロバイダや会社のメールアカウントを設定する

Macの「メール」アプリでは、インターネットプロバイダや会社のメールアカウントを利用できます。このようなメールアカウントの設定には、ユーザIDやパスワードのほかに、送受信用のサーバのアドレスやセキュリティなどの情報が必要なので、あらかじめ確認しておきましょう。

1 メールを起動する

Dockの[メール]をクリックし、「メール」アプリを起動します。メニューバーで[メール]→[設定]をクリックします❶。

2 新規アカウントを追加する

「メール」アプリの設定画面が表示されるので、「アカウント」タブで[＋]をクリックします❶。「メールアカウントのプロバイダを選択」画面で[その他のメールアカウント]をクリックして選択し❷、[続ける]をクリックします❸。

3 メールアドレスとパスワードを入力する

追加するメールアドレスとパスワード、氏名を入力します❶。[サインイン]をクリックすると❷、送受信用のサーバを自動的に設定できるかどうかのチェックが始まります。

> **MEMO**
> **メールサーバを確認する**
> GmailやYahoo!メールなど、著名なWebメールのアカウントは、「メール」アプリが自動的にメールサーバのアドレスを設定します。一方、会社やプロバイダが提供する独自のメールアドレスについては、サーバ情報を手動で設定する必要があります。

4 受信／送信サーバの情報を入力する

送受信用のサーバ情報を入力します。この画面に赤い文字で「アカウント名またはパスワードを確認できません。」と表示された場合は、メールアドレス、ユーザ名、パスワードを確認して再度入力し❶、アカウントの種類で［IMAP］または［POP］のいずれかを選択します❷。受信用と送信用のメールサーバアドレスをそれぞれ入力し❸、［サインイン］をクリックします❹。

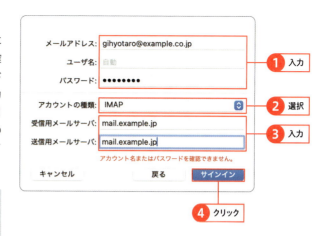

MEMO
サーバの情報がわからない場合
受信メールサーバや送信メールサーバの情報がわからないときは、メールサービスのヘルプページや、プロバイダから配付されている資料を確認しましょう。

5 作成した設定に名前を付ける

設定が完了して、「メール」アプリの設定画面に戻ったら、今回の設定を行ったアカウントをクリックし❶、「アカウント情報」タブの「説明」を入力します❷。「仕事」やプロバイダ名など、わかりやすい名前を付けておきましょう。

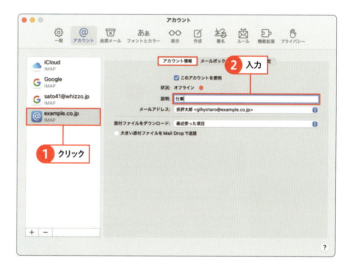

Column　iCloudメールを設定する

iCloudメールはApple Accountを作成すると利用できるメールサービスで、データはWeb上に保存されます。Macを起動して最初に行うセットアップでiCloudの設定を済ませた場合は、「システム設定」アプリで［インターネットアカウント］をクリックして表示される「インターネットアカウント」パネルにiCloudアカウントが自動的に追加されています。「インターネットアカウント」パネルで［iCloud］をクリックし、［メール］をクリックしてオンにすると、iCloudメールが利用できる状態になります。なお、iCloudメールはセットアップ時だけでなく、あとからでも登録できます（255ページ参照）。

Chapter 6 メールをやり取りする

Section 2 「メール」アプリの画面構成

- ☑ メール
- ☑ ツールバー
- ☑ サイドバー

「メール」アプリの基本的な画面構成を見ていきましょう。多くの機能は、画面上部のツールバーのボタンからアクセスできます。また、お気に入りバー、開閉式のサイドバーなど、「メール」アプリの画面でできることを紹介します。

「メール」アプリの各部名称を確認する

大きく分けて、「メール」アプリの画面は「サイドバー」⓰、「メッセージリスト」⓱、「メッセージプレビュー」⓲の3つがあります。好みに合わせてツールバーをカスタマイズし、自分の使いやすい環境を作れます。

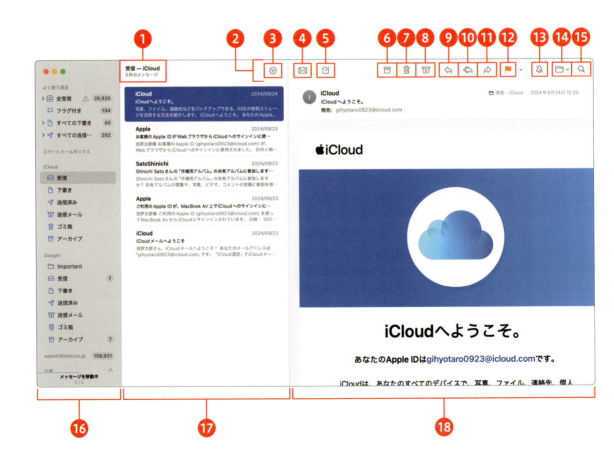

190

● メールの各部名称

❶ タイトルバー
リストで開いているメールボックスの名前と、メールボックスに含まれるメッセージの数が表示されます。

受信 — iCloud
5件のメッセージ

❷ ツールバー
新規作成や返信ボタンなど、よく使う機能のボタンを表示するエリアです。表示するボタンは追加／削除できます。

❸ フィルタ
条件でメッセージを選別できます。初期状態では「未開封のみ表示」になっています。

❹ 受信
新規メッセージを手動で受信するときに使います。

❺ 新規メッセージ
新しいメッセージを作成します。

❻ アーカイブ
メッセージを「受信」メールボックスから「アーカイブ」メールボックスに移動して保管します。

❼ 削除
リストで選択中のメッセージをゴミ箱に移動します。

❽ 迷惑メール
リストで選択中のメッセージを迷惑メールとして扱います。また、迷惑メールの扱いを解除するときにも使用します。

❾ 返信
選択中のメッセージの差出人宛に、返信メッセージを作成します。

❿ 全員に返信
選択中のメッセージに含まれるすべてのメールアドレス宛に、返信メッセージを作成します。

⓫ 転送
選択中のメッセージを転送します。

⓬ フラグを付ける
選択中のメッセージにフラグを付けます。ボタンの右側にある ▽ をクリックすると、ほかの色が選べます。

⓭ ミュート／ミュートを解除
スレッド単位でミュートを設定し、通知やサウンドが発生しないようにできます。

⓮ 移動
選択したメッセージを、表示されたリストの指定のフォルダに移動させます。

⓯ 検索フィールド
特定のキーワードや差出人から、メッセージを検索します。

⓰ サイドバー
各種メールボックスや、動作状況などを表示します。

⓱ メッセージリスト
サイドバーやお気に入りバーで選択中のメールボックスの内容をリスト表示します。リスト上部のメニューで、メールの並べ替えも可能です。

⓲ メッセージプレビュー
メッセージリストで選択中のメールの内容を表示します。スレッド表示が有効になっている場合は、スレッド内のメッセージを縦スクロールで確認できます。

Column 「メール」アプリのレイアウトを変更する

「メール」アプリのレイアウトを変更するには、メニューバーの[表示]をクリックして、表示される「カラムレイアウトを使用」「プレビューを下に表示」などの項目をクリックします。このメニューから、サイドバーやツールバーの表示／非表示を切り替えたり、ツールバーをカスタマイズすることも可能です。

Chapter 6 メールをやり取りする

Section 3 メールを送信する

- ☑ 新規作成
- ☑ ファイル添付
- ☑ メール送信

「メール」アプリの準備が完了したら、いよいよメッセージの送信です。ここでは、新規メッセージの作成と送信のほかに、メッセージにファイルを添付する方法も合わせて解説します。CcやBccでメールを送信することも可能です。

メッセージを作成して送信する

メッセージには本文のほかに、件名と送信先のメールアドレスを入力します。また、フォントの種類やサイズ、行揃えなどを編集して本文を整形することも可能です。

① 新規メッセージを作成する

「メール」アプリを起動して、 をクリックします❶。「新規メッセージ」ウインドウが開きます。

② 宛先と件名を入力する

「宛先」の をクリックすると❶、「連絡先」アプリに登録した連絡先から送信先をクリックして選択できます❷。「宛先」をクリックして、直接メールアドレスを入力することも可能です。また、連絡先に登録したり、過去に送受信したことがあるメールアドレスは、宛先欄にアドレスや名前の一部を入力すると候補として表示されます。「宛先」の入力が完了したら、「件名」を入力します❸。

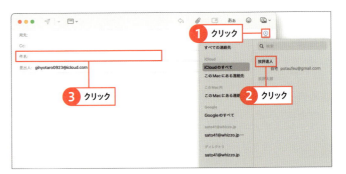

③ 本文を入力して送信する

メッセージの「本文」を入力します❶。本文を整形したい場合は、 をクリックして❷、193ページの方法で変更します。 をクリックすると❸、メールが送信されます。

送信するメッセージの設定を変更する

● 差出人を変更する

「差出人」の欄をクリックすると、「メール」アプリに登録している差出人のリストが表示されます。変更したい場合は、このリストから別のメールアドレスをクリックして選択します❶。

● 書式を設定する

1 ツールバーを表示する

あをクリックすると❶、ツールバーが表示されて、文字の大きさや色、配置などの書式を変更できます。ここでは、文字の色を変更します。変更したい箇所をドラッグして選択し❷、■をクリックして、好きな色をクリックします❸。

2 書式が変更される

選択した範囲の文字の色が変更されました。

● Cc／Bccを設定する

1 Ccを入力する

初期設定で、宛先の下にCcの入力欄が表示されているので、ここに連絡先を入力します❶。

2 Bccの入力欄を表示する

Bccは初期設定では非表示になっています。をクリックし、[Bccアドレス欄]をクリックすると❶、Ccの下にBccの入力欄が表示されます。必要な場合は、ここに連絡先を入力します。

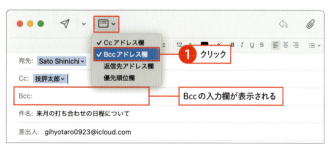

Chapter 6　メールをやり取りする

Section 4　ファイルを添付してメールを送信する

- ✓ ファイル添付
- ✓ Mail Drop
- ✓ マークアップ

ここでは、メッセージにファイルを添付し送信する方法と、大容量の添付ファイルを送信する際に使用する「Mail Drop」の機能を紹介します。さらに画像などに注釈を入れられる「マークアップ」の活用法も解説します。

メッセージにファイルを添付する

メッセージには、文書や画像などのファイルを添付できます。ファイルは 📎 をクリックするほか、ドラッグでも追加可能です。

1　添付ボタンをクリックする

新規メッセージウインドウのツールバーの 📎 をクリックします❶。

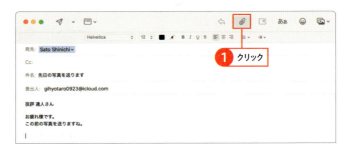

2　ファイルを選択する

添付したいファイルをクリックし❶、［ファイルを選択］をクリックします❷。

3　メールを送信する

メッセージにファイルが読み込まれます。画像ファイルの場合、この時点でイメージサイズの変更が可能です。「画像サイズ」のプルダウンメニューで、［小］［中］［大］または［実際のサイズ］のいずれかをクリックします❶。 ▶ をクリックして、メールを送信します❷。

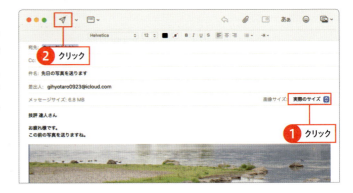

大きなサイズのファイルをメールで送信する

「Mail Drop」は、iCloudのストレージサービスと連携して、メールに添付した大きなサイズのファイルをiCloud Driveにアップロードする機能です。メールの受信者は、Mail Dropを使って送信したメールに貼られたリンクをクリックして、データをダウンロードします。

● Mail Dropを使う準備をする

「メール」アプリで［メール］→［設定］をクリックし、［アカウント］をクリックします❶。［大きい添付ファイルをMail Dropで送信］をクリックしてオンにします❷。

MEMO
Mail Drop
Mail Dropは、iCloudサーバを経由することで最大5GBまでのファイルを添付できます。利用にあたっては、iCloudにサインインしていること、Yosemite以降の「メール」アプリを使用していることが条件で、iCloudにサインインしていれば、「Gmail」などiCloud以外のメールアドレスでも利用できます。なお、サーバ上での添付ファイルの保管期間は30日です。

● ファイルを添付してメッセージを送信する

(1) メールにファイルを添付する

大きいサイズのファイルをクリックし❶、［ファイルを選択］をクリックして❷、メッセージに添付します。

(2) Mail Dropで送信する

メール本文にファイルが添付されます。宛先や件名、本文を入力したら✈をクリックし❶、メールを送信すると、自動的にMail Dropで送信されます。

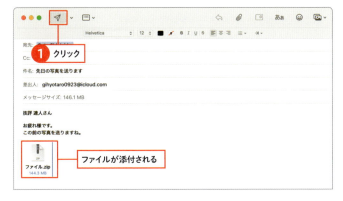

③ Mail Dropのリンクをクリックする

Mail Dropを利用して送信されたメッセージには、実際に添付したファイルの代わりに、データへのリンクが挿入されます。メールの受信者は、このリンクをクリックします❶。なお、添付ファイルのダウンロードが可能な期日も合わせて表示されます。

④ iCloudからファイルをダウンロードする

Webブラウザが起動し、iCloudのページが表示されます。［ダウンロード］をクリックすると❶、添付ファイルをダウンロードできます。

Column 送信済みフォルダを確認する

Mail Dropを使用してメールを送信した場合、iCloudへのアップロードが完了してからメールは送信されます。そのため、容量が大きいファイルを添付すると、少し時間がかかる場合があります。送信済みフォルダの中を見ると、正常に送信されたかを確認できます。

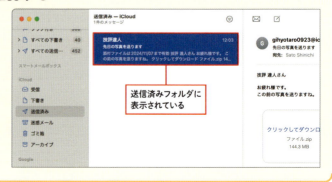

添付ファイルに注釈を追加する

「マークアップ」は、添付する PDF や画像ファイルに印やメモなどの注釈を追加します。これにより、送信する地図の画像に目的の場所を強調するなどの使い方ができます。

1 マークアップ機能を呼び出す

メッセージに添付したファイルの右上部にマウスポインタを合わせて、表示される ☑ をクリックします❶。表示されたメニューから[マークアップ]をクリックします❷。

2 注釈を追加する

編集ウインドウの上部にあるツールバーで、使用するツールをクリックします❶。選択したツールで、画像に図形を描いたり、文字を載せたりして、注釈を入れることができます。作業が完了したら[完了]をクリックして❷、メッセージを送信します。

Column 返信時に添付ファイルを含める

添付ファイルがあるメールに返信する際に、そのファイルを再度添付する/しないを設定する方法があります。「メール」アプリのメニューバーの[編集]をクリックし❶、[返信に添付ファイルを含める]をクリックすると❷、[常にする][常にしない][宛先を追加したとき][確認する]の項目から選択できます。

Chapter 6 メールをやり取りする

Section 5 メールを受信する

- ☑ メール受信
- ☑ 添付ファイル
- ☑ クイックルック

ここでは、メッセージを手動で受信する方法や、受信したメールに添付されているファイルの保存の方法、またその場で添付ファイルの内容を確認する方法について解説します。

メッセージを受信して内容を確認する

メッセージを受信して、メールの内容を確認します。メールの内容はメッセージプレビューに表示されますが、メッセージを別のウインドウで表示することも可能です。

① メールを受信する

メッセージを手動で受信する場合は、ツールバーの✉をクリックします❶。メッセージを受信したら、リストから読みたいメッセージをクリックします❷。未読のメッセージの左側には●が表示されます。

② メールの内容を確認する

リストで選択したメッセージの内容が、右側のメッセージプレビューに表示されました。手順①でメールをダブルクリックした場合は、メッセージが別ウインドウで開きます。

③ 前後のメッセージを確認する

メッセージプレビューを上下にスクロールすると❶、スレッド表示されている前後のメッセージが表示されます。メッセージのやり取りが長くなってきたときに、スクロールで時系列をたどって読み返すことができます。

> **MEMO**
> **スレッド表示をオフにする**
> 「メール」アプリでは、初期設定でスレッド表示機能がオンになっています。これをオフにするには、メニューバーで[表示]→[スレッドにまとめる]をクリックします。

198

添付ファイルを保存する

業務に必要な書類や案内状、写真など、メールに添付されて送られてきた大切なファイルは、きちんと保存しておきたいものです。ここでは、添付ファイルの保存方法を解説します。

● 添付されている文書ファイルを保存する

1 添付ファイルを確認する

ファイルが添付されているメッセージには、リストやメッセージのヘッダ部分に 📎 が表示されます。ヘッダ部分にマウスポインタを合わせ、📎 をクリックして❶、[すべてを保存]をクリックします❷。添付ファイルを個別に保存したいときは、その下に表示されるファイル名をクリックします。

2 ファイルを保存する

「場所」のプルダウンメニューで保存先のフォルダを選択し❶、[保存]をクリックします❷。

> **MEMO**
> **ドラッグで保存する**
> 添付ファイルを保存先に直接ドラッグして保存することもできます。

● 添付ファイルを開く

「メール」アプリ上で添付ファイルを開くには、メール本文の下部にあるファイルのアイコンを control を押しながらクリックし❶、表示されたメニューで[このアプリケーションで開く]にマウスポインタを合わせて、アプリケーションをクリックして選択します❷。

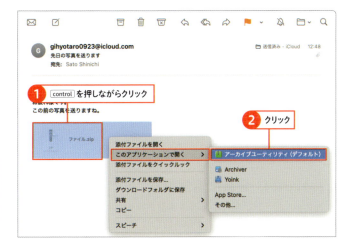

> **MEMO**
> **ダブルクリックでファイルを開く**
> メールに添付されたファイルのアイコンをダブルクリックすることで、ファイルを開くことができる場合もあります。

Column　添付ファイルをクイックルックで見る

「メール」アプリはクイックルック（90ページ参照）に対応しているので、添付ファイルを選択してから space を押すと、ファイルの内容が確認できます。

Chapter 6 メールをやり取りする

Section 6 メールを返信する／転送する

- ☑ 返信
- ☑ 転送
- ☑ リダイレクト

受信したメッセージに返信するのは、メッセージを新しく作成するよりもずっとかんたんです。ここでは、差出人への返信のほかに、受け取ったメールを第三者に送る転送やリダイレクトも合わせて解説します。

受信したメールに返信する

メールを受信したら、必要に応じて返信メールを作成しましょう。個別に返信することはもちろん、複数の宛先に送信されたメールの場合、全員に返信することも可能です。

1 返信メッセージを作成する

返信したいメッセージをクリックします❶。 をクリックします❷。

2 返信メッセージを送信する

返信メッセージ作成ウインドウが表示されます。「宛先」に、元のメールの差出人が入力されていることを確認し❶、返信メッセージを入力します❷。入力が完了したら、 をクリックして送信します❸。

Column 全員に返信する

元のメッセージが複数の宛先に送信されている場合は、返信メッセージの作成時に をクリックすると、全員に返信することができます。全員に返信する場合は、送信元以外の宛先がCc欄に追加されます。

受信したメールを転送する／リダイレクトする

メールには、受け取ったメールをほかの宛先に転送する機能があります。通常の転送では、メールの件名には転送を示す「Fwd:」が挿入されます。また、転送によく似たリダイレクト機能もあります。

● メールを転送する

1 転送メールを作成する
転送したいメッセージを選択して、🔄 をクリックします❶。

2 メッセージを転送する
転送メッセージウインドウが開いたら、「宛先」に転送先のアドレスを入力します❶。必要に応じてメッセージを入力し、🔄 をクリックして送信します❷。

● メールをリダイレクトする

リダイレクトしたいメールを選択し、メニューバーで［メッセージ］→［リダイレクト］をクリックします❶。あとは転送と同様に、宛先を入力して送信します。

> **MEMO**
> **転送とリダイレクトの違い**
> 転送の場合は、自身のメールアドレスが「差出人」に表示されます。リダイレクトの場合は、元のメールの差出人が、リダイレクトするメールの「差出人」としてそのまま表示されます。

Column　転送メールの差出人情報

転送メールの差出人はあなたのメールアドレスになりますが、転送されるオリジナルのメッセージには、元の差出人の送信情報が記載されたままになっています。転送する相手に元の差出人の情報を教えたくない場合は、不要な箇所を削除してから転送しましょう。

Chapter 6 メールをやり取りする

Section 7 メールを検索する

- 検索フィールド
- キーワード
- 検索条件

送受信したメールの数が増えてくると、特定のメールを探すのもかんたんではありません。そこで利用したいのが、検索機能です。ここではキーワードでの検索と、検索条件を指定して検索する方法を解説します。

キーワードで検索する

たくさんのメールの中から目的の一通を探したいときは、キーワード検索を試してみましょう。お気に入りバーに追加したメールボックスを選択して検索することも可能です。

1 キーワードを入力する

検索フィールドをクリックしてキーワードを入力し❶、returnを押します。キーワードを含むメールが、該当箇所に色がついた状態でメッセージリストに表示されるので、目的のメッセージが見つかったらクリックします。

2 メールボックスを選択する

サイドバーでメールボックスをクリックすると❶、選択したメールボックス内でメールの検索が行われます。

> **MEMO**
> **お気に入りバーに追加する**
> 「メール」アプリのメニューバーで[表示]→[お気に入りバーを表示]をクリックすると、「お気に入りバー」を利用できます。よく使うメールボックスを登録しておくと、必要なときにすばやくアクセスできて便利です。

件名や差出人の名前で検索する

検索フィールドにキーワードを入力すると、ポップアップウインドウに検索候補が表示されます。この候補をクリックすると、件名や差出人を検索対象として設定できます。

● 検索キーワードから検索条件を作成する

① キーワードを入力する

検索フィールドにキーワードを入力し❶、ポップアップウインドウから適切な候補をクリックします❷。

② さらにメールを絞り込む

検索フィールド内に、検索条件が作成されました。スペースに続いて、追加でキーワードを入力すると❶、さらにメールを絞り込めます。

> **MEMO**
> **検索条件のカテゴリーを変更する**
> 検索条件は、差出人や件名、日付などの項目ごとに作成します。右の画面で、項目名の右側にある▼をクリックして、検索するカテゴリーを変更できます。

● もっとかんたんに検索条件を作成する

「件名」や「差出人」などの項目と検索キーワードを入力することで、検索条件をすばやく作成できます。たとえば、指定したキーワードを含む差出人からのメールを検索する場合は、「差出人:」または「From:」と入力したあと、続けてキーワードや名前の一部を入力して、[return]を押します。

> **Column　Spotlightでメールを検索する**
>
> Macの検索機能「Spotlight」でも、メールを検索できます。Spotlightにキーワードを入力するとカテゴリーごとに検索結果が表示されるので、「メール」カテゴリーの中から任意の結果を選択します。また、Spotlightで「メール:」と入力したあとに続けてキーワードを入力して検索すると、メールだけを対象に検索が可能です。

Chapter 6　メールをやり取りする

Section 8　メールボックスを作成してメールを整理する

- ☑ メールボックス
- ☑ スマートメールボックス
- ☑ 検索条件

「メール」アプリでは、受信メールをメールボックスで整理します。ここではメールボックスの使い方と、指定した条件に該当するメールを表示するスマートメールボックスの作り方について紹介します。

メールボックスを作成する

メールボックスには、メッセージを分類するフォルダのような役割があります。「仕事」「プライベート」など、目的に合わせてメールボックスを作成できます。後述する「ルール」を使えば、メッセージを自動的に振り分けることもできます（208 ページ参照）。

1　新規メールボックスを作成する

メニューバーで［メールボックス］→［新規メールボックス］をクリックします❶。

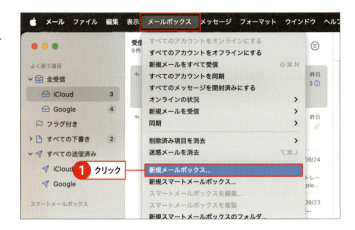

2　場所と名前を設定する

「場所」で、メールボックスを配置する場所を選択します❶。「名前」にメールボックスの名前を入力して❷、［OK］をクリックします❸。

MEMO
メールボックスの配置場所

メールボックスの配置場所は、「場所」のプルダウンメニューで「この Mac 内」と iCloud などのメールアカウント内のいずれかを選択します。「この Mac 内」ではメッセージをローカルディスクに保存するのに対して、アカウント内に作成したメールボックスは、ほかのデバイスとのメッセージの共有が可能になります。

③ **メッセージを移動する**

メールボックスが作成されました。移動したいメッセージを、サイドバー上に作成したメールボックスにドラッグすると❶、メッセージを移動できます。

④ **メールボックスの中身を確認する**

サイドバーでメールボックスをクリックすると❶、メールボックス内のメッセージがリスト表示されます。よく使うメールボックスをお気に入りバー（202ページMEMO参照）に追加すると、サイドバーが閉じているときでもすばやくアクセスできます。

スマートメールボックスを作成する

スマートメールボックスとは、検索時の条件を保存して、擬似的なメールボックスとして扱う機能のことです。たとえば、スマートメールボックスをクリックするだけで、今日届いたメッセージだけを表示したり、未開封のメッセージだけを表示したりできます。

① **検索条件を設定する**

203ページの方法で検索フィールドにメールの検索条件を入力し❶、⊕ をクリックします❷。

② **検索条件に名前を付ける**

検索条件とスマートメールボックスの名前を設定し❶、［OK］をクリックします❷。スマートメールボックスが作成されます。

③ **スマートメールボックスを表示する**

スマートメールボックスをクリックすると、手順②で設定した検索条件に該当するメールが表示されます。

Chapter 6　メールをやり取りする

Section 9　メールを分類する

- ☑ フラグ
- ☑ フラグの名前
- ☑ VIP

「メール」アプリには、特定のメッセージや差出人に印を付けて、あとから見つけやすくする機能があります。ここでは、メッセージに印を付けるフラグ機能と、特別な差出人を登録しておくVIP機能の2つを紹介します。

フラグでメッセージを管理する

じっくり読みたいメッセージや返信必須の招待状など、あとから見返したいメッセージには「フラグ」を付けておきましょう。フラグは7色分用意されており、それぞれ名前を変更することもできます。

● メッセージにフラグを付ける

① メッセージにフラグを付ける

フラグを付けたいメッセージを開き、ツールバーの をクリックします。また、右側の ⌄ をクリックし❶、任意の色をクリックすると❷、選択した色のフラグがメッセージに設定されます。もう一度 をクリックすると、フラグが解除されます。

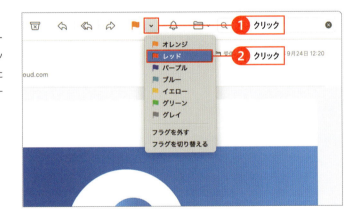

② フラグ付きメッセージを確認する

フラグを付けると、サイドバーに「フラグ付き」メールボックスが作成されます。フラグを付けたメッセージを確認する場合は、［フラグ付き］をクリックします❶。「フラグ付き」メールボックスは、お気に入りバーからもアクセスできます。

> **MEMO**
> **色ごとのメールボックス**
> 複数の色のフラグを使うと、「フラグ付き」フォルダに色ごとに分かれたメールボックスが作成されます。

● フラグに名前を付ける

1 フラグのメールボックスを選択する

初期状態のフラグには、色の名前が設定されています。この名前を変更するには、フラグのメールボックスを control を押しながらクリックし❶、[メールボックスを名称変更]をクリックします❷。

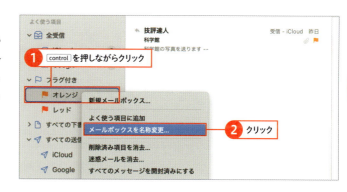

2 新しい名前を入力する

新しい名前を入力し❶、 return を押すと、フラグの名前が変更されます。「重要」や「あとで読む」などの名前を付けておくと、どのような目的で分類しているかがわかりやすくなります。

見逃したくないメッセージの差出人はVIPとして扱う

メッセージに付けるフラグに対し、「VIP」は差出人に対して付ける目印です。メールの見逃しがないように、大切な人や重要な取引先の差出人はVIPに登録しておきましょう。

1 差出人をVIPに登録する

VIPにしたい相手からのメールを開き、差出人名の左側にある☆をクリックしてオンにします❶。

2 VIPメールボックスを確認する

差出人をVIPに追加すると、サイドバーやお気に入りバーに「VIP」メールボックスが作成されます。サイドバーで[VIP]をクリックすると❶、VIPに登録した差出人からのメールを確認できます。複数の差出人をVIP扱いにした場合は、差出人ごとにメールボックスが作られます。

Chapter 6　メールをやり取りする

Section 10 ルールを設定してメールを自動で振り分ける

- ルールを設定
- ルールを編集
- ルールを削除

条件とアクションをルールとして設定すると、指定したメールボックスにメッセージを振り分けたり、フラグを付けたりなどの操作を自動的に実行できます。ここでは、シンプルなルールの作り方を解説します。

新しいルールを設定する

受信したメッセージを受信トレイだけで管理していると、見落としてしまったり、間違って削除してしまったりなど、トラブルが発生しやすくなります。メールの振り分けルールを設定しておくことで、大量のメールが適切に分類され、メールを管理しやすくなります。

1 ルールを追加する

188ページの方法で、「メール」アプリの「設定」を開きます。「ルール」タブを開き、[ルールを追加]をクリックします❶。ルールには、あらかじめ「Appleからのニュース」が作成されているので、これを参考にしてもよいでしょう。

2 条件を設定する

「説明」に、これから作成するルールの名前を入力します❶。ルールは、「○○が」「△△だったら」の条件と、「□□する」などの操作で構成されます。はじめに「○○が」の対象を[以下の"○○"条件に一致した場合]欄のメニューから選択し❷、続いて条件を設定します❸。⊕をクリックして、ほかの条件を追加することもできます。

3 操作を設定する

条件を設定したら、「以下の操作を実行」で、自動で行う操作を設定します。ここでは、左側のプルダウンメニューで「メッセージを移動」を選択し❶、「移動先」でメッセージを移動するメールボックスを選択しています❷。最後に[OK]をクリックします❸。

4 ルールを適用する

現在のメールボックスにルールを適用するか確認するダイアログボックスが表示されます。すでに受信しているメッセージに対してルールを適用する場合は、[適用]をクリックします**❶**。[適用しない]をクリックした場合は、以降に受信するメッセージからルールが適用されます。

ルールを編集する／削除する

作成したルールは、再編集が可能です。複数のルールに該当するメッセージを受信した場合は、「ルール」タブのリストの上から順番にルールが実行されます。ルールの並び順は、ドラッグで変更できます。

●「ルール」タブでルールの編集を行う

「メール」アプリの「設定」で「ルール」タブを開き、編集したいルールをクリックし**❶**、[編集]をクリックします**❷**。208ページ手順**❷**や手順**❸**の画面が表示されて、ルールを編集できます。同様に、ルールの複製や削除も「ルール」タブで行います。

Column　ルールに設定できる操作

208ページ手順**❸**で選択できる操作には、通知の送信や返信、転送、フラグ付きにするなどの選択肢が用意されています。また、1つのルールに複数の操作を設定することも可能です。

メッセージを移動	指定したメールボックスにメッセージを移動します。
メッセージをコピー	指定したメールボックスにメッセージをコピーします。
メッセージのカラーを設定	メッセージのテキストもしくはバックグラウンドの色を変更します（メッセージリストに反映されます）。
サウンドを再生	指定した効果音を再生します。
Dockでアイコンをジャンプさせる	Dockのアイコンをジャンプさせ、ルールに該当するメッセージだとわかるようにします。
通知を送信	通知センターに通知が表示されます。
メッセージに返信	指定した返信メッセージを自動で返信します。
メッセージを転送	指定した宛先にメッセージを自動で転送します。
メッセージをリダイレクト	指定した宛先にメッセージを自動でリダイレクト（転送）します。
メッセージを削除	メッセージを削除します。
開封済みにする	メッセージを「開封済み」にします。
フラグ付きにする	メッセージに指定した色のフラグを自動で付けます。
AppleScriptを実行	指定したAppleScriptファイルを実行します。
ルールの評価を停止	複数のルールに該当するメッセージを受信した場合でも、このアクションが含まれるルールより後ろのルールは実行されなくなります。

Chapter 6 メールをやり取りする

Section 11

迷惑メール対策をする

- 迷惑メール
- 迷惑メールに指定
- 迷惑メール解除

メールを利用していると、必ずといってよいほど目にするのが迷惑メールです。ここでは、「メール」アプリを快適に使うために、不要なメールを迷惑メールとして扱う方法を解説します。

不要なメッセージを迷惑メールとして扱う

ある程度の迷惑メールは、プロバイダなどのメールサーバ側のチェックでブロックされます。しかし、それでも受信ボックスに到達してしまう迷惑メールもあります。そうしたメールを見つけたら、そのメッセージが迷惑メールであることを「メール」アプリに学習させましょう。

① メッセージを迷惑メールとして扱う

迷惑メールを見つけたら、メッセージをクリックして選択し、ツールバーの 🗑 をクリックします❶。

② メッセージが迷惑メールボックスに移動する

迷惑メール扱いにしたメールは、自動的に迷惑メールボックスに移動します。迷惑メール扱いにしたメールを参照するには、サイドバーの[迷惑メール]をクリックします。

③ 迷惑メール扱いを解除する

迷惑メール扱いにしたメールは、🗑 が付けられ、ひと目でわかるようになります。また、HTMLメールの場合は、インターネットから取得する画像が非表示になります。迷惑メール扱いを解除する場合は、ツールバーの 🗑 をクリックします❶。

Section 12 | メールを削除する

- ☑ 削除
- ☑ ゴミ箱
- ☑ 削除済み項目を消去

ダイレクトメールやお知らせメールなど、保存する必要のないメッセージはゴミ箱に移動します。ここでは、不要なメッセージを削除したあと、さらにゴミ箱の内容を消去する方法を紹介します。

不要なメッセージを削除する

メールボックスを整理された状態に保っておくには、一度目を通して不要になったメッセージは削除します。削除したメッセージはゴミ箱に移動しますが、この段階では完全には消去されません。

1 メッセージを選択して削除する

不要なメッセージをクリックし❶、ツールバーの🗑をクリックします❷。command を押しながらクリックすると、複数のメッセージを選択できます。

> **MEMO**
> **メッセージをスワイプで削除する**
> 個別にメッセージを削除する場合は、メッセージリストで削除したいメッセージ項目を左方向にスワイプし、表示された[削除]をクリックします。また、一気に左にスワイプするとそのまま削除できます。なお、メッセージを未開封にする場合は、右方向にスワイプします。
>
>

2 ゴミ箱の内容を確認して消去する

サイドバーで[ゴミ箱]をクリックし、内容を確認します。誤って「ゴミ箱」に移動したメッセージは、ドラッグして元のメールボックスに戻せます。「ゴミ箱」の中身を完全に消去するには、control を押しながら[ゴミ箱]をクリックし❶、[削除済み項目を消去]をクリックします❷。

Chapter 6 メールをやり取りする

Section 13 連絡先にメールアドレスを登録する

- ☑ 連絡先に追加
- ☑ 連絡先
- ☑ 署名

繰り返し何度も入力するメールアドレスは、「連絡先」アプリに登録しておくと便利です。ここでは、差出人のヘッダ情報から連絡先を登録する方法と、署名からメールアドレスや電話番号を既存の連絡先に追加する方法を解説します。

メールアドレスから新規に連絡先を作成する

ここでは、メールのヘッダ部分に表示される差出人のメールアドレスを「連絡先」に登録します。差出人の名前やメールアドレスが未登録の場合、新しい連絡先が「メール」アプリから直接作成されます。

1 ［差出人名］をクリックする

連絡先にアドレスを追加する場合は、差出人名をクリックします❶。

2 連絡先に追加する

表示される内容を確認して、［連絡先に追加］をクリックします❶。

3 連絡先を編集する

286ページの方法で「連絡先」アプリを起動し、連絡先が追加されたことを確認します❶。この方法で追加した連絡先には、名前とメールアドレスが反映されます。差出人の電話番号などのほかの情報は、手動で入力する必要があります。

署名から連絡先情報を追加する

メッセージ本文の末尾に署名が記載されている場合は、署名内の住所や電話番号を連絡先に追加できます。ここでは、署名の情報を既存の連絡先情報に追加する方法を解説します。新規連絡先を作成することも可能です。

1 署名の内容を確認する

メッセージに含まれる署名部分にマウスポインタを合わせ、☑をクリックします❶。

MEMO
☑が表示されない場合

この操作では、メッセージに含まれるメールアドレスや電話番号が連絡先情報として判別されています。なんらかの理由で連絡先と見なされない場合、☑は表示されません。

2 連絡先情報の判別

署名の情報が連絡先としてポップアップウインドウに表示されたら、［連絡先に追加］をクリックします❶。

3 内容を確認して保存する

ポップアップウインドウに連絡先カードが表示されたら、内容を確認して、［作成］をクリックします❶。なお、「連絡先」アプリに登録している名前が漢字、署名が英字というように表記が異なる場合は、氏名欄で表記のいずれか一方を選択、または編集ができます。

MEMO
メッセージからイベントを作成する

本文に含まれる日時からイベントを作成して、カレンダーに追加できます。手順は、メッセージの署名から連絡先を作成する方法と同じで、日時にマウスポインタを合わせて☑をクリックします。

Chapter 6　メールをやり取りする

Section 14　複数のメールアカウントを使い分ける

- アカウント
- アカウントの切り替え
- メールボックス

仕事や学校のメールアドレスとプライベートのメールアドレスなど、複数のメールアカウントを使用している人は多いのではないでしょうか。ここでは、「メール」アプリで複数のアカウントを使い分ける方法を紹介します。

アカウントごとに受信メールを確認する

「受信」メールボックスを選択すると、メッセージリストにはすべてのアカウント宛のメッセージが表示されます。
アカウントごとにメッセージを確認する場合は、サイドバーを開き、「全受信」メールボックスの左にある　をクリックして展開します❶。受信メールボックス直下に配置されたアカウントごとのメールボックスをクリックすると、そのアカウントで受信したメッセージだけがメッセージリストに表示されます。

アカウントを指定してメッセージを送信する

「メール」アプリに複数のアカウントを登録している場合は、送信時のアカウントの選択に注意が必要です。「新規メッセージ」ウインドウで、「差出人」のプルダウンメニューをクリックし、送信に使用するアカウントをクリックして選択します❶。

Chapter 6 メールをやり取りする

Section 15 「メール」アプリに署名を設定する

- ☑ 署名
- ☑ アカウント
- ☑ 自動で挿入

ビジネスでのメールのやり取りには、「署名」が欠かせません。「メール」アプリでは、アカウントごとに複数の署名を登録できるので、使用するメールアドレスや送信する相手に合わせて、メールに入れる署名を変更できます。

署名を作成する

1 署名を作成する

メニューバーで[メール]→[設定]をクリックし、「メール」アプリの設定画面で[署名]をクリックします❶。署名を追加したいアカウントをクリックし❷、[+]をクリックします❸。

2 署名を入力する

署名の内容を入力します❶。入力した署名は、自動で保存されます。

3 新しいメールを作成する

「メール」アプリの設定画面を閉じ、☐ をクリックして新しいメールの作成画面を表示すると、手順❷で登録した署名が自動で挿入されていることが確認できます。

Chapter 6 メールをやり取りする

Section 16 「メール」アプリの設定を変更する

- ☑ 設定
- ☑ 迷惑メールフィルタ
- ☑ フォーマット

ここでは、「メール」アプリの設定で変更できる機能の中から、新規メッセージの確認頻度や迷惑メールフィルタの設定など、よく使う項目をピックアップして解説します。

メールの基本的な設定をする

ここでは、「メール」アプリの設定画面で(188ページ参照)の「一般」タブから、新着メッセージを確認するタイミングと添付ファイルの保存先の変更方法を紹介します。

● 新着メッセージの確認頻度を設定する

メニューバーで［メール］→［設定］をクリックし、「メール」アプリの設定画面で［一般］をクリックします❶。「新着メッセージを確認」の右側のプルダウンメニューをクリックし、新着メッセージを確認するタイミングをクリックします❷。プッシュ対応のメールアカウントの場合、「自動」に設定すれば、リアルタイムにメッセージを受信できます。

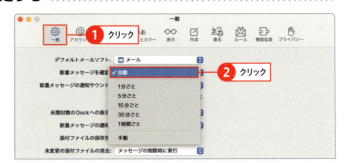

● 添付ファイルの保存先を変更する

添付ファイルの保存先は、初期状態では「ダウンロード」フォルダに設定されています。これをほかの場所に変更するには、「添付ファイルの保存先」のプルダウンメニューで［その他］をクリックし❶、任意の場所を指定します。

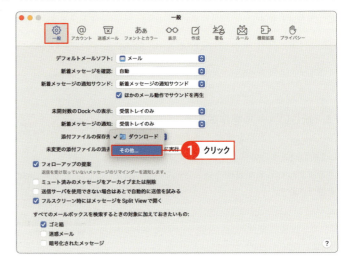

メッセージを消去するタイミングを設定する

迷惑メール、削除したメールなど、特定のメールボックス内のメッセージは、削除のタイミングを設定できます。設定画面の「アカウント」タブにある「メールボックスの特性」で、メールアカウントごとに設定をします。

● アカウントごとに設定する

「メール」アプリの設定画面で[アカウント]をクリックします❶。タイミングを設定したいアカウントをクリックし❷、[メールボックスの特性]をクリックして❸、各メールボックスの消去のタイミングを選択します❹。1日、1週間、1ヵ月などの間隔で指定できるほか、「消去しない」を設定することも可能です。なお、これらのメールボックスの内容を消去すると、メールサーバ側でも消去されるので注意が必要です。

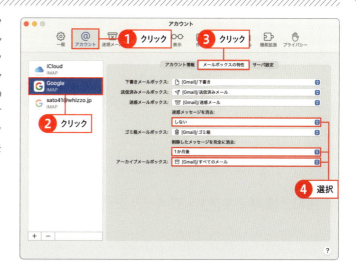

迷惑メールフィルタをカスタマイズする

「メール」アプリでは、あらかじめ迷惑メールフィルタが作成されています。これをカスタマイズして、より強固なフィルタリングができます。設定画面の「迷惑メール」タブで設定します。

● 迷惑メールフィルタの設定を変更する

1 カスタムの操作を有効にする

「メール」アプリの設定画面で[迷惑メール]をクリックし❶、[迷惑メールフィルタを有効にする]をクリックしてオンにします❷。「迷惑メールを受信したときの動作」で、[カスタムの操作を実行]をクリックしてオンにし❸、[詳細]をクリックします❹。

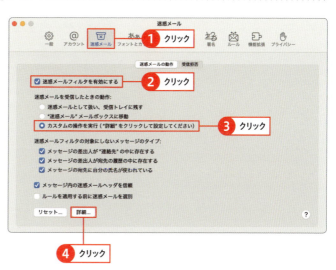

② フィルタの設定を変更する

迷惑メールとみなすメールの条件と、アクションを設定します❶。設定方法は「ルール」と同じです（208ページ参照）。設定が完了したら、[OK]をクリックします❷。この設定は、次回のメール受信時から動作します。

標準テキストフォーマットでメッセージを作成する

「メール」アプリの初期設定では、新規メッセージはリッチテキストフォーマットが設定されています。リッチテキストは、文字のサイズや色、行揃えなどを設定できますが、相手の環境によっては正しく表示されないことがあります。ここでは、メッセージのフォーマットを「標準テキスト」に変更します。

● 常に「標準テキスト」でメールを作成する

「設定」の［作成］をクリックします❶。「メッセージのフォーマット」のプルダウンメニューで「標準テキスト」をクリックします❷。この状態で「受信メッセージと同じフォーマットを使用」をクリックしてオフにすると❸、リッチテキストフォーマットのメールへの返信でも、標準テキストのフォーマットになります。

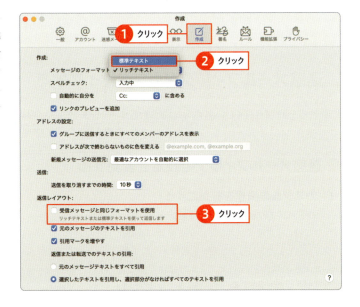

Chapter 7

音楽や動画・写真を楽しむ

Section

1. ミュージックの概要
2. 音楽CDから音楽を取り込む
3. ストアで音楽を購入する
4. 音楽を再生する
5. プレイリストを作成する
6. Apple Musicを利用する
7. Apple TVを利用する
8. コンテンツをほかのパソコンと共有して楽しむ
9. iPhoneやiPadとコンテンツを同期する
10. 「写真」アプリの概要
11. 「写真」アプリで写真や動画を読み込む
12. 「写真」アプリで写真や動画を閲覧する
13. 「写真」アプリで写真を編集する
14. 「写真」アプリでアルバムを作成する

Chapter 7 音楽や動画・写真を楽しむ

Section 1 ミュージックの概要

- ☑ ミュージック
- ☑ 再生コントロール
- ☑ 音楽

「ミュージック」アプリは、Macの標準デジタルミュージックプレイヤーです。音楽の取り込みや管理、視聴はもちろん、ストアを利用して楽曲データを購入したり、定額制の聴き放題サービスを利用できたりと、多彩な機能を備えています。

「ミュージック」アプリを起動する

「ミュージック」アプリを起動するには、Dockの[ミュージック]をクリックするか❶、Launchpadから[ミュージック]をクリックします。初回起動時はサービスの案内が表示されるので、[視聴を開始]→[今はしない]の順にクリックします。

各部名称を確認する

「ミュージック」アプリは、使用する機能によって画面の表示が大きく変わります。ここでは、初期画面のミュージックライブラリを例に、画面の見方を解説します。画面上部の再生コントロール機能は、各画面で共通です。

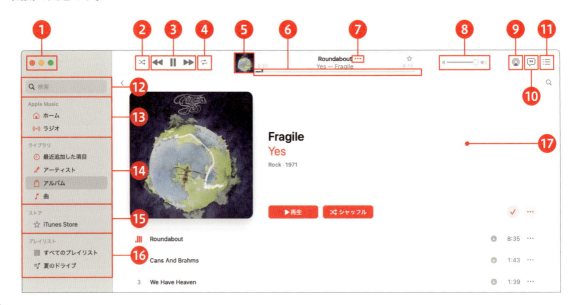

● ミュージックウインドウの各部名称

❶ 閉じる、しまう、フルスクリーン

ウインドウを閉じる（🔴）、Dockにしまう（🟡）、フルスクリーン表示（🟢）の操作ボタンです。

❷ シャッフル

曲をランダムな順番で再生します。メニューバーの［コントロール］→［シャッフル］でシャッフルの単位（曲、アルバム、グループ）を選択できます。

❸ 再生コントロール

コンテンツの再生時に使用します。左から「巻き戻し」「再生／一時停止」「早送り」のボタンがあります。

❹ リピート

1回クリックすると、アルバムやプレイリストの内容を繰り返し再生します。2回クリックすると、現在再生中の曲をリピートします。

❺ アルバムアートワーク（サムネール）

現在再生中のアルバムのアートワークをサムネール表示します。クリックすると、ミニプレーヤーが開きます。

❻ 再生スライダ

再生状況をタイムラインで示します。スライダヘッドを左右に動かして、曲の再生位置を変更できます。

❼ メニュー

クリックすると、「プレイリストに追加」「ラブ」などの項目が表示されます。

❽ 音量調整スライダ

スライダを左右に動かして、音量をコントロールします。

❾ AirPlay

ストリーミング再生する接続先を選択します。

❿ 歌詞

歌詞の登録された楽曲であれば、歌詞の表示や該当位置への移動ができます。

⓫ 次に再生

次に再生される曲のリストを確認できます。リストでは、曲のスキップや順番の変更などの操作が可能です。

⓬ 検索フィールド

ライブラリ、またはiTunes Storeで検索するときに使用します。

⓭ Apple Music

Apple Musicの操作はここから行います。

⓮ 表示切り替え

ライブラリ内のコンテンツを曲、アルバム、ジャンルなどの項目で並べ替えるメニューです。

⓯ ストア

楽曲の購入はここから行います。メニューバーの［ミュージック］→［設定］から表示／非表示を切り替えられます。

⓰ プレイリスト

自分で曲を選択し、作成したプレイリストが表示されます。

⓱ メインウインドウ

ライブラリやストアの内容が表示されます。

Column 「お気に入り」と「好きじゃない」

❼をクリックすると、「お気に入り」や「好きじゃない」という項目があります。これらをクリックすると、ユーザの音楽の好みをアプリが学習し、Apple Musicの選曲に反映されます。お気に入りを付けた曲を1箇所にまとめて、自分だけのベストアルバムを作るのもよいでしょう。プレイリストの作成方法は、228ページを参考してください。

Section 2 音楽CDから音楽を取り込む

- CDから取り込む
- アルバムアートワーク
- フォーマット

手持ちの音楽CDは、「ミュージック」アプリを使ってかんたんに読み込むことができます。ここでは、音楽CDの読み込みとアルバムアートワークを取得する方法に加え、読み込み時のファイル形式の設定方法を解説します。

音楽CDから音楽を読み込む

音楽CDの読み込みは、とてもシンプルです。インターネットに接続している状態なら、インターネット上のデータベースからCDのタイトルや曲目などが読み込まれます。また、ストアで扱っているアルバムであれば、アルバムアートワークの読み込みも可能です。

● 音楽CDの読み込みを始める

「ミュージック」アプリを起動して、Macに音楽CDを挿入します。読み込みを確認するダイアログボックスで［はい］をクリックすると①、読み込みが始まります。このとき、Macがインターネットに接続されていれば、音楽CDのタイトルや曲名が合わせて読み込まれます。

● アルバムアートワークを読み込む

CDの読み込みが終わったら、サイドバーの「アルバム」メニューをクリックします①。読み込んだアルバムを確認して、アルバムジャケットのサムネールが表示されていない場合は、control を押しながらアルバムの上をクリックし②、［アルバムアートワークを取得］をクリックします③。なお、アルバムアートワークを入手するには、ストアにサインインしておく必要があります（225ページ参照）。

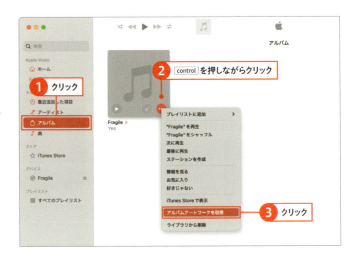

CDの読み込み時のフォーマットを設定する

音楽データを読み込む際のフォーマット（ファイルの形式）には、いくつかの種類があります。初期状態ではAACに設定されていますが、これを汎用性の高いMP3や高音質のAppleLosslessなど、ほかのフォーマットに変更することも可能です。

① 設定を開く

メニューバーの［ミュージック］→［設定］をクリックします❶。

② 「読み込み設定」を開く

［ファイル］をクリックし❶、［読み込み設定］をクリックします❷。

③ 読み込み方法を変更する

「読み込み方法」のプルダウンメニューで、変更したいフォーマットを選択します❶。ここで選んだフォーマットは、次回の読み込み時から有効になります。選択したフォーマットによっては、ビットレートや音質などを詳細に設定することができます。

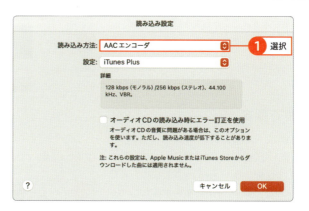

Column　光学ドライブがないMacの場合

最新のMacには、CDやDVDを読み書きする光学ドライブが搭載されていません。音楽CDを読み込む場合は、USB接続の外付けドライブを使用するのが一般的です。また光学ドライブ搭載のパソコンが別途ある場合は、そのパソコンに取り込んだデータをホームシェアリング経由で読み込み、Macにコピーする方法もあります。

Chapter 7 音楽や動画・写真を楽しむ

Section 3 ストアで音楽を購入する

- ☑ ストア
- ☑ ジャンル
- ☑ ダウンロード

「ストア」には、J-POPやクラシック、ジャズ、ロックなど、さまざまなジャンルの音楽が多数取り揃えられています。ジャンルやアーティスト名で検索して、お気に入りの一曲を探しましょう。

ストアでほしい曲を探す

ストア (iTunes Store) では、さまざまな方法で曲を探すことができます。購入したい曲が決まっている場合は、タイトルやアーティスト名で検索するのが近道ですが、ジャンルやチャートを見ながら今まで知らなかった曲を探すという方法もあります。

● 音楽のジャンルで探す

Dockなどで「ミュージック」アプリを起動し、「ストア」の [iTunes Store] をクリックします❶。このとき画面の右側のカラムで [すべてのジャンル] をクリックすると❷、好きなジャンルをメニューから選択できます。また、下にスクロールすると、「トップソング」やジャンルごとの「最新リリース」曲が表示されます。ここから曲を探すこともできます。

● 検索で探す

左上の検索フィールドに、アーティストやアルバム、曲の名前を入力し❶、右上の [iTunes Store] をクリックして選択し❷、[return] を押します。メインウインドウに、キーワードに関係するアルバムや曲が表示されます。

ストアで曲を試聴する／購入する

気になる曲を見つけたら、アルバムジャケットのサムネールをクリックして内容を確認します。アルバムページでは、曲の試聴やレビューの閲覧ができます。気に入った作品はその場で購入できます。

● 曲を試聴する

試聴したい曲の番号やタイトル付近にマウスポインタを合わせます。表示された ▶ をクリックすると❶、サンプルの再生が始まります。

MEMO ストアの試聴時間
ストアの試聴時間は1分30秒です。ただし、2分30秒未満の曲など、曲の長さによっては30秒に制限される場合があります。

● 曲を購入する

① ストアにサインインする

曲を購入する場合は、曲の右側にある価格のボタンをクリックします❶。アルバム全体を購入する場合は、アルバムジャケット下部の購入ボタンをクリックします。ストアにサインインしていない場合は、ここで表示されるダイアログボックスで「Apple Account」と「パスワード」を入力し❷、[購入する]をクリックします❸。

MEMO ストアでの支払い方法
ストアの支払いには、クレジットカードまたはApple Gift Card、ギフトコードが利用できます。購入前に支払情報を設定しておくと、購入の流れがスムーズです。Apple Accountへの支払い情報の設定は、386ページを参照してください。

② 確認して購入する

確認のダイアログボックスが表示されるので、問題なければ[購入する]をクリックします❶。すぐにダウンロードが始まります。

Chapter 7 音楽や動画・写真を楽しむ

Section 4 音楽を再生する

- 再生コントロール
- 表示形式
- ミニプレーヤー

CDから取り込んだアルバムや、ストアで購入した曲は、「ミュージック」アプリで再生します。ここでは、再生コントロールを使って曲を再生する手順を解説します。通常のステレオコンポなどと同じ感覚で、直感的に操作できます。

曲を選択／再生する

ここでは、「アルバム」表示時のレイアウトを例に、曲を選んで再生します。［表示切り替え］から、アルバムを選びます（221ページ参照）。操作方法や機能は、どの表示形式でも同じです。

1 聴きたい曲を選んで再生する

「アルバム」表示では、聴きたい曲が収録されているアルバムをクリックし①、続いて表示される曲をダブルクリックして再生します②。なお、アルバムをクリックする際に左上の▶をクリックすると、アルバムの1曲目から順番に再生されます。

2 再生コントロールを使用する

再生が始まると、▶の表示が⏸に変わり、インジケーターに再生中の曲の情報が表示されます。再生を一時停止する場合は、⏸をクリックします。

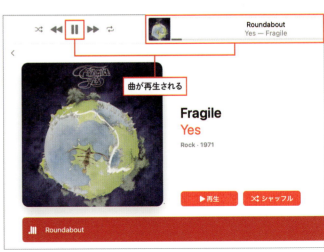

MEMO 前後の曲を再生する
アルバム内の前後の曲を再生したい場合は⏪、⏩をクリックします。音量は、音量調整スライダを左右にドラッグして調整します。

表示形式を切り替える

「ミュージック」アプリでは、「アルバム」のほかに、「最近追加した項目」「曲」「アーティスト」「ジャンル」などの表示形式が用意されています。表示形式は「ライブラリ」の項目をクリックすることで切り替えられます。以下はその一例です。

❶ **最近追加した項目**
最近追加したアルバムや曲が表示されます。

❷ **アーティスト**
右に表示される一覧で選択したアーティストのアルバムが表示されます。

❸ **アルバム**
ライブラリに収録された曲を、アルバムごとに整理して表示します。アルバムを選択すると、アルバムに収録された曲が表示されます。

❹ **曲**
ライブラリに収録された曲が一覧表示されます。時間やジャンルなどの項目を基準に並べ替えが可能です。

> **MEMO 編集で設定を変更する**
> 「ライブラリ」にマウスポインタを合わせると表示される[編集]をクリックすると、切り替えられる表示形式や、表示する順番を変更できます。

ミニプレーヤーで再生する

Macでほかの作業をしながら音楽を聴くときは、ミニプレーヤー表示にすれば邪魔になりません。ミニプレーヤーでは、再生/一時停止、巻き戻し、早送りなど、ひととおりの操作ができます。

(1) ウインドウをミニプレーヤーに切り替える

インジケーターで再生中のアルバムのサムネールをクリックします❶。

(2) ミニプレーヤーを解除する

ミニプレーヤーが表示されます。🔴 をクリックすると❶、ミニプレーヤーを終了して元の状態に戻ります。

Chapter 7 音楽や動画・写真を楽しむ

Section 5 プレイリストを作成する

- ☑ プレイリスト
- ☑ プレイリストの作成
- ☑ 曲の情報

プレイリストは、音楽を再生する順番をリスト化する機能です。「ミュージック」アプリでは、自分で曲を選んでプレイリストを作成できます。また、アーティスト名や歌詞、ジャンルなどの曲情報を自分で編集することも可能です。

お気に入りの曲をプレイリストにまとめる

プレイリストは、好きな曲を集めたオリジナルアルバムを作成できる機能です。作成したプレイリストは、iPhoneやiPodと同期して持ち歩くこともできます。

① 新規プレイリストを作成する

「ミュージック」アプリを起動して、メニューバーの[ファイル]→[新規]→[プレイリスト]をクリックします❶。

② プレイリストに名前を付ける

プレイリストの名前を入力して❶、[return]を押します。

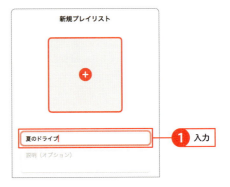

> **MEMO その他の方法**
> サイドバーを副ボタンクリックして[新規プレイリスト]をクリックしても、プレイリストを作成できます。

③ リストに曲を追加する

ライブラリから曲をドラッグして、プレイリストに追加します❶。ほかの曲をドラッグして、プレイリストに曲を追加していきます。プレイリスト作成中でも、表示形式を切り替えて曲を探せます。

> **MEMO 曲のダウンロード**
> 以前購入してMacにダウンロードしていない曲の場合は、ドラッグ後にダウンロードが行われます。

④ 曲の順番を変更する

リスト上部にあるメニューから順番をシャッフルしたり、ドラッグして自由に曲を移動するなどして、曲の再生順を変更します❶。

⑤ 作成したプレイリストを再生する

再生コントロールをクリックするか、曲名をダブルクリックすると曲が再生されます❶。

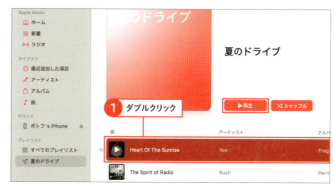

曲の情報を確認する／編集する

① 選択した曲の情報を見る

情報を確認したい曲を control を押しながらクリックし❶、[情報を見る]をクリックします❷。

> **MEMO**
> **アルバム全体の情報を見る**
> アルバム全体の情報を見たいときは、アルバムタイトルを control を押しながらクリックし、[情報を見る]をクリックします。

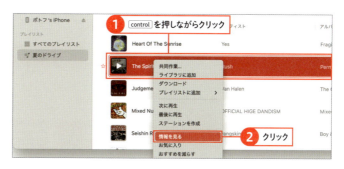

② 情報を編集する

[詳細]をクリックし❶、曲名やアーティスト名、ジャンルなどを編集します。また、ほかのタブを開いて歌詞やアートワークを追加することも可能です。情報の確認／編集が完了したら、[OK]をクリックします❷。続けて次の曲の情報を編集する場合は、[>]をクリックします。

229

Chapter 7 音楽や動画・写真を楽しむ

Section 6 Apple Musicを利用する

- Apple Misic
- サブスクリプション
- ミュージック

Apple Musicは月額費用制のサブスクリプションサービスです。学生や6人までのファミリー向けに特別な割引価格も用意されており、1カ月間の無料お試し期間（本書執筆時点）もあるので、興味があれば試してみましょう。

Apple Musicの利用を始める

Apple Musicの利用は「ミュージック」アプリから行えます。ただし、利用の開始にはApple Accountに支払い情報が登録されている必要があります。

① Apple Musicを始める

「ミュージック」アプリから「Apple Music」内の項目をクリックすると表示される案内画面で［無料で開始］をクリックします❶。支払い情報が未設定であれば設定します。

② アカウントにサインインする

Apple Accountにサインインします。

③ Apple Musicを利用する

Apple Musicの画面が表示されます。

Apple Musicで音楽を聴く

Apple Musicでの再生や検索の方法は、通常の「ミュージック」アプリと同様です。サイドバーの「Apple Music」から操作しましょう。

1 Apple Musicに移動する

サイドバーの「Apple Music」グループにある［ホーム］や［新着］などをクリックすると❶、Apple Musicに移動します。画面をスクロールしたり、ライブラリの検索と同様に左上の検索フィールドから楽曲を探したりできます。

> **MEMO**
> **検索**
> 検索フィールドでの検索では、アプリの右上に区分が表示されて、ライブラリ内やApple Music内など検索範囲を指定できます。

2 音楽を再生する

再生の操作は通常の「ミュージック」アプリと同様です。聴きたい楽曲などをダブルクリックすると、再生が開始されます❶。▶をクリックして、アルバムや再生リストの単位で再生することも可能です。

3 ライブラリに追加する

楽曲やアルバムをライブラリに追加したい場合は、…をクリックして操作します❶。利用には制限があるので注意が必要です。

> **MEMO**
> **ダウンロードの制限**
> ここでライブラリに追加した曲は、「ミュージック」アプリ以外で再生できません。

Apple Musicを解約する

Apple Musicは、1ヵ月間のお試し期間が終了すると自動で料金が発生します。便利な機能ではありますが、お試し期間の終了後に使わないようであれば早めに解約しましょう。なお、再登録をしても残りの無料期間を引き継いだり、新規に1ヵ月のお試し期間を開始したりはできません。

1 マイアカウントを表示する

「ミュージック」アプリを起動し、メニューバーの[アカウント]→[アカウント設定]をクリックします❶。

2 アカウント情報が表示される

Apple Accountにサインインすると、登録しているApple Accountの情報が表示されます。画面を下にスクロールします❶。

3 サブスクリプションを管理する

「管理」の「登録」の右側にある[管理]をクリックします❶。

4 Apple Musicを解約する

利用しているサブスクリプションサービスが表示されます。[無料トライアルをキャンセルする]をクリックします❶。無料期間終了後の有料期間に料金プランを変更したい場合は、[すべてのプランを表示…]から操作できます。

5 解約を完了する

[確認]をクリックすると❶、Apple Musicを解約できます。

MEMO
お試し期間終了後の解約

Apple Musicのお試し期間が終了したあとに解約をした場合、その間に発生した料金は支払う必要があります。Apple Musicに限らず、利用しないサービスの解約を忘れないよう注意しましょう。

Column　iCloudミュージックライブラリ

Apple Musicを開始すると、同じApple Accountでサインインしている全てのMacやAppleデバイスで楽曲を共有できる「iCoudミュージックライブラリ」を利用できます。Macでは「ミュージック」アプリの[設定]、Appleデバイスでは設定の[ミュージック]から[ライブラリを同期]をオンにすることで機能が有効になります。なお、DRM保護が付加されるなど制限も発生するため、本書では解説しません（利用を勧めません）が、気になるようであれば調べてみましょう。

Chapter 7 音楽や動画・写真を楽しむ

Section 7 | Apple TVを利用する

☑ TV
☑ レンタル
☑ 購入

「Apple TV」では、映画のダウンロード購入とレンタルサービスが利用できます。ここでは、映画の検索方法から、レンタルした映画を視聴するまでの手順を解説します。

Apple TVで映画を探す

TV（Apple TV）で話題の映像コンテンツを探します。音楽と同じように検索やジャンル絞り込みを利用できます。

1 Apple TVを起動する
Dockの[TV]をクリックし❶、確認画面で[続ける]をクリックします。

2 カテゴリから探す
映画などの映像コンテンツがカテゴリに分かれて表示されます。ここでは[アクション]をクリックします❶。

3 作品を探す
気になる作品を見つけたら、サムネールをクリックします❶。個々のページでは、あらすじや予告映像を確認できます。

234

映画をレンタル／購入する

視聴したい映画を見つけたら、レンタルまたは購入してみましょう。

1 画質を選んでレンタル／購入する

レンタルまたは購入を決めたら、[購入]または[レンタル]をクリックします❶。

MEMO

レンタルの貸し出し期間

貸出期間はレンタルした日から30日間です。しかし、期間中一度でも再生すると、その時点から48時間が期限となります。レンタルの期限が切れると、映画は自動的にライブラリから消去されます。

2 確認してダウンロードを開始する

サインインのダイアログボックスが表示されたら、「Apple Account」と「パスワード」を入力し❶、[レンタル]または[購入する]をクリックします❷。映画はデータ容量が大きいため、ダウンロードに時間がかかる場合があります。購入／レンタルした映画は[ライブラリ]から視聴できます。

Column　Apple TV+

Apple TVでは、月額900円でオリジナルのコンテンツを視聴できる「Apple TV+」を利用できます。7日間のお試し期間があるので、興味があれば確認してみましょう。

Chapter 7 音楽や動画・写真を楽しむ

Section 8 コンテンツをほかのパソコンと共有して楽しむ

- ☑ ホームシェアリング
- ☑ ライブラリ共有
- ☑ Apple Account

ホームシェアリングは、同一のApple Accountを使って、家庭内のパソコンやAppleデバイス間でライブラリを共有する機能です。ここでは、この機能を使って、ほかのパソコン内のコンテンツを再生するまでの手順を解説します。

ホームシェアリングでライブラリを共有する

ホームシェアリングでライブラリを共有するには、複数のデバイスで同じWi-Fiネットワークにアクセスしたうえで、同一のApple Accountでサインインしておく必要があります。ライブラリを共有するパソコンは、MacでもWindowsでもかまいません。ただし、一度に共有できるデバイスは最大5台までです。

● ホームシェアリングを開始する

① ホームシェアリングをオンにする

「システム設定」アプリで［一般］→［共有］をクリックし、［メディア共有］をオンにしたあとに、ⓘをクリックします。表示されたウインドウの［ホームシェアリング］をクリックして、オンにします❶。

② Apple Accountで認証する

ホームシェアリングに使用するApple Accountとパスワードを入力し❶、［ホームシェアリングをオンにする］→［OK］をクリックします❷。これで、このMacがホームシェアリングに参加しました。共有したいパソコンでも、同じApple Accountでホームシェアリングをオンにします。

③ ライブラリにアクセスする

「ミュージック」アプリでサイドバーの［ライブラリ］をクリックし、［○○のライブラリ］をクリックすると❶、共有中のライブラリに接続します。

④ ライブラリのコンテンツを再生する

接続が完了すると、共有先のライブラリの内容がライブラリメニューに表示されます。ここから、再生したいコンテンツを選択できます。なお、ライブラリの接続を解除するには、サイドバーで共有中のライブラリの右側にある⏏をクリックします。

MEMO ストアで購入したコンテンツ

ストアで購入したコンテンツを別のパソコンで再生する場合、購入時のApple Accountでの認証を要求されることがあります。適切なIDとパスワードで認証するか、コンテンツをスキップすることで対処します。なお、ホームシェアリングで使用するApple AccountとストアでをApple Accountが同一である必要はありません。

⑤ 共有先からデータをコピーする

ホームシェアリングで共有中のライブラリのコンテンツは、自分のライブラリにコピーできます。コピーしたいアルバムの[メニュー]をクリックして操作すると❶、自分のライブラリにコピーされます。

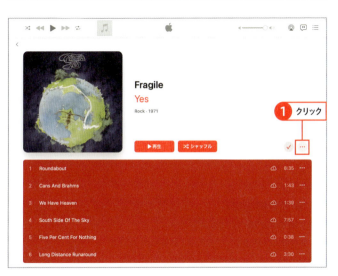

Column　メディアライブラリの共有

同じApple Accountを利用していないコンピュータとメディアライブラリを共有する設定も可能です。236ページ手順①の画面で、下のほうにある[メディアをゲストと共有]をクリックしてオンにします。続いて[オプション]をクリックすると表示される画面で、共有するジャンルやパスワードなどを設定します。

Chapter 7 音楽や動画・写真を楽しむ

Section 9 iPhoneやiPadとコンテンツを同期する

- ☑ 同期
- ☑ Appleデバイス
- ☑ コンテンツの追加

iPhoneやiPadなどのAppleデバイスとMacとの間でデータをやり取りし、所有しているコンテンツを同一の状態にすることを「同期」といいます。Mac側ではFinderを利用してAppleデバイスとの間でコンテンツを同期できます。

MacとiPhoneを同期する

MacとAppleデバイスとの間でデータを同期するには、Finderを使用します。Mac内にデータをバックアップしておけば、Appleデバイスを紛失／破損した場合でもデータを復元できます。

1 MacとiPhoneを接続する

MacとiPhoneを接続します。Finderのサイドバーに表示される[iPhone](ここでは[技評太郎のiPhone])をクリックします❶。

2 同期を開始する

接続されるとiPhoneの情報が表示されます。[同期]をクリックすると❶、MacとiPhoneの同期が開始されます。同期によって、iPhone内のデータのバックアップがMacに保存されます。

Column iPhoneで購入したコンテンツをMacに取り込む

iPhoneのApp Storeやストア(iTunes Store)で購入したアプリケーションや曲、写真などのコンテンツは、Macに取り込むことができます。iPhoneを接続すると、「ミュージック」アプリなど一部のアプリに「デバイス」として表示されるので、副ボタンクリックして[購入した項目を転送]をクリックします。

個別に同期を設定する

CDから取り込んだ音楽などのデータをAppleデバイスにコピーする際も、同調を使用します。

● ミュージック内の項目を選んで同期する

ここでは「ミュージック」アプリを例に、同期する項目を選択します。iPhoneと接続してFinderを起動し、「デバイス」からiPhoneの名前をクリックします❶。初期状態では［一般］が選択されていますが、上部のメニューから［ミュージック］や［映画］、［テレビ番組］など、カテゴリ単位で同期する項目とその内容を設定できます。

● コンテンツを手動でiPhoneに追加する

① オプション項目を設定する

ここでは、音楽とビデオコンテンツを手動でiPhoneに追加する方法を紹介します。FinderでiPhoneの画面を開き、「一般」の［ミュージック、映画、テレビ番組を手動で管理］をクリックしてオンにします❶。

② コンテンツをiPhoneに追加する

iPhoneに追加したいアルバムまたは曲名の右側に表示される をクリックします❶。表示されたメニューで［デバイスに追加］をクリックし❷、転送先のiPhoneをクリックします❸。

> **MEMO**
> **ドラッグでコンテンツを追加する**
> 接続中のデバイスに追加したいアルバムや楽曲をサイドバーのデバイスのアイコンにそのままドラッグすると、コンテンツが追加されます。

Chapter 7　音楽や動画・写真を楽しむ

Section 10 「写真」アプリの概要

- ☑ 写真
- ☑ iCloud
- ☑ サイドバー

「写真」アプリは、デジタルカメラやスマートフォンなどで撮影した写真をライブラリに読み込んで、閲覧や編集、共有などができる写真管理ソフトです。iPhoneやiPadの「写真」アプリと同じ感覚で操作できます。

「写真」アプリを起動する

Dockにある [写真] をクリックして、「写真」アプリを起動します❶。Dockにアイコンが見つからない場合は、Launchpadから起動しましょう。「写真」アプリの初回起動時には、iCloud写真の案内や新機能を説明する画面が表示されます。

「写真」アプリ画面の各部名称を確認する

「写真」アプリの画面は、ツールバーと写真表示領域だけのシンプルな構成です。オプションで、サイドバーを表示して、2カラム構成にもできます。

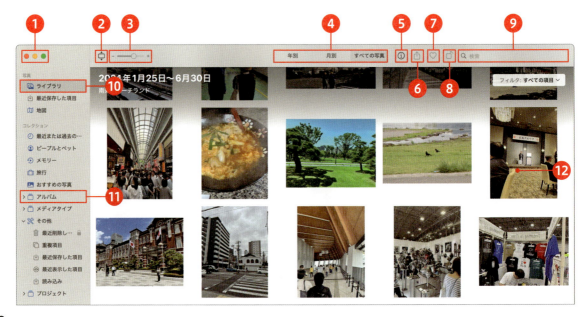

240

●「写真」ウインドウの各部名称

❶ 閉じる、しまう、フルスクリーン

ウインドウを閉じる（●）、Dockにしまう（●）、フルスクリーン表示（●）の操作ボタンです。

❷ サムネール

サムネールをスクエアまたはフルアスペクト比で表示します。

❸ 拡大／縮小

スライダーを操作して、サムネールの表示を拡大または縮小します。

❹ 期間

月別、年別など写真をどの期間で区切るかを選択できます。

| 年別 | 月別 | すべての写真 |

❺ 情報

写真の撮影日時や利用機器、撮影時設定などを確認できます。説明などの追加も可能です。

❻ 共有

メールやSNSを介した写真の共有のほか、ブックやカレンダーの新規作成、印刷など、さまざまな用途に対応するボタンです。

❼ お気に入り

写真をお気に入りに登録します。登録した写真は、ライブラリから一覧で確認できます。

❽ 反時計回りに回転

写真を反時計回りに回転させます。

❾ 検索

検索フィールドを表示するボタンです。キーワード検索のほか、日付やレートで絞り込むことも可能です。

| Q 検索 |

❿ ライブラリ

アプリ内の写真はここから確認できます。撮影地などで分けての表示も可能です。

⓫ アルバム

自分で作成したアルバムやスマートアルバムのほか、「写真」アプリが自動で作成するアルバムもここにまとめて表示されます。

⓬ コンテンツ表示領域

選択したタブの内容が表示されます。

Column　非表示になったサイドバーを表示する

❶ 「写真」アプリの幅が狭くなると、サイドバーが非表示になります。再度表示するには、アプリの端をドラッグして拡げます❶。

❷ サイドバーが表示されるようになります。

Chapter 7 音楽や動画・写真を楽しむ

Section 11 「写真」アプリで写真や動画を読み込む

- ☑ 読み込み
- ☑ デジタルカメラ
- ☑ iPhone

デジタルカメラやiPhoneで撮影した写真や動画を読み込んで、思い出の瞬間を閲覧しましょう。「写真」アプリに読み込んだ写真は、撮影した日時や場所によって自動的に分類されます。

iPhoneの写真や動画を「写真」アプリに読み込む

iPhoneやiPadなど、Appleデバイスの写真の読み込みも、デジカメの場合と手順は同じです。ここでは選択した写真だけを読み込むことにします。

① 読み込みたい写真を選択する

240ページを参考に「写真」アプリを起動して、USBケーブルでiPhoneをMacに接続します。サイドバーの「デバイス」からiPhoneを選択すると、iPhoneのカメラロールに保存された写真が表示されます。読み込みたい写真をクリックして選択します❶。デバイス接続時や読み込み後の動作を設定して（MEMO参照）、［○個の選択項目を読み込む］をクリックします❷。

② 選択した写真だけが読み込まれる

手順①で選択した写真が読み込まれます。

MEMO デバイスの接続時の挙動

iPhoneやデジカメをMacに接続すると、「写真」アプリの上部に「このデバイスを接続したときに"写真"を開く」（ウインドウの幅が狭い場合は「"写真"を開く」）が表示されます。この設定が有効の場合、同期のためにiPhoneを接続するたびに「写真」アプリが起動してしまうため、ここではクリックして無効にします。デジカメの場合は、この設定を有効にしておくと、毎回自動的に「写真」アプリが起動して便利です。

デジカメの写真や動画を「写真」アプリに読み込む

デジタルカメラで撮影した写真を読み込む準備として、デジカメの端子にあったUSBケーブル、またはカードリーダーを用意します。どちらかの方法で初めてMacにデバイスを接続すると、「写真」アプリが起動します。「写真」アプリが起動しない場合は、Dockから手動で立ち上げます。

1 デバイスを選択する

デジカメをMacと接続し、「写真」アプリが起動したら、「デバイス」の中から接続しているデジカメをクリックします❶。

2 すべての写真を読み込む

ウインドウに、読み込む写真の一覧が表示されます。[すべての新しい写真を読み込む]をクリックすると❶、すべての写真が読み込まれます。

Mac内の写真を読み込む

1 ファイルから「読み込む」を選択する

「写真」アプリ起動後にメニューバーの[ファイル]をクリックし❶、[読み込む]をクリックします❷。

2 ファイルまたはフォルダを選択する

Mac内から読み込みたいファイルやフォルダを選択し❶、[読み込む項目を確認]をクリックします❷。

> **MEMO**
> **Mac内の写真を読み込む**
> Mac内の写真を「写真」アプリに読み込むには、手順❷で読み込みたい写真をクリックするか、写真をウインドウに直接ドラッグします。

Chapter 7 音楽や動画・写真を楽しむ

Section 12 「写真」アプリで写真や動画を閲覧する

- ☑ 写真
- ☑ 年別
- ☑ 絞り込み

ここでは、「写真」アプリで写真や動画を閲覧する方法を解説します。どちらの場合も、手順はそれほど変わりません。カテゴリやジャンル、期間ごとに絞り込んで表示すると、閲覧したい写真や動画を探しやすくなります。

写真を表示する

「写真」アプリで写真を閲覧する操作は、Finderでファイルを開く際の操作とほぼ同じです。

① 写真を選択する

「写真」アプリを開き、［ライブラリ］などをクリックして写真を表示します。閲覧したい写真をダブルクリックします❶。

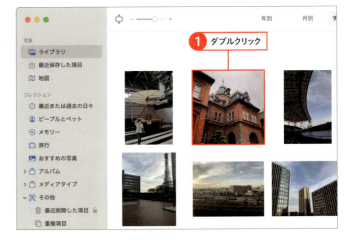

② 写真が表示される

写真が表示されます。このとき左右にマウスポインタを移動して表示されるアイコンをクリックすると、表示する写真を切り替えられます。左上の ＜ をクリックすると、前の画面に戻ります❶。

MEMO その他の方法

写真の表示中にトラックパッドを2本指で左右にスワイプすると、表示する写真が切り替わります。なお、command と + を同時に押すと拡大、command と - を同時に押すと縮小ができます。

244

動画を再生する

動画も写真とほぼ同様の操作で閲覧できます。特別な再生ツールなどを利用せずとも、動画の内容をかんたんに確認できます。

1 動画を選択する

「写真」アプリを起動して、再生したい動画をダブルクリックします❶。

MEMO 動画の見分け方
動画はサムネールの右下に時間が表示されています。また、表示設定から動画のみ表示するよう絞り込むこともできます。

2 動画を再生する

動画が拡大して表示されます。下に表示されるメニューから、音量の調整や共有、シークバーの操作ができます。▶をクリックします❶。

3 再生画面の操作

動画が再生されます。再度動画にマウスポインタを移動すると、手順❷と同様のシークバーが表示されます。

表現方法を変更する

「写真」アプリの表示は、カテゴリや期間で絞り込むことができます。取り込んだ写真が増えてきたら、活用してみましょう。

1 検索条件を設定する

検索フィールドの下にある[フィルタ]をクリックすると❶、条件ごとに表示する写真や動画を絞り込むことができます。ここでは[ビデオ]をクリックします❷。

2 条件が反映される

表示が絞り込まれ、ライブラリ内の動画のみが表示されるようになりました。

> **MEMO**
> **ピープルと撮影地**
> サイドバーの「写真」から[ピープル]や[撮影地]を選択すると、写っている人物や撮影場所ごとに写真が分けて表示されます。

3 もとの表示に戻す

表示を元通りにしたい場合は、[フィルタ]をクリックして❶、[すべての項目]をクリックします❷。

④ 期間の絞り込み

画面上部の[すべての写真]をクリックすると❶、期間を区切ってまとめて表示されるようになります。

⑤ 年別での表示

手順④で[年別]をクリックすると❶、年ごとの表示に切り替わります。年別のサムネールをダブルクリックすると、月別の表示に移動します。

⑥ 月別での表示

手順④で[月別]をクリックすると❶、各月ごとの表示に切り替わります。月別のサムネールをダブルクリックすると、日別の表示に移動します。

> **MEMO**
> **メモリー**
> サイドバーの「コレクション」から[メモリー]を選択すると、自動的にイベントのアルバムが作成されます。

⑦ 地図での表示

サイドバーの[地図]をクリックすると❶、地図が表示されて、写真の位置情報から探すことができます。

> **MEMO**
> **もとに戻す**
> 表示を元通りにしたい場合は、サイドバーの[ライブラリ]をクリックします。

Chapter 7 音楽や動画・写真を楽しむ

Section 13 「写真」アプリで写真を編集する

- ☑ トリミング
- ☑ 調整
- ☑ 補整

「写真」アプリは写真を閲覧するだけではなく、さまざまな写真の編集機能を備えています。ここでは「写真」の編集機能の中から、使用頻度の高い「トリミング」と「調整」の手順を解説します。

写真をトリミングする

撮影した写真の必要な部分だけを切り出したり、写真の縦横比を変更したりするのが「トリミング」機能です。縦横比を指定して範囲を調整するほか、好みのサイズで切り出すことも可能です。

1 縦横比を指定する

「写真」アプリで編集したい写真を開き、ツールバーの右上にある[編集]をクリックします。編集画面に切り替わったら、[切り取り]をクリックします❶。

MEMO 切り取り範囲の比を指定

[切り取り]のクリック後に「アスペクト比」の項目をクリックすると、切り取り範囲の縦横比を指定できます。指定したくない場合は、[自由形式]をクリックします。

2 トリミングする範囲を調整する

写真上に、指定した縦横比の枠線が表示されます。この枠線の四隅にあるハンドルをドラッグして❶、トリミングする範囲を調整します。[完了]をクリックすると❷、枠線内の明るく表示されている部分が切り出されます。

MEMO マルチタッチジェスチャ

トリミング画像でピンチイン/ピンチアウトや2本指で回転するなどの操作を行うと、写真にも動作が反映されます。

写真の明るさや色味を調整する

撮影した写真をもう少し明るく鮮やかにしたい、あるいはカラー写真をモノクロにしたいなどの場合は、「自動補正」や「調整」を使って写真を編集しましょう。さまざまな調整項目が用意されているので、写真を細かく補正できます。

(1) 「自動補正」で写真の調子を整える

248ページの手順①の方法で写真を編集画面で開き、[自動補正]をクリックします❶。「自動補正」は写真の明るさやコントラスト、彩度などを自動で調整して、最適化する機能です。

> **MEMO**
> **動画編集**
> 同様に、動画の編集も可能です。動画サイズの調整や消音など、動画ならではの設定もできます。

(2) 詳細を手動で調整する

[調整]をクリックして❶、詳細に写真を調整します。ここでは、写真をもう少し明るくしたいので、[ライト]をクリックして❷、露出やシャドウを調整します。

(3) 調整項目を追加する

上下にスクロールすることで、「ライト」や「カラー」のほかにもさまざまな調整ができます。また、[オプション]をクリックすると❶、より細かい設定が可能です。

レタッチ機能で不要な対象物を消去する

人物や著作物など、写真に不要なものが写り込んでしまった場合は、調整項目の「レタッチ」で消去できます。消去した部分に不自然さが残る場合もありますが、写って欲しくないものをかんたんに消せるので便利です。

1 「レタッチ」を選択する

249ページの調整項目にある［レタッチ］を開き❶、ブラシマークをクリックします❷。ブラシの大きさは「サイズ」内をドラッグすると調整できます。

2 消したいものをドラッグする

消したい対象物の部分でクリックすると、白い丸が表示されます。そのままドラッグでなぞると❶、対象物が消されて周りに同化するように補正されます。

3 「レタッチ」をオフにして見比べる

「レタッチ」の右にある ✓ をクリックしてオフにすると❶、レタッチ適用前の状態が表示されます。これにより、レタッチ適用後と見比べながら調整ができます。

フィルタで写真を加工する

撮影した写真は「フィルタ」機能を使うことで、ワンクリックで大きく雰囲気を変えることができます。加工した写真は、あとから再編集する際でも「オリジナル」の写真に戻すことができるので、気軽に利用できて便利です。

1) 「フィルタ」を適用する

編集画面で［フィルタ］をクリックして❶、適用するフィルタ（ここでは［ビビッド（冷たい）］）をクリックします❷。これによって写真の色合いを変えることができ、ドラッグすることでフィルタの強さも調整できます。

2) オリジナルの写真と見比べる

左上の［編集されていない写真を表示］ボタン をクリックしている間は❶、フィルタなどが適用される前のオリジナルの写真が表示されます。クリックを離すと適用後の写真が表示されるので、どのくらい変わったかを確認できます。［オリジナルに戻す］をクリックすると補正やフィルタなどをキャンセルし、元の写真に戻ります❷。

3) 加工した写真を書き出す

調整やフィルタで加工した写真を書き出すには、ツールバーの［ファイル］をクリックし、「書き出す」にマウスポインタを移動して、［1枚の写真を書き出す］をクリックします❶。写真のファイル形式や書き出し場所を選択すると、加工された写真が書き出されます。

Chapter 7 音楽や動画・写真を楽しむ

Section 14

「写真」アプリでアルバムを作成する

- アルバム
- 整理
- スライドショー

「写真」アプリに登録した写真は、アルバムにまとめて整理することもできます。イベントごと、撮影者ごとのように、あらかじめ用意された分類とは別の視点で写真を整理するときに便利です。

アルバムを作成する

旅行先やイベントなどで撮影した写真をテーマに従ってまとめるには、「アルバム」を作成するのがおすすめです。思い立った時に、いつでも写真をアルバムに追加できます。

1 空のアルバムを作成する

「アルバム」にマウスポインタを移動して ⊕ をクリックし❶、[アルバム]をクリックします❷。

2 アルバムに名前を付ける

空のアルバムが作成されるので、名前を入力します❶。作成したアルバムは、サイドバーからアクセスできます。

> **MEMO**
> **スライドショーを再生する**
> アルバムを開いた状態で、ツールバーに表示される[スライドショー]をクリックすると、アルバム内の写真をスライドショーで閲覧できます。

3 アルバムに写真を追加する

写真を選択して副ボタンクリックし、[追加]をクリックして、手順❷で作成したアルバム名をクリックするか❶、写真をアルバムへ直接ドラッグすることで、写真を追加できます。

> **MEMO**
> **直接作成する**
> 手順❸の画面で[追加]→[新規アルバム]をクリックしても、新規にアルバムを作成できます。

Chapter 8

iCloud を利用する

Section

1. Apple Account を作成する
2. iCloud を管理する
3. iCloud で写真を共有する
4. iCloud Drive を利用する
5. iCloud キーチェーンでパスワードを管理する
6. Handoff で iPhone と Mac を連携する
7. ユニバーサルクリップボードを利用する
8. iCloud.com を利用する
9. Mac や iPhone を紛失したときの対応

Chapter 8　iCloudを利用する

Section 1

Apple Accountを作成する

- Apple Account
- iCloud
- システム環境設定

Apple Account（344ページ参照）はMacを最初に起動したときをはじめ、いつでも作成できます。iCloudなどの各種サービスを利用するには、Apple Accountが必要になるため、あらかじめ作成しておきましょう。

iCloudとは

iCloudは、iPhone／iPadなどのAppleデバイスやMacとの間で、連絡先やメール、カレンダーなどのデータを連携するためのクラウドサービスです。各デバイスに同じApple Accountでサインインすることで、ほかのデバイスで利用していたデータにかんたんにアクセスできます。

● iCloudで連携できるデータの一例

● メール
@icloud.com宛に届いたメール

● 連絡先
「連絡先」アプリに登録した連絡先データ

● カレンダー
「カレンダー」アプリに登録したスケジュール

● リマインダー
「リマインダー」アプリに登録したタスク

● メモ
「メモ」アプリに記録した文書

● Safari
ブックマークやリーディングリスト

● キーチェーン
キーチェーンに保存したログイン情報

● 写真
各デバイスで撮影した写真／動画

● Macを探す
紛失時にMacの所在地を調べられる

● ホーム
アクセス許可や自動化の設定

Column　WindowsでiCloudを利用する

「Windows用iCloud」（https://support.apple.com/ja-jp/103232）をインストールすることで、Windows PCでもiCloudのサービスを利用できます。

新しいApple Accountを作成する

iCloudを利用するために、システム環境設定の「Apple Account」パネルからApple Accountを作成します。この方法でApple Accountを作成すると、iCloudの登録と設定が完了するとともに、「〜@icloud.com」のメールアドレスを無料で取得できます。

1 Apple Accountを新規作成する

Dockの[システム設定]をクリックし、「システム設定」アプリのサイドバーの[サインイン]をクリックします❶。「サインイン」パネルの[アカウントをお持ちでない場合]をクリックします❷。

MEMO
既存のApple Accountを利用
「メールまたは電話番号」欄に作成済のApple Accountのメールアドレスを入力してサインイン操作を行うと、入力したApple AccountでMacを利用できます。

2 生年月日を入力する

生年月日を入力し❶、[次へ]をクリックします❷。

3 iCloudメールアドレスを作成する

姓名などの入力画面が表示されます。ここではiCloudメールアドレスを作成するため[無料のiCloudメールアドレスを入手]をクリックします❶。

MEMO
メールアドレス
プロバイダや会社、GmailなどiCloudメール以外のメールアドレスを利用してApple Accountを作成することも可能です。いくつものアカウントを持つのがわずらわしい場合は検討してみましょう。

④ 情報を入力する

姓名、使用したいメールアドレス、パスワードを入力して❶、［次へ］をクリックします❷。なお、第三者が使用しているメールアドレスは使用できません。また、パスワードは8文字以上で、数字および英字の大文字／小文字が含まれている必要があります。

⑤ 電話番号を設定する

2ファクタ認証などに利用する電話番号を登録します。電話番号を入力し❶、SMSと音声通話のどちらを利用するか（ここでは［SMS］）選択して❷、［次へ］をクリックします❸。

⑥ 確認コードを入力する

入力した電話番号を利用しているスマートフォンなどに、SMSで確認コードが送信されます。コードを確認して入力し❶、［次へ］をクリックします❷。

⑦ 利用規約に同意する

macOSおよびiCloud、Appleメディアサービスに関する利用規約が表示されます。確認して、［macOSソフトウェア〜同意します］をクリックし❶、［同意する］をクリックします❷。

⑧ 確認のダイアログボックスが表示される

パスワードの入力や結合に関するウインドウが表示された場合は、表示に従って選択します。

⑨ Apple Accountが作成される

Apple Account が作成されました。
「システム設定」アプリのサイドバーの[ユーザ名]をクリックすると❶、右側に登録した内容が表示されます。

MEMO
メディアと購入

この時点では、「メディアと購入」にはサインインしていません。Apple Booksなどを利用すると、別途サインインを求められます。

Column　Apple Accountからサインアウトする

別のApple Accountを利用したい場合は、現在サインインしているApple Accountからサインアウトする必要があります。サインアウトするには、「システム設定」アプリのサイドバーで[ユーザ名]をクリックし、画面の左下にある[サインアウト]をクリックします。Macの利用状況に応じて、データのコピーを残すか確認するダイアログボックスが数回表示されるので、必要に応じて選択します。一時的に別のApple Accountを利用し、すぐにもとのApple Accountでサインインし直す場合などは、コピーを残しておきましょう。

Chapter 8　iCloudを利用する

Section 2　iCloudを管理する

- ☑ iCloud
- ☑ Apple Account
- ☑ iPhone / iPad

iCloudの設定や管理などの操作は、「システム設定」アプリの「Apple Account」パネルから行います。iPhoneやWindowsパソコンなどの機器と各種データの同期や共有をしたい場合は、すべての機器でサインインする必要があります。

iCloudをアプリごとに設定する

iCloudの有効／無効は、アプリごとに設定できます。iCloudに保存できるファイルの総容量には制限があるので、必要なアプリだけ有効にしましょう。

(1) iCloudを選択する

Dockの[システム設定]をクリックして、「システム設定」アプリを起動します。[ユーザ名]をクリックし❶、「Apple Account」パネルで[iCloud]をクリックします❷。

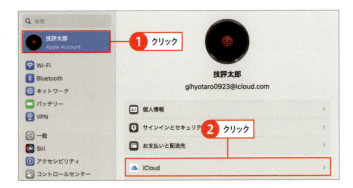

(2) すべてのアプリを表示する

「iCloudに保存済み」には、iCloudにファイルを保存しているアプリが表示されます。[すべて見る]をクリックします❶。

(3) iCloudの有効／無効を設定する

アプリのスイッチをクリックすると、アプリごとにiCloudでの同期の有効／無効を設定できます。

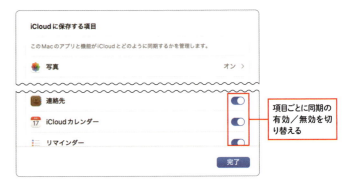

項目ごとに同期の有効／無効を切り替える

データを管理する

iCloudは初期状態で、5GBの容量制限があります。あまり使わないアプリのデータは削除して、空き容量を確保しましょう。

(1) iCloudを選択する

「システム設定」アプリで［ユーザ名］をクリックし❶、「Apple Account」パネルで［iCloud］をクリックします❷。

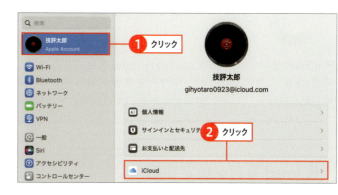

(2) iCloudの管理画面に移動する

「ストレージ」の［管理］をクリックします❶。

(3) データを削除するアプリを選択する

データを削除するアプリをクリックします❶。

(4) データを削除する

［オフにして、iCloudから削除］をクリックして❶、［戻る］をクリックします❷。

Chapter 8　iCloudを利用する

Section 3

iCloudで写真を共有する

- iCloud写真
- 写真共有
- 公開Webサイト

iCloudの「iCloud写真」「共有アルバム」などの機能を利用すると、ほかのデバイスやユーザと写真を共有できます。iCloud写真を設定すると、iPhoneとMac間での写真共有もアルバム単位で手軽に行えます。

iCloud写真を設定する

iCloud写真は、「写真」アプリに保存した写真をiCloudで管理する機能です。容量の制限はありますが、異なるデバイス間でも写真を共有できます。アルバムでの共有も合わせて確認しておきましょう。

1 iCloud写真を有効にする

258ページを参考に、「システム設定」アプリの「Apple Account」パネルで[iCloud]をクリックします。[写真]をクリックして❶、確認画面で[このMacを同期]をクリックしてオンにすると、iCloud写真が有効になります。

MEMO　パスワード
iCloud写真を有効にすると、アカウントのパスワードを入力するよう要求されることがあります。

2 アプリから設定する

240ページを参考に「写真」アプリを起動して、メニューバーから[写真]→[設定]をクリックします。表示された画面で[iCloud]をクリックして❶、[iCloud写真]をクリックしてオンにすると❷、iCloud写真の設定ができます。

MEMO　共有アルバム
右の画面で[共有アルバム]をクリックしてオンにすると、261ページで[共有アルバム]機能を利用できるようになります。

写真をほかのユーザと共有する

「共有アルバム」機能を利用すると、別のユーザやApple AccountのないユーザとのあいだでiPhoneや「写真」アプリを介して写真を共有できます。離れた場所にいる相手との写真の受け渡しにも役立ちます。

● 共有アルバムを作成する

1 新規共有アルバムを作成する

260ページの方法で、「写真」アプリの設定から「共有アルバム」を有効にしておきます。「写真」アプリに戻ってサイドバーの「共有アルバム」横にある ⊕ をクリックし❶、アルバム名と共有する相手の名前またはメールアドレス、説明文を入力して❷、[作成]をクリックすると❸、共有アルバムが作成されます。

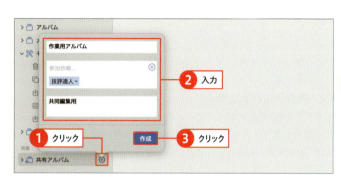

2 共有アルバムを開く

「共有アルバム」の > をクリックし❶、[アクティビティ]をクリックして❷、[写真またはビデオを追加]をクリックします❸。

> **MEMO**
> **招待メール**
> 新しくアルバムを共有した相手には、招待メールが送信されます。

3 アルバムに写真を追加する

写真とビデオ選択画面で追加したい写真やビデオをクリックして選択し❶、[追加]をクリックします❷。

● 招待を受けた共有アルバムの写真を見る

①「アクティビティ」で参加依頼を確認する

サイドバーにある「アルバム」の「共有アルバム」から［アクティビティ］をクリックし❶、参加依頼を確認します。共有アルバムに参加する場合は、［参加］をクリックします❷。

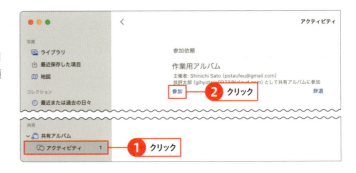

② 共有アルバムを開く

サイドバーの「共有アルバム」のアルバム一覧にある、招待を受けた共有アルバムの名前をクリックすると❶、アルバムの内容が表示されます。

③ 写真に「いいね！」やコメントを付ける

共有アルバム内の写真のサムネールをダブルクリックすると、写真が大きく表示されます。このとき、左下のアイコンをクリックすると、その写真に対して「いいね！」やコメントを追加できます。

Column　共有アルバムを削除する

共有アルバムの ⓘ をクリックし、［共有アルバムを削除］をクリックすると❶、共有アルバムを削除できます。

Apple Accountのない人と共有する

1 共有アルバムに移動する

共有アルバムは Apple Account のない人も利用できます。作成した共有アルバムをクリックします❶。

2 ユーザ情報を表示する

右上の ◉ をクリックします❶。

3 公開 Web サイトに設定する

表示されたメニューの[公開 Web サイト]をクリックしてオンにします❶。

> **MEMO**
> **追加で招待する**
> 右の画面の「参加依頼」から、追加で共有アルバムの招待メールを送信することもできます。

4 公開リンクの取得

共有アルバムにアクセスできるリンクが発行されます。招待メールを受け取った相手は、このリンクから共有アルバムを利用できます。

> **MEMO**
> **参加者の投稿**
> 右の画面で[参加者の投稿も許可]をクリックしてオフにすると、写真や動画を追加できるのは共有アルバムの作成者のみに限定されます。

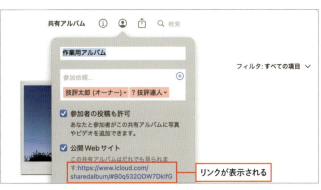

Chapter 8　iCloudを利用する

Section 4

iCloud Driveを利用する

- iCloud Drive
- ストレージ
- iCloud.com

iCloud Driveは、いつでもどこからでもアクセスできるAppleのクラウド型ストレージサービスです。ファイルを保存したり、新しいフォルダを作ったりなど、通常のフォルダと同じように扱えます。

iCloud Driveの設定をする

iCloud Driveを利用するには、Apple Accountが必要です。未設定の場合は、254ページを参考に作成しておきましょう。ここでは、MacでiCloud Driveをすぐに使えるように設定します。

(1) iCloud Driveをオンにする

258ページを参考に、「システム設定」アプリの「Apple Account」パネルで[iCloud]をクリックし、[Drive]をクリックします。iCloud Driveのダイアログボックスが表示されるので、[このMacを同期]のスイッチがオフの場合は、クリックしてオンにします❶。

(2) iCloudで同期するアプリを選択する

["デスクトップ"フォルダと"書類"フォルダ]のスイッチがオフの場合は、クリックしてオンにします❶。[iCloud Driveに同期していないアプリケーション]をクリックして❷、表示された画面で同期しないアプリケーションをオフにし、[完了]をクリックします❸。

(3) iCloud Driveのウインドウを開く

iCloud Driveをオンにすると、Finderのサイドバーに「iCloud Drive」が作成されます。クリックすると❶、iCloud Driveの内容が確認できます。アプリケーションのアイコンが付いたフォルダは、各アプリケーションで作成したファイルを格納する場所です。

iCloud Driveのフォルダを閲覧／編集する

1 そのほかのMacからフォルダを閲覧／編集する

264ページを参考に、「Apple Account」パネルで[iCloud]をクリックし、「iCloud Drive」がオンになっていることを事前に確認します。サイドバーの[iCloud Drive]をクリックして❶、iCloud Driveのウインドウを開きます。そのほかのファイルやフォルダと同様に閲覧／編集できます。

2 iPhoneで閲覧する

iPhoneの「設定」アプリで[ユーザ名]→[iCloud]→[iCloud Drive]をタップし、[このiPhoneを同期]のスイッチをタップしてオンにします❶。「デスクトップ」フォルダと「書類」フォルダ内のファイルやフォルダは、それぞれ「デスクトップ」フォルダと「書類」フォルダに自動的にダウンロードされます。フォルダは66ページの方法で作成できます❷。

3 iCloud.comで確認する

274ページを参考に、SafariでiCloud.comにアクセスします。iCloudDriveのアイコンをダブルクリックし、iCloud Driveの画面を開くと、Macで作成したフォルダをiCloud Driveで確認できます。このフォルダを開き、ファイルをダブルクリックすると、パソコンにファイルがダウンロードされます。

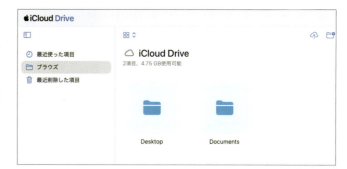

Column iCloudのストレージ容量を増やす

iCloudアカウントを開設すると、容量5GBのオンラインストレージを無料で利用できます。容量が足りない場合は、月額130円から利用できるiCloudストレージの有料アップグレードプランが用意されています。アップグレードプランを利用するには、「システム設定」アプリの「Apple Account」パネルで[iCloud]→[管理]の順でクリックし、「ストレージを管理」画面で[ストレージプランを変更]をクリックします❶。

Chapter 8　iCloudを利用する

Section 5 | iCloudキーチェーンでパスワードを管理する

- ☑ iCloudキーチェーン
- ☑ セキュリティコード
- ☑ パスワードの自動入力

Macには、ほかのデバイスとパスワードを共有できる「iCloudキーチェーン」という機能があります。パスワードをデバイスごとに入力したり保存したりする必要がなくなり、Webサイトへスムーズにアクセスできます。

MacでiCloudキーチェーンを有効にする

「iCloudキーチェーン」は、Webサイトのログイン情報を、同じApple Accountでサインインしたデバイス間で共有する機能です。iCloudキーチェーンでは、Webサイトのログインパスワードやクレジットカード情報など、機密性が高い情報も安全に扱えます。

① 「システム設定」アプリを起動する

Dockで[システム設定]をクリックして、「システム設定」アプリを起動します❶。

② iCloudパネルに移動する

[ユーザ名]をクリックし❶、「Apple Account」パネルで[iCloud]をクリックします❷。

3 パスワード設定に移動する

［パスワード］をクリックします❶。

4 iCloudパスワードとキーチェーンを有効にする

［このMacを同期］のスイッチをクリックしてオンにします❶。環境によっては、スイッチがオンになるまで時間がかかる場合があります。

> **MEMO**
> **セキュリティコード**
> macOSのバージョンや設定によっては、セキュリティコードの作成や入力を求められる場合があります。

AppleデバイスでiCloudキーチェーンの設定をする

MacでiCloudキーチェーンの設定を終えたら、続いてほかのデバイスでも設定します。iPhoneでは、Macなどキーチェーンを共有するほかのデバイスで承認を受けることで、iCloudキーチェーンを有効にできます。

● iPhoneでiCloudキーチェーンの設定を有効にする

1 iCloudキーチェーンを有効にする

iPhoneでiCloudの設定画面を表示し、［パスワード］をタップします❶。「パスワードとキーチェーン」画面が表示されるので、［このiPhoneを同期］のスイッチをタップしてオンにします❷。

● **AppleデバイスのSafariでパスワードの自動入力を有効にする**

iPhoneで「設定」アプリを起動し、[Face IDとパスコード]をタップします❶。パスコードや生体認証を求められたら、それぞれの方法で認証します。[パスワードの自動入力]のスイッチをタップしてオンにします❷。

● **ログイン情報を自動入力する**

① **Safariの設定画面を開く**
iPhoneで「設定」アプリを起動し、[アプリ]をタップして❶、[Safari]をタップします❷。Safariの設定画面が表示されるので、[自動入力]をタップします❸。

② **自動入力する項目をオンにする**
Safariで[連絡先の情報を使用]のスイッチをタップしてオンにします❶。これで、ログイン情報の自動入力機能が有効になりました。

MEMO
自動入力するデータを編集する
右の画面で[自分の情報]をタップすると、iPhoneの「連絡先」アプリに登録された連絡先データから、自動入力で使う自分の連絡先を選択できます。[保存済みクレジットカード]をタップすると、自動入力するクレジットカード情報の確認や追加、編集ができます。

(3) **パスワードを保存する**

Webサイトのログイン画面（ここではInstagramのモバイル版サイト）を開き、ユーザ名とパスワードを入力して❶、ログインします。ログイン情報を保存するか確認するメッセージが表示されるので、［パスワードを保存］をタップすると❷、パスワードがiCloudキーチェーンに保存されます。

(4) **パスワードが自動入力される**

次回、同じページを開いてユーザ情報の入力欄をタップすると、iCloudキーチェーンの画面が表示されます。［パスワードを入力］をタップすると❶、ユーザIDとパスワードが自動入力されます。

(5) **Macのキーチェーンを確認する**

Macで「パスワード」アプリを起動して一覧を見ると、iPhoneのSafariで登録したInstagramのパスワードが保存されたことが確認できます。

Column　パスワードの自動生成機能を使う

iPhoneのSafariには、ランダムな文字列を組み合わせたパスワードを自動生成する機能が備わっています。アカウントの作成画面でパスワードの入力欄を選択すると、右の画面が表示されるので、［保存して入力］をタップすると、入力フォームにパスワードが自動的に入力されます。［今はしない］をタップすると、独自のパスワードを入力したりできます。自動生成したパスワードは、iCloudを通じてMacのSafariとも同期されます。

Chapter 8　iCloudを利用する

Section 6 Handoffで iPhoneとMacを連携する

- ☑ Handoff
- ☑ iPhone
- ☑ Webページ

Macには、iPhoneやiPadと連携し、途中まで進めていた作業を別のデバイスに引き継げる「Handoff」機能があります。iPhoneで書いていたメールの続きをMacで書く、といったこともかんたんにできます。

Handoff機能を有効にする

Handoffを利用するには、まずiPhoneとMacそれぞれでHandoff機能を有効に設定する必要があります。また、Handoffを利用するには、双方のデバイスで同じApple AccountでiCloudにサインインし、Bluetoothを有効にしておく必要があります。

● iPhoneでHandoffを有効にする

① Handoffの設定画面を開く

iPhoneのホーム画面で[設定]→[一般]をタップし❶、[AirPlayと連係]をタップします❷。

② Handoffを有効にする

[Handoff]のスイッチをタップしてオンにします❶。

> **MEMO**
> **Handoffに対応するAppleデバイス**
> Handoffは、下記のAppleデバイスで利用できます。
> ・iPhone 5 以降
> ・iPad（第4世代）、iPad Pro、iPad Air 以降
> ・iPad mini 以降
> ・iPod touch（第5世代）以降
> ・Apple Watch

● **MacでHandoffを有効にする**

266ページを参考に「システム設定」アプリを起動します。サイドバーで［一般］をクリックし❶、［AirDropとHandoff］をクリックして開きます。［このMacとiCloudデバイス間でのHandoffを許可］のスイッチをクリックしてオンにすると❷、MacのHandoffが有効になります。

MEMO

Handoffを利用できるMac

Handoffは、下記のMacで利用できます。

・MacBook Air（Mid 2012以降）、MacBook（Early 2015以降）
・MacBook Pro（Mid 2012以降）
・iMac（Late 2012以降）
・Mac mini（Late 2012以降）
・Mac Pro（Late 2013）
・Mac Studio

Handoff機能でメールの続きを書く

ここではHandoffを利用して、iPhoneで書いたメールの続きをMacで書く手順を紹介します。Handoffを利用する前に、連携するデバイスどうしが近くにあることを確認しましょう。

❶ iPhoneでメールを書く

iPhoneの「メール」アプリで新規メールを作成すると、MacのDockに通知が表示されます。Dockの［メール］をクリックします❶。

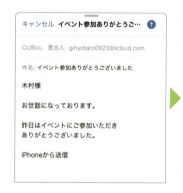

❷ Macでメールの続きを書く

新規メッセージの作成画面が表示され、iPhoneで書いていたメールの続きをMacで書いて、送信できます。

Handoff機能でWebページを閲覧する

Handoff機能を利用すれば、表示したWebページをほかのデバイスで閲覧することもできます。ここでは、iPhoneとMacで同じWebページを閲覧する方法を紹介します。

● iPhoneで開いたWebページをMacで表示する

① iPhoneでWebページを表示する
iPhoneでSafariを起動し、閲覧したいWebページを表示します。

② MacでWebページを開く
MacのDockの右側にSafariのアイコンが表示されるので、クリックします❶。

> **MEMO**
> **アイコンは新しく表示される**
> 手順❷のSafariのアイコンは、Dockに登録しているSafariのアイコンとは別に、新しく表示されます。

③ Webページが表示される
iPhoneで閲覧していたWebページがMacで表示されます。

● Macで開いたWebページをiPhoneで表示する

① iPhoneでWebページを閲覧する
iPhoneのアプリの切り替え画面を表示します。画面下部のSafariのアイコンをタップします❶。

② Webページが表示される
Macで閲覧しているWebページが表示されます。

Chapter 8　iCloudを利用する

Section 7　ユニバーサルクリップボードを利用する

- ☑ クリップボード
- ☑ コピー
- ☑ ペースト

同じApple AccountでiCloudにログインしているmacOSとiOSは、BluetoothとWi-Fiがオンになっているデバイスどうしでクリップボードを共有します。そのため、MacとiPhone間でコピーして貼り付けることが可能です。

Macでコピーした写真をiPhoneで貼り付ける

ユニバーサルクリップボードを使えば、Macでコピーした文章や画像をiPhoneでペーストする（貼り付ける）ことや、反対にiPhoneでコピーした文章や画像をMacでペーストすることが可能です。ここでは、Macで見つけた画像をコピーし、iPhoneでメモにペーストする手順を紹介します。

1　Macで画像をコピーする

コピーしたい画像を control を押しながらクリックします❶。［画像をコピー］をクリックします❷。

2　iPhoneで画像をペーストする

iPhoneで、画像をペーストしたい位置を長押しし❶、［ペースト］をタップします❷。Macでコピーした画像が貼り付けられます。

> **MEMO**
> **クリップボードが共有される時間**
> コピーした文章や画像をほかのデバイスでペーストできるのは、コピーしてから2分間です。2分経つとコピーしたデータが消えてしまうので、注意しましょう。

273

Chapter 8　iCloudを利用する

Section 8 | iCloud.comを利用する

- ☑ iCloud.com
- ☑ Webブラウザ
- ☑ Apple Account

「iCloud.com」は、Appleが提供するクラウドサービスです。iCloud.comにサインインすると、MacやiPhoneで利用しているメールやカレンダー、iCloud Driveやリマインダーなどのサービスをブラウザ上で利用できます。

iCloud.comにサインインする

iCloud.comへのサインインは、WebブラウザからApple Accountとパスワードを使って行います。共用のパソコンを使用する場合は、安全のため使用後にログアウトしておきましょう。

1　iCloud.comにアクセスする

Webブラウザで、「https://www.icloud.com」にアクセスします。または、新しいタブを開いて、「お気に入り」から［iCloud］をクリックします❶。

2　iCloudにサインインする

［サインイン］をクリックします❶。Macのパスワードの入力や、Apple Accountでのサインインを求められたら、それぞれ対応します。

3　iCloudのサービスを利用する

iCloud.comへのサインインが完了すると、利用できるiCloudのサービスが画面に表示されます。

iCloud.comでアプリを操作する

iCloud.comでは、メールなど一部のアプリをMacやiPhoneを介さずに利用できます。

1 iCloud.comにサインインする

iCloud.comにサインインして、利用したいサービス（ここでは[メール]）をクリックします❶。

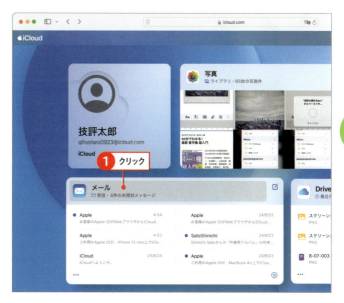

MEMO 通知
未読メールがある場合など、iCloud.comでも通知が表示されることがあります。

2 サービスを利用する

メール画面が表示されます。受信メールの確認のほか、メールの作成や下書きの保存など基本的な操作はiCloud.com上で行えます。

3 アカウント設定を確認する

手順①の画面で[ユーザ名]をクリックすると、設定画面が表示されます。Apple Accountの管理や同じApple Accountでサインインしているデバイス、ストレージ容量の確認や各種設定ができます。

Chapter 8　iCloudを利用する

Section 9　MacやiPhoneを紛失したときの対応

- ☑ Mac／iPhoneを探す
- ☑ iCloud
- ☑ Webブラウザ

MacやiPhoneを外出先などに置き忘れた場合でも、「Macを探す」「iPhoneを探す」を使えば、その所在地を地図上に表示できます。この機能はMacやiPhoneだけでなく、Windowsパソコンなどからでも利用できます。

「Macを探す」「iPhoneを探す」を有効にする

「Macを探す」「iPhoneを探す」を有効にするには、iCloudの設定画面から設定します。なお、「Macを探す」を有効にするには、「システム設定」アプリの「プライバシーとセキュリティ」パネルで、[位置情報サービス]を有効にしておく必要があります（306ページMEMO参照）。また、電源をオフにしたMac／iPhoneの現在地は表示できないことがあります。

● Macで「Macを探す」を有効にする

266ページを参考に、「システム設定」アプリの「Apple Account」パネルで[iCloud]をクリックします。[すべて見る]→[Macを探す]の順でクリックし、ダイアログボックスで[オンにする]をクリックします❶。位置情報の使用許可を求める画面が表示されたら、[許可]をクリックします。

● iPhoneで「iPhoneを探す」を有効にする

iPhoneで「設定」アプリを起動し、[ユーザ名]をクリックして[探す]をタップし❶、[iPhoneを探す]をタップします❷。「iPhoneを探す」画面が表示されるので、[iPhoneを探す]のスイッチをタップしてオンにします❸。

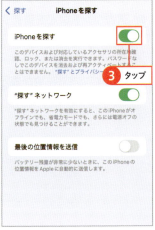

MEMO
位置情報サービスをオンにする
「iPhoneを探す」を有効にするには、位置情報サービスをオンにする必要があります。オフの場合は、❸のあとに「位置情報サービスをオンにする」ダイアログボックスが表示されるので、[設定]→[位置情報サービス]のスイッチをタップしてオンにします。

276

MacやiPhoneの現在地を地図に表示する

地図で現在地を確認するには、iCloudのWebページ（https://www.icloud.com/）をWebブラウザで表示し、デバイスに設定したものと同じApple Accountを入力してサインインします。一般的なWebブラウザで利用できるので、インターネットに接続可能なパソコン、スマートフォンがあれば、いつでも、どこからでもMacやiPhoneの現在地を確認できます。

1 iCloudのWebページにログインする

274ページを参考に、WebブラウザでiCloudのWebページを表示します❶。

2 ［探す］をクリックする

右上のメニューをクリックし❶、表示されたアイコンから［探す］をクリックします❷。

3 サインインする

サインインを要求されるので、サインインの操作をします❶。

4 デバイスの現在地が表示される

MacやiPhoneのおおよその現在地が、地図上に緑色の印で表示されます。複数のデバイスを所有している場合、［すべてのデバイス］をクリックすると、地図上に表示するデバイスを選択できます。

● Mac／iPhoneを遠隔操作する

1 「iPhoneを探す」画面を表示する

277ページを参考に、iCloudのWebページで[探す]をクリックし、表示される画面で[すべてのデバイス]をクリックします❶。

> **MEMO**
> **地図の拡大／縮小**
> 地図の右下に表示されている ⊖⊕ をクリックすると、地図の拡大や縮小ができます。

2 操作するデバイスを選択する

同じApple Accountが登録されているすべてのデバイスが表示されるので、操作したいデバイスをクリックして指定します❶。

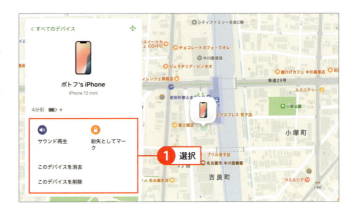

3 デバイスを直接操作する

表示されるメニューから、デバイスの操作を選択できます❶。[このデバイスを消去]は紛失したデバイスから重要なデータが流出することを防ぐための機能で、クリックするとそのデバイスに保存しているデータがすべて消去されます。

> **Column 「探す」アプリでデバイスを表示する**
>
> Macに搭載されている「探す」アプリからでも、デバイスを探せます。LaunchPadを起動し、[探す]をクリックすると、「探す」アプリが起動します。位置情報の利用の許可が求められたら、[OK]をクリックします。[デバイスを探す]をクリックすると❶、地図上にデバイスの現在地が表示されます。

Chapter 9

付属アプリケーションを活用する

Section

1. テキストエディットで文章を作る
2. メモを作成する
3. プレビューを利用する
4. 連絡先を管理する
5. iWorkを利用する
6. カレンダーを利用する
7. メッセージを利用する
8. FaceTimeを利用する
9. iMovieを利用する
10. マップを利用する
11. 辞書を利用する
12. その他のアプリを利用する

Chapter 9　付属アプリケーションを活用する

Section 1　テキストエディットで文章を作る

- ☑ 文書作成
- ☑ 書式の設定
- ☑ 画像の挿入

レイアウトの整った文書を作成したいときは、「テキストエディット」アプリが便利です。文字のフォントやサイズ、色などを変更できるうえ、動画や写真の挿入などもかんたんに行えます。

文書の書式を設定する

「テキストエディット」アプリを起動し、自由に文章を入力してみましょう。「テキストエディット」アプリでは、文字のサイズや色を変更することもできます。

① 「テキストエディット」アプリを起動する

Launchpadを起動し、[その他]→[テキストエディット]をクリックします❶。

② フォントやサイズを変更する

「テキストエディット」アプリでは、キーボードによる文字入力が可能です。入力した文字をドラッグして選択し❶、画面上部のツールバーで、フォントの種類や文字のサイズをクリックして変更できます❷。

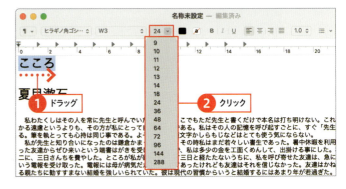

Column　ツールバーで設定できること

「テキストエディット」アプリのツールバーでは、文字のフォントやサイズ以外にも、文字を太字にするなどの装飾機能、文字の色、行揃え／行間隔、文字の背景色を変更するなどの設定が可能です。

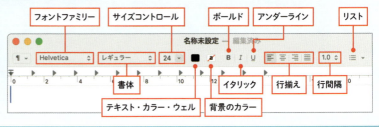

文書に画像を挿入する

画像ファイルを「テキストエディット」アプリのウインドウまでドラッグすると❶、文書に画像を挿入できます。

MEMO ファイル形式を変更する
通常のリッチテキスト（RTF）形式では画像をサポートしていないため、画像を追加すると警告が表示されます。警告の画面で[変換]をクリックし、添付資料付きリッチテキスト（RTFD）形式に変換します。

文書を縦書きで表示する

日本語で文書を作成する場合、縦書きの方が読みやすいこともあります。「テキストエディット」アプリの文書は横向きが基本ですが、表示を縦に変更することもできます。

1 テキストの方向を変更する

メニューバーの［フォーマット］→［レイアウトを縦向きにする］をクリックします❶。

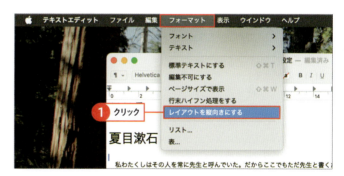

2 文書の表示が変更される

文書の表示が縦向きに切り替わりました。この状態で引き続き編集を続けることも可能ですが、表示を切り替えただけなので、記号や半角数字の回転など、縦書き特有の処理には対応していません。表示を元に戻したいときは、メニューバーの［フォーマット］→［レイアウトを横向きにする］をクリックします。

Chapter 9 付属アプリケーションを活用する

Section 2 メモを作成する

- ☑ メモ
- ☑ ファイルの追加
- ☑ 共有

Macでは「テキストエディット」アプリのほか、便利な「メモ」アプリも利用できます。メモの作成や編集だけでなく、写真や書類の添付をはじめ、マップやWebサイトのリンクもそれぞれのアプリから直接メモへの追加が可能です。

メモを作成する

「メモ」アプリのウインドウは画面を2分割した構成で、メモリストと、メモリストで選択したメモの内容がそれぞれ表示されます。新しいメモを作成する際は、はじめに保存場所として「iCloud」か「このMac内」、または任意のフォルダを選択します。

● 新規メモを作成する

① 「メモ」アプリを起動する

Dockの［メモ］をクリックして❶、「メモ」アプリを起動します。

② 新規メモを作成して内容を入力する

初期状態ではiCloudにメモが保存されます。メモの内容を入力します❶。

> **MEMO メモのタイトル**
> メモの1行目に入力した内容は、自動的にメモのタイトルとして扱われます。リスト上では太字で表示されます。

● チェックリストを作成する

チェックリストにしたい文字列を選択し❶、 をクリックすると❷、行の先頭にチェックボックスが追加されます。

メモに画像や書類を添付する

メモには写真や文書などのファイルの添付が可能です。iCloudへの同期を有効にしている場合（258ページ参照）、あとで確認したい書類をメモに添付しておくことで、ほかのデバイスから書類を開けるようになります。

1 メモにファイルを追加する

ファイルを添付したいメモを開き、メモが表示されているウインドウにファイルをドラッグします❶。

> **MEMO**
> **新規フォルダ**
> 左下の[新規フォルダ]をクリックすると、名前を付けて新しいフォルダを追加できます。

2 ファイルの一覧を確認する

追加したファイルは、サムネールをダブルクリックして開きます。同様に、写真や動画ファイルもドラッグしてメモに追加できます。

> **MEMO**
> **新規メモ**
> 新たにメモを作成する場合は、メニューバーの[ファイル]→[新規メモ]をクリックするか、ツールバーの をクリックします。

Column　ほかのソフトからメモを作成する

Macの標準ソフトには、「共有」 というボタンがあります。このボタンをクリックし、共有先として[メモ]をクリックすると、新規メモが作成され、そのソフトで開いているページや地図、写真などが添付書類として追加されます。

Chapter 9　付属アプリケーションを活用する

Section 3 ｜ プレビューを利用する

- ☑ 画像／PDFの閲覧
- ☑ PDFのテキスト検索
- ☑ 画像の編集

「プレビュー」アプリは、画像やPDFファイルの内容をすばやくチェックできるアプリケーションです。ファイルを開くだけでなく、PDFのテキスト入力や画像の色調補正、画像サイズの変更などの編集機能も備えています。

PDFのツールを活用する

Macの初期設定では、PDFや画像ファイルをダブルクリックすると、「プレビュー」アプリが起動してファイルを開きます。ここではPDFファイルを開いて、注釈を追加する手順を紹介します。

1　PDFファイルを開く

閲覧したいPDFファイルをダブルクリックして開きます。複数ページからなるPDFは、□ をクリックしてから❶、［サムネール］をクリックして❷サイドバーを開いておくと、ページの遷移がスムーズに行えます。

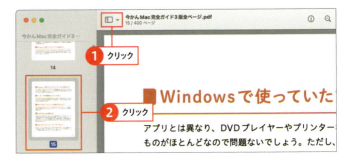

2　ツールを活用する

ツールバーで ✎ をクリックします❶。ツールを使って、図形や矢印、テキストを入力したり、選択した文字列をハイライトにしたり、などの操作ができきます。

Column　PDFのテキストを検索する

PDFファイル内の目的の単語がある場所を調べたいときは、検索フィールドを使います。ツールバーの右上の検索フィールドに調べたい単語を入力します❶。該当する単語が含まれているページがサイドバーに表示され、ウインドウではその単語が黄色く強調された状態で表示されます。

284

画像を編集する

「プレビュー」アプリには、画像の編集機能も備わっています。画像の明るさを調整する、画像サイズを変更するなどのかんたんな編集なら、「プレビュー」アプリで実行できます。

1 編集ツールを表示する

「プレビュー」アプリで画像を表示し、ツールバーの 🖉 をクリックします❶。ツールバー下部に、編集ツールが表示されます。

2 カラーを調整する

編集ツールの 🖉 をクリックすると、画像調整用のパネルが表示されます。「露出」や「コントラスト」など、調整したい項目のスライダをドラッグして色合いを編集します❶。編集が終わったら、⊗ をクリックします❷。

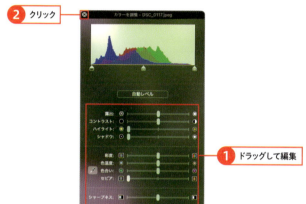

3 画像のサイズを調整する

画像のサイズを指定したい場合は、編集ツールの 🔲 をクリックし、「サイズを合わせる」からサイズを選択するか❶、「幅」や「高さ」に数値を入力します❷。サイズの調整が完了したら、[OK]をクリックします❸。

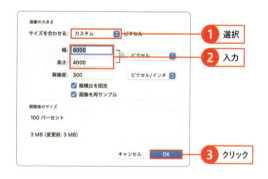

Column 画像を編集前の状態に戻す

「プレビュー」アプリで画像を編集すると、作業の内容は自動的に保存されます。画像を元の状態に戻したいときは、メニューバーの[ファイル]→[バージョンを戻す]→[すべてのバージョンをブラウズ]をクリックします。画面右側に画像の変更履歴が時系列順に並ぶので、画面右の ▲ と ▼ をクリックして❶、その時の状態の画像を確認し、[復元]をクリックすると❷、画像が元に戻ります。

Chapter 9 付属アプリケーションを活用する

Section 4 連絡先を管理する

- カード
- 連絡先情報の追加
- グループ

「連絡先」アプリでは、個人や会社などのグループごとに、メールアドレスや電話番号などの情報を「カード」として保存できます。「メール」アプリなどを使ってやり取りする際に、それらの情報をかんたんに呼び出せるので便利です。

連絡先を追加／編集する

友人や家族、職場の同僚のメールアドレスや電話番号を「連絡先」アプリに登録しましょう。新しいカードを作成し、必要な情報を入力します。

① 連絡先を起動する

Dockの[連絡先]をクリックして、「連絡先」アプリを起動します。[＋]をクリックして❶、メニューから[新規連絡先]をクリックします❷。

② カードに情報を登録する

連絡先に「カード」が新しく追加されます。名前やふりがな、電話番号などの情報を入力します❶。入力後、[完了]をクリックすると情報が登録されます❷。

③ カードの情報を編集する

ウインドウのカード一覧から編集したいカードをクリックし❶、[編集]をクリックします❷。手順②と同様に情報を入力し、[完了]をクリックします。

286

連絡先をグループに分けて整理する

1　グループを作成する

同じグループに入れたい複数のカードを、command を押しながらクリックします❶。メニューバーの［ファイル］→［選択項目から新規リスト］をクリックします❷。

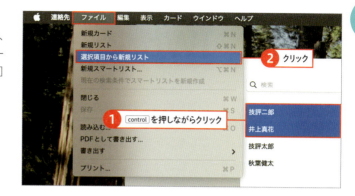

2　グループ名を入力する

ウインドウ左側の入力欄に、グループ名を入力します❶。これで、ウインドウ左側に表示されるグループ名をクリックするだけで、そのグループに所属するカードだけが表示されます。友達や仕事の取引先などのカードをグループごとに分ければ、連絡先を管理しやすくなります。

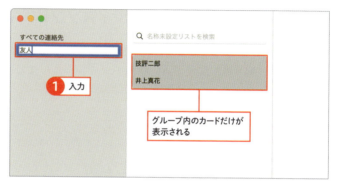

3　グループに連絡先を追加する

グループに連絡先を追加するには、［すべての連絡先］をクリックし❶、追加したいカードをグループ名（ここでは［友人］）までドラッグします❷。これで、選択したカードをグループに追加できます。

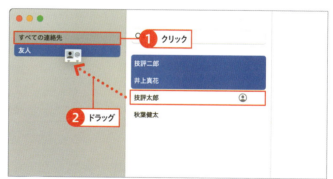

Column　グループ全員にメールを送信する

連絡先で作成したグループは、「メール」の宛先として利用できます。連絡先で、control を押しながらグループ名をクリックし❶、メニュー内の［"グループ名"にメールを送信］をクリックすると❷、グループのメンバーが宛先に入力された新規メッセージウインドウが開きます。また、「メール」の宛先欄に、直接グループ名を入力することでも、全員にメールを送信できます。

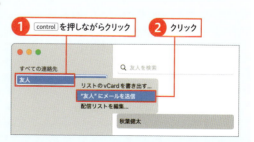

Chapter 9　付属アプリケーションを活用する

Section 5　iWorkを利用する

- ☑ 文書作成
- ☑ 表計算
- ☑ プレゼンテーション

仕事や勉強などに役立つ、Pages、Numbers、Keynoteの3つのアプリケーションをまとめて、「iWork」といいます。ここでは、iWorkによる文書作成や表計算、プレゼンテーションのかんたんな方法を紹介します。

Macで使える高機能なオフィスソフト「iWork」

iWorkの3つのアプリケーションは、Macの新規購入者に無料で提供されます。DockやLaunchpadに見当たらない場合は、App Storeからインストールしましょう。仕事で欠かせない文書／表計算／プレゼンテーションのオフィス文書を気軽に作成できます。

● iWorkを起動する

Launchpadで［Pages］［Numbers］［Keynote］をクリックすると、それぞれのアプリケーションが起動します。なお、どのアプリケーションも、初回起動時は使用許諾契約に同意して［続ける］→［○○を作成］をクリックする必要があります❶。2回目以降の起動時は、［新規書類］をクリックすると新たに文書などを作成できます。

● さまざまなテンプレートを利用できる

iWorkのアプリケーションには、あらかじめテンプレートやテーマが用意されています。たとえば、Pagesならレポートや履歴書など、カテゴリごとに多数のテンプレートが用意されているため、用途に合わせた文書をかんたん作成できます。

> **MEMO**
> **iCloudでファイルを共有する**
> iWorkで作成したファイルは、iCloudを使ってほかのMacやAppleデバイスとの間で自動で同期できます。

Pagesで文書を作成する

1 テンプレートを選択する

「Pages」アプリを起動し、ウインドウ左側の一覧から任意のカテゴリをクリックします❶。ウインドウ右側のテンプレートの1つをダブルクリックすると❷、選択したテンプレートで文書ファイルが作成されます。ダブルクリックの代わりに、目的のテンプレートをクリックして選択し、右下の[作成]をクリックして新規文書を作成することも可能です。

2 画像を置き換える

テンプレート内の画像をクリックし❶、ウインドウ右側の[フォーマット]→[画像]→[置き換える]をクリックします❷。画像選択画面が表示されたら、置き換えたい画像を選んで[開く]をクリックします。

3 文字の書式を変更する

テンプレート内の文字をドラッグで選択して❶、ウインドウ右側の[フォーマット]→[スタイル]をクリックすると❷、各項目で文字の大きさや色、フォントの種類などを変更できます。

> **MEMO**
> **段落スタイルを適用する**
> ウインドウ右側の「テキスト」直下にあるプルダウンメニューをクリックすると、「タイトル」「見出し」「本文」など、文書の構造に応じた装飾を設定できます。この機能のことを「段落スタイル」といいます。段落スタイルで見栄えを整えると、統一感のある文書が手軽に作成できます。

Numbersで表計算をする

1 テンプレートを選択する

「Numbers」アプリを起動し、ウインドウ左側の一覧から任意のカテゴリをクリックします❶。ウインドウ右側のテンプレートの1つをダブルクリックします❷。

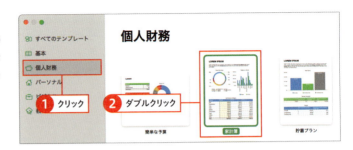

2 表の入力内容を変更する

表の中の変更したい項目をクリックして選択し、内容を入力します❶。

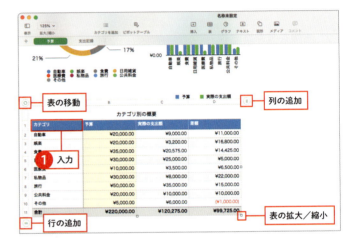

3 表やグラフの見た目を変更する

表またはグラフをクリックして選択し、ツールバーの[フォーマット]をクリックします❶。ウインドウ右上に表示されるサムネールから、適用したいものをクリックすることで❷、見た目を変更できます。

Column　テンプレートから表やグラフの仕組みを学ぶ

手順❷で「カテゴリ」内の項目を変更すると、表の上にあるグラフが正しく表示されなくなります。これは、画面上部の「予算」シート内と「支出記録」シート内の項目名があっていないために起きる現象です。このように各表のデータどうしがどのように紐付き、ほかのデータにどんな影響を与えるかをテンプレートを操作して試してみると、「Numbers」アプリについてより深く知ることができます。

Keynoteでプレゼンテーションを行う

1 テーマを選択する

「Keynote」アプリを起動し、ウインドウ左側の一覧から任意のカテゴリをクリックします❶。ウインドウに表示されたテーマの1つをダブルクリックします❷。

> **MEMO**
> **スライド比率**
> 「Keynote」アプリでは出力する環境に合わせて、標準の4:3とワイドの16:9の、2種類の縦横比を右上から選択できます。

2 文字を入力する

入力欄をクリックし❶、文字を入力します❷。また、ウインドウ右側のメニューから文字の書式やスタイルの変更が可能です。なお、メニューが表示されない場合は、ツールバーの[フォーマット]をクリックします。

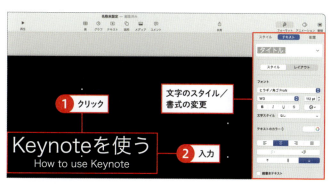

3 エフェクトを追加する

ツールバーの[アニメーション]をクリックし❶、[エフェクトを追加]をクリックします❷。エフェクト一覧から好きなものをクリックすると❸、エフェクトを設定できます。なお、エフェクト名にマウスポインタを合わせたときに表示される[プレビュー]をクリックすると、そのエフェクトを画面上で確かめることができます。

4 スライドを追加する

ツールバーの[スライドを追加]をクリックし❶、スライドのサムネール一覧から好きなスライドをクリックすると❷、スライドが追加されます。ツールバーの[再生]をクリックすると、スライドショーを再生できます。

Chapter 9　付属アプリケーションを活用する

Section 6 カレンダーを利用する

- スケジュール
- イベント
- カレンダーの同期

「カレンダー」アプリは、仕事やプライベートの予定を管理するアプリケーションです。「カレンダー」アプリでは予定を「イベント」と呼び、イベントには開始／終了時刻のほかに場所や移動時間など、さまざまな情報を登録できます。

スケジュールを管理する

「カレンダー」アプリに、イベントを登録してみましょう。イベントの予定日をダブルクリックするだけで、新しいイベントを登録できます。ここでは、月間カレンダーにイベントを登録する例を紹介します。

1 カレンダーを追加する

Dockの[カレンダー]をクリックして「カレンダー」アプリを起動します。をクリックしてサイドバーを表示し❶、control を押しながらサイドバーをクリックし❷、[新規カレンダー]をクリックします❸。必要に応じてカレンダーの名前を変更し、return を押します。

2 イベントのタイトルを入力する

イベントを登録したい日付をダブルクリックし❶、イベント名を入力します❷。

MEMO
イベントをすばやく追加する
＋ をクリックして表示される「クイックイベントを作成」を使うと、「来週金曜日 19時から 送別会」のように、口語に近い言葉で予定を入力してイベントを作成できます。詳細はあとから編集できます。

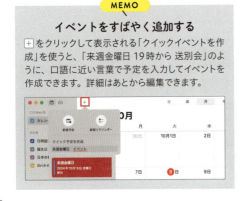

292

3 施設名や住所を入力する

［場所またはビデオ通話を追加］をクリックし、施設名や住所を入力します❶。入力候補が表示された場合は、クリックすると住所が自動で入力されます❷。

4 イベントの開始／終了時刻を入力する

「開始」と「終了」の時間をクリックし、イベントの開始／終了時刻を入力します❶。終了時刻は、クリックした際に表示される時間の一覧から選択することも可能です❷。また、1日中続くイベントであれば、［終日］をクリックしてオンにします。

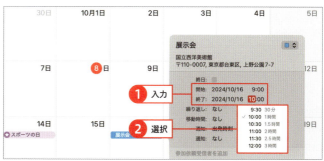

5 繰り返しや移動時間を設定する

定期的に繰り返すイベントの場合は、「繰り返し」のプルダウンメニューから繰り返す頻度を選択します❶。また、「移動時間」のプルダウンメニューから目的地までの移動時間を選択して選択すると、カレンダー上に移動時間が表示されるので、スケジュールを立てやすくなります。

Column 移動時間を自動で計算する

新しく登録するイベントの前に別のイベントが登録されている場合は、手順❺の画面の「移動時間」をクリックすると❶、プルダウンメニューに前のイベントの場所から次のイベントの場所への移動時間が表示されることがあります。移動時間は「徒歩」、「自動車」、「電車」を使用した場合の3種類が用意されており、いずれかをクリックすると移動時間を設定できます❷。

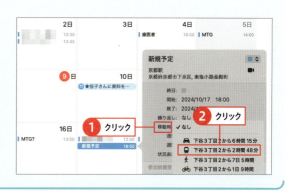

6 通知を設定する

「通知」のプルダウンメニューから、通知をするタイミングをクリックして設定します❶。なお、293ページの手順⑤で移動時間を設定している場合は、プルダウンメニューに[移動開始時刻]が表示されます。

7 イベントを編集する

カレンダー上の空いている場所をクリックすると❶、イベントの設定は完了です。また、カレンダー上に表示されたイベント名をダブルクリックすると❷、イベント内容を編集できます。

Column　カレンダーを同期する

Dockの[システム設定]をクリックして「システム設定」アプリを起動し、[インターネットアカウント]をクリックします❶。「インターネットアカウント」パネルで同期したいアカウントをクリックして、[カレンダー]の項目をクリックしてオンにすると、同期できます。iCloudで同期する場合は、「インターネットアカウント」パネルで[iCloud]をクリックし❷、[すべて見る]をクリックして❸、表示されたダイアログで「iCloudカレンダー」のスイッチをクリックしてオンにします。

カレンダーをカスタマイズする

「カレンダー」アプリでは、複数のカレンダーを切り替えて利用できます。削除や結合、名前の変更も可能なので、状況に応じて使い分けましょう。

1 カレンダーを一時的に非表示にする

カレンダーのチェックボックスをクリックしてオフにすると❶、そのカレンダーの予定が非表示になります。チェックボックスをクリックしてオンにすると、カレンダーの予定が再表示されます。

2 カレンダーを編集する

カレンダーを副ボタンクリックすると❶、編集用のメニューが表示されます❷。このメニューからカレンダーの削除やカラーの変更、情報の確認などができます。

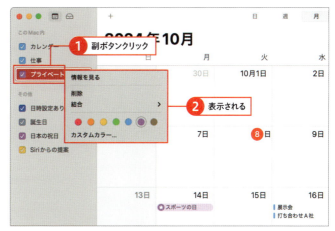

3 カレンダーを結合する

カレンダーを副ボタンクリックして❶、[結合]をクリックし❷、ほかのカレンダー名をクリックすると❸、2つのカレンダーを1つに結合して利用できます。

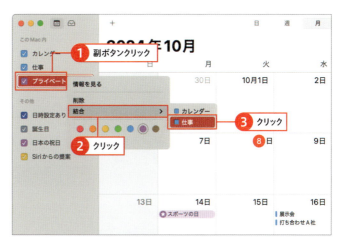

> **MEMO**
> **名前の変更**
> カレンダーの名前をダブルクリックすると、カレンダー名を変更できます。

Chapter 9 付属アプリケーションを活用する

Section 7 メッセージを利用する

- ☑ iMessage
- ☑ Apple Account
- ☑ メッセージ

「メッセージ」アプリは、MacやAppleデバイスとの間でテキストや画像などをやり取りする「iMessage」というサービスを利用するためのアプリケーションです。Apple Accountを持っていれば、すぐに利用を開始できます。

「メッセージ」アプリを設定する

iMessageを利用するには、あらかじめ「メッセージ」アプリにApple Accountを設定しておく必要があります。

1 メッセージを起動する
Dockの［メッセージ］をクリックします❶。

2 iMessageにサインインする
サインインを要求された場合は、「Apple Account」と「パスワード」を入力し❶、［サインイン］をクリックします❷。

MEMO
Apple Accountを持っていない場合
iMessageを利用するには、Apple Accountが必要です。Apple Accountの作成方法は255ページを参照してください。

3 メッセージが利用可能になる
ウインドウが表示され、「メッセージ」アプリが使えるようになりました。

メッセージをやり取りする

Apple Accountの設定が完了したら、友だちとメッセージのやり取りをしてみましょう。相手がiPhoneやiPadを使用している場合でも、同じ操作でメッセージの送受信ができます。

1 宛先を指定する

右上の⊕をクリックし❶、連絡先のカード一覧から宛先をクリックします❷。メールアドレスやスマートフォンの電話番号をクリックします❸。

> **MEMO**
> **送信相手の条件**
> iMessageでやり取りをするには、送信相手もApple AccountをiMessageに登録しておく必要があります。

2 テキストを送信する

入力欄にテキストを入力して[return]を押すと❶、相手にテキストを送信できます。

> **MEMO**
> **画像や動画を送信する**
> 画像や動画ファイルを入力欄にドラッグし、[return]を押すと、相手にファイルを送信できます。

3 受信したメッセージを閲覧する

送信したメッセージは右側、相手から届いたメッセージは左側に表示されます。

Column 「タップバック」機能を利用する

「メッセージ」アプリでは、「タップバック」機能を利用できます。受信したメッセージを[control]を押しながらクリックし❶、[Tapbackの詳細]をクリックして❷、「ハート」や「サムズ・アップ（親指をあげる）」などのリアクションを返すことができます。なお、iOS 10以降をインストールしたiPhoneの「メッセージ」アプリでも同様の機能を利用し、MacとiPhoneの間でリアクションのやり取りができます。

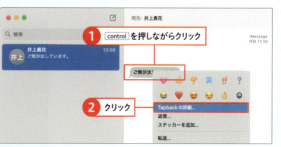

Chapter 9　付属アプリケーションを活用する

Section

FaceTimeを利用する

☑ 無料ビデオ通話
☑ Apple Account
☑ 音声通話

FaceTimeを使えば、Macのカメラを通じて、ほかのMacやAppleデバイスとの間で無料でビデオ通話ができます。なお、FaceTimeを利用するにはApple Accountが必要です（255ページ参照）。

FaceTimeを設定する

FaceTimeで通話をするには、あらかじめ「FaceTime」アプリにApple Accountを設定しておく必要があります。Apple Accountを設定していないと、発信／着信のどちらも利用できません。

① FaceTimeを起動する
Dockの［FaceTime］をクリックします❶。

② FaceTimeの準備が完了する
「FaceTime」アプリが起動して、FaceTimeにサインインすると、自動でカメラが起動し右の画面が表示されます。これで相手とFaceTimeでやり取りする準備が整いました。

FaceTimeでビデオ通話をする

① 発信相手を選択する
上部の［新規FaceTime］をクリックして❶、表示されたウインドウの宛先に相手の電話番号やメールアドレス、連絡先に登録している名前などを入力します❷。表示された相手の名前をクリックして❸、下に表示される 📹 をクリックします。

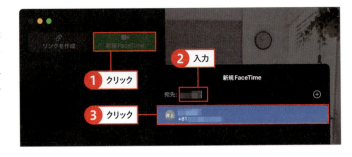

298

② FaceTimeを発信する

右の画面が表示されます。この画面は相手が応答するまで表示されています。

MEMO
FaceTimeの着信に応答する

FaceTimeに着信があると、相手の情報が表示されて、自分のMacのカメラが起動します。📹 をクリックすると通話を開始し、📞 をクリックすると着信を切ることができます。

③ ビデオ通話する

相手が応答すると、ビデオ通話が開始します。ビデオ通話を終了するときは、❌ をクリックします❶。

MEMO
音声通話を利用する

［応答］の横の ▽ をクリックし、［オーディオとして応答］をクリックすると、音声通話でFaceTimeを利用できます。

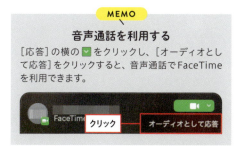

Column　リンクを作成してビデオ通話する

298ページ下の手順❶では、相手の連絡先を指定してビデオ通話を発信しましたが、［リンクを作成］からビデオ通話をする方法もあります。［リンクを作成］をクリックすると❶、［Air Drop］［メール］などの共有方法のリストが表示されます。クリックして選択した方法でリンクが共有されるので、相手がそのリンクをクリックするとビデオ通話が開始されます。

Chapter 9 付属アプリケーションを活用する

Section 9 iMovieを利用する

- ☑ iMovie
- ☑ テーマ
- ☑ テロップ

友人たちとの旅行や子供の運動会などを収めたビデオをみんなで楽しむとき、事前に編集しておけば観る人たちを飽きさせません。「iMovie」アプリを利用すれば、動画の取り込みから編集、公開までオールインワンで実現します。

「iMovie」アプリの画面の各部名称を確認する

「iMovie」アプリのウインドウは、大きく分けて素材やプロジェクトのライブラリ、編集、プレビューエリアで構成されています。ビデオ編集を始める前に、画面の見方を確認しておきましょう。

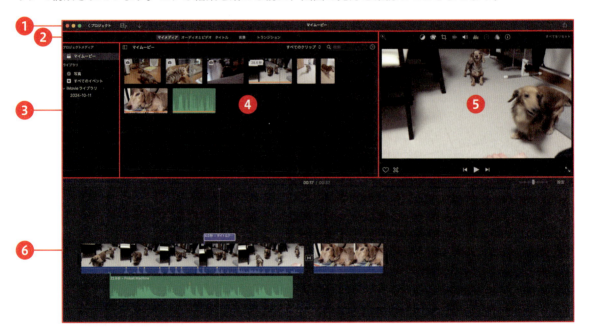

❶ ツールバー
画面表示の切り替えや、新規ムービーの作成、ビデオの読み込み、共有などのツールが配置されています。

❷ コンテンツライブラリ
ムービーに追加するトランジションやタイトル、サウンドエフェクトなどを収めたライブラリです。

❸ ライブラリ
読み込んだビデオクリップや「写真」アプリ内のビデオや写真などの素材にアクセスできます。

❹ プロジェクトブラウザ
ライブラリやコンテンツライブラリで選択した項目の内容を表示します。保存済みのプロジェクト一覧もここに表示されます。

❺ ビューア
選択中のビデオクリップやムービーを再生します。映像の補正やトリミングなどの調整、タイトル文字の入力もここで行います。

❻ タイムライン
ビデオクリップをつなぎ合わせたり、効果音やキャプションを載せるタイミングの調整を行う編集エリアです。

ビデオを読み込む

ムービーを編集する前にビデオカメラやデジタルカメラ、スマートフォンなどをMacに接続して動画ファイルを読み込みます。機器によっては、パソコンで認識するためにモードを切り替える必要があります。

1 読み込み画面を開く

LaunchpadからiMovieを起動します。「iMovie」アプリのウインドウで[メディア]をクリックし❶、[ファイル]→[メディアを読み込む]をクリックします❷。なお、Launchpad内にiMovieがない場合は、App Storeからインストールできます（148ページ参照）。

2 クリップを選んで読み込む

動画ファイルが保存されているカメラまたはデバイスをクリックし❶、読み込むビデオクリップを選択して❷、[選択した項目を読み込む]をクリックします❸。複数のビデオクリップを選択するときは、commandを押しながらクリップをクリックします。

> **MEMO クリップの内容を確認する**
> ムービークリップの上にマウスポインタを乗せてクリックすると、ウインドウ上部のビューアで内容が確認できます。

ムービーのテーマを選択する

ムービーの素材となるビデオクリップを読み込んだら、いよいよムービーの作成開始です。iMovieにはムービーのタイプごとにテーマが用意されています。作りたいムービーのイメージに合うテーマを選びましょう。

1 ムービーを新規作成する

ツールバーで[プロジェクト]をクリックし❶、[新規作成]をクリックして❷、[ムービー]をクリックします❸。

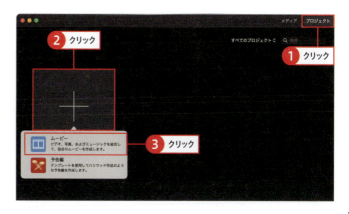

クリップをつないでムービーを編集する

ライブラリで[iMovieライブラリ]をクリックすると、301ページで読み込んだビデオクリップがプロジェクトブラウザに表示されます。ここに表示された素材をタイムラインに並べて、ムービーを組み立てていきます。クリップのサムネール上でマウスポインタをドラッグすると、その部分のビデオの内容がビューアに表示されるので、確認しながら必要な部分を選択します。

① 素材の必要な部分を切り出す

プロジェクトブラウザでビデオクリップ上をクリックして、黄色い枠線を表示します❶。枠線の両端のハンドルをドラッグして、切り出す範囲を調整します❷。この枠で囲んだ部分をタイムラインにドラッグして、ムービーに使用します❸。

② タイムラインにクリップを追加する

タイムラインにクリップが配置されました。同様の手順で、使用したいほかのクリップもタイムラインにドラッグで追加します。クリップの順番を並べ替えるには、タイムライン上でビデオクリップのサムネールをドラッグします。

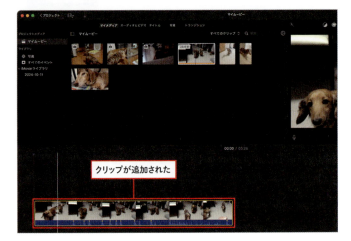

Column　ムービーの予告編を作成する

iMovieには、ムービーのほかに「予告編」のテーマテンプレートが用意されています。ムービーのハイライトシーンや、キャッチコピーをまとめた映画の予告編のようなショートムービーを作成できます。予告編のテーマは、絵コンテに当てはめるようにビデオクリップを追加するなど、ムービーの作り方を学習しながら楽しく作成できるのが特徴です。

ムービーに切り替え効果を加える

ビデオクリップをただ並べただけでは、細切れの映像にすぎません。シーンの間に切り替え効果（トランジション）を挟むことで、よりスムーズな作品に仕上がります。

1 トランジションの効果を選択する

コンテンツライブラリで［トランジション］をクリックし❶、コンテンツブラウザから使用したい効果のサムネールをクリップとクリップの間の場所までドラッグします❷。

2 トランジションの時間を調整する

クリップとクリップの間にある ▣ をダブルクリックし❶、トランジションに適用する継続時間を入力して❷、［適用］をクリックします❸。なお、［すべてに適用］をクリックすると、複数のトランジションの設定が一括で変更できます。

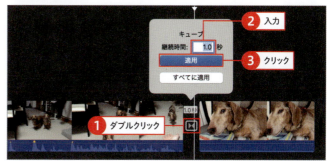

BGMや効果音を加える

作成したムービーに効果音を設定したいときは、「コンテンツライブラリ」の［オーディオとビデオ］→［サウンドエフェクト］をクリックします❶。「サウンドエフェクト」には、動画編集に使えるBGMや効果音が用意されています。気になる項目をダブルクリックして音の内容を確認し❷、ビデオの雰囲気に合うものを見つけたら、タイムラインにドラッグしてムービーに効果音を設定します❸。また「コンテンツライブラリ」の［ミュージック］をクリックして、Mac内の曲を追加することもできます。

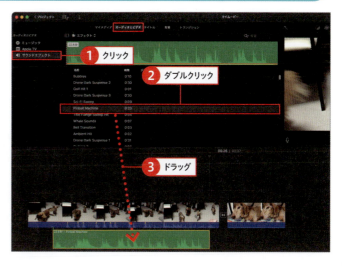

ムービーにテロップを追加する

場面によっては、文字による説明を加えた方が内容がわかりやすくなることがあります。ここでは、タイトルの書き換えと、テロップを追加する方法を紹介します。

1 テロップを追加する

プロジェクト一覧でテロップを追加したいムービーをダブルクリックして編集画面を表示し、コンテンツライブラリで［タイトル］をクリックして❶、使用するタイトルのサムネールを表示したいビデオクリップの上部にドラッグします❷。表示させたいタイミングに合うように、タイムライン上で配置を微調整します。

2 テロップを入力する

プレビュー画面に表示されたテキストエリアにテロップを入力します❶。テキストエリア内の文字を選択すると、フォントや行揃えなどが変更できます。

Column　タイトルを変更する

はじめに付けたムービーファイルの名前を変更するには、画面左上の［プロジェクト］をクリックしてプロジェクト一覧に戻り、タイトルの横の●をクリックし、［プロジェクト名の変更］をクリックして❶、タイトルを書き換えます。

ムービーファイルを書き出す

完成したムービーをファイルに書き出しておけば、WebサイトやSNSに投稿できます。iMovieからファイルを書き出す場合のファイル形式はMPEG4（.mp4など）になります。

1. 共有メニューを開く

ムービーが完成したら、ツールバーの ![] をクリックし❶、表示されたメニューから［ファイルを書き出す］をクリックします❷。

2. ファイルの書き出し形式を設定する

説明やフォーマット、解像度、品質などを設定して❶、［次へ］をクリックします❷。説明やタグは、文字が入力されている部分をクリックして書き換えます。

3. ファイルに名前を付けて保存する

ファイルの名前を入力し❶、保存場所を選択して❷、［保存］をクリックします❸。保存場所を変更する場合は、「場所」の右側の ![] をクリックして、詳細な場所を指定します。

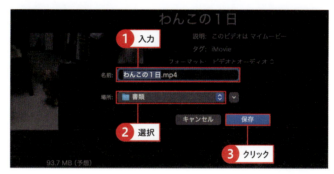

Column　ムービーをSNSに公開する

メニューバーの［ファイル］→［共有］をクリックすると表示されるメニューから、YouTubeとFacebookへ直接ムービーを投稿できます。これらのSNSにムービーを投稿すれば、パソコンやスマートフォンからいつでも閲覧してもらえます。なお、YouTubeへ投稿する際は、YouTubeへサインインして、公開範囲やカテゴリなどの設定をする必要があります。事前にYouTubeのアカウント取得しておきましょう。

Chapter 9 付属アプリケーションを活用する

Section 10 マップを利用する

- ☑ マップ
- ☑ 地図
- ☑ ルート検索

マップはiPhoneやiPadでも使われている、アップル純正「マップ」アプリのMac版です。目的地までの交通機関や自動車、徒歩などのルートをMacで調べるほか、iPhoneやiPadに送信することもできます。

目的地を検索する

マップは国内だけでなく、世界中のあらゆる場所を検索できます。見つけた場所をメモに貼り付けたり、iPhoneに転送して共有したりなどの操作がかんたんにできます。

1 目的地を入力する

Dockで[マップ]をクリックして「マップ」アプリを起動し、画面左上の検索フィールドに目的地の名前や住所を入力して return を押します❶。語句を入力すると表示される候補の中から、目的地をクリックして指定することもできます。

2 検索結果を確認する

画面左側に検索結果の一覧がリスト表示されます。リスト内の項目をクリックすると❶、地図上で場所のラベルが表示されます。

3 場所を共有する

□ をクリックし❶、メニューの任意の項目をクリックすると❷、「AirDrop」や「メール」、「メッセージ」などのアプリに場所の情報が転送されます。

> **MEMO**
> **現在地を表示する**
> ツールバーの ✈ をクリックすると、自分が現在いる場所の地図が表示されます。この機能を利用するには、Dockの[システム設定]→[プライバシーとセキュリティ]→[プライバシー]の[位置情報サービス]をクリックして、「マップ」アプリを有効にします。

3D表示で地図を見る

マップは、さまざまな地図の表示方法を用意しています。その中でも、3D表示はMacの大きな画面で見ると迫力があります。

表示を3Dに切り替えるには、画面右上の 3D をクリックします❶。また、対応している一部の地域では、航空写真でも3D表示が楽しめます。表示を航空写真に切り替えるには、画面右上の 凹 をクリックし❷、[航空写真]をクリックします❸。 ● をクリックし❹、[ラベルを表示]をクリックすると❺、航空写真の上に駅名や路線などの情報が表示されます。

● 3D

● 航空写真＋ラベル

目的地までの経路を検索する

マップでは、目的地までのルート案内を調べることもできます。対応している移動手段は、車、徒歩、交通機関（鉄道、バス、飛行機、船）、自転車の4種類です。

① 経路検索モードに切り替える

画面右上の ⊙ をクリックし❶、「出発」と「到着」に地名や建物名を入力して❷、return を押します。

② 検索結果に従って移動する

[車][徒歩][交通機関][自転車]のいずれかをクリックすると❶、その移動手段での経路が表示されます。オプションの ⊙ をクリックすると、ルートの詳細が表示されて、事前に経路を確認できます。

Chapter 9 付属アプリケーションを活用する

Section 11 辞書を利用する

- 辞書
- 検索
- 辞書を追加

Macには「辞書」アプリが搭載されており、難解な言葉や英語、アップル製品に関するキーワードなどの意味をかんたんに調べられます。Webサイトを閲覧しているときなど、わからない言葉があれば、すぐに辞書で探せます。

語句の意味を調べる

1 辞書を起動する

Launchpadの[辞書]をクリックし❶、「辞書」アプリを起動します。

2 語句の意味を調べる

右上の検索フィールドに調べたい語句を入力すると❶、該当する語句の意味が表示されます。該当する語句が複数存在する場合は、画面左のリストから項目をクリックし❷、表示する語句の意味を切り替えます。

Column 辞書を追加／変更する

初期設定では、大辞林や和英／英和などの辞書が表示されていますが、これ以外にも数多くの辞書が用意されています。「辞書」アプリを起動し、メニューバーの[辞書]→[設定]をクリックすると、使用する辞書の追加／変更ができます。また、リスト内で辞書をドラッグして、並び順を変更できます。

Chapter 9　付属アプリケーションを活用する

Section 12 その他のアプリを利用する

- ☑ スティッキーズ
- ☑ リマインダー
- ☑ ゲーム

これまでに紹介してきたもの以外にも、「リマインダー」や「付箋」などの便利なアプリケーションが用意されています。ここでは、覚えておくとMacを便利に楽しく使えるアプリケーションを紹介します。

Macでゲームを楽しむ

● チェス

その名のとおり、チェスのゲームが楽しめるアプリケーションです。Launchpadの［その他］フォルダを開き、［チェス］をクリックすると起動します。「人間対コンピューター」はもちろん、インターネット経由で「人間体人間」のプレイも楽しめます。チェス盤の縁をドラッグすると、盤面の角度を変えることができます。

Column　Game Centerを利用する

Game Centerは、オンラインでゲームを介したコミュニケーションが楽しめるサービスです。Dockから「システム設定」アプリを起動して、［Game Center］をクリックします❶。「Game Center」パネルで右上のスイッチをクリックして❷、Apple Accountとパスワードを入力して［サインイン］をクリックすると、Game Centerを利用できるようになります。

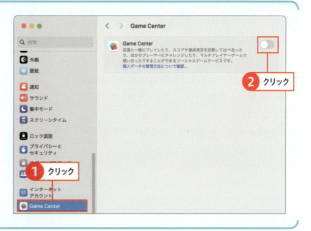

趣味や仕事に役立つアプリケーション

● GarageBand

楽器で演奏した音源やループ素材を重ね合わせて曲を構築する音楽制作ソフトです。「Apple Loops」と呼ばれるループ音源が豊富にプリインストールされているため、これらを組み合わせるだけでも楽曲作りを楽しめます。また、レッスン機能も備わっているので、初心者でも楽器の手ほどきが受けられます。

● スティッキーズ

デスクトップにメモを貼り付けておける付箋アプリケーションです。Launchpadで[スティッキーズ]をクリックすると起動します。
忘れてはいけないことを書いたメモを貼っておく、いつでも重要なことを書き込めるように空白のメモを1枚貼っておく、などの利用法が便利です。フォントの大きさや太さ、色を変えるには、メニューバーの[フォント]をクリックします。

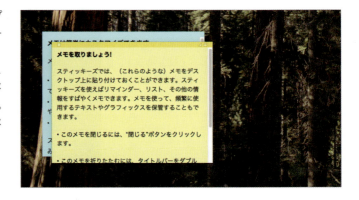

● リマインダー

やるべきことを記録して管理できる、タスク管理アプリケーションです。Dockの[リマインダー]をクリックすると起動します。iCloudを介してiPhoneやiPadとの間でデータを共有し、常に最新の状態を保つことができます。複数のリストが作れるため、仕事用と家庭用や、プロジェクトごとにリストとして利用することも可能です。また、ほかの人と共有することで、1つの作業リストをチームで共有するという使い方もできます。

Chapter 10

付属ユーティリティを活用する

Section

1. 保存したパスワードを管理する
2. アクティビティモニタでMacを監視する
3. Macのスペックを確認する
4. スクリーンショットを利用する
5. ディスクユーティリティを利用する
6. ターミナルを利用する

Chapter 10　付属ユーティリティを活用する

Section 1　保存したパスワードを管理する

- ☑「パスワード」アプリ
- ☑ ユーザ名
- ☑ パスワード

さまざまなWebサービスを使っていると、ユーザ名（ID）やパスワードが覚えきれなくなってきます。そんな悩みを解決するのが「パスワード」アプリです。ここでは、保存されたユーザ名／パスワードの編集や共有などの機能を紹介します。

「パスワード」アプリで管理できるもの

「パスワード」アプリで管理できるものは、Webサービスやアプリでログインのために必要なユーザ名やパスワード、確認コード、パスキーのほか、自宅や職場、公衆のWi-Fiへ接続するためのパスワードです。これらの情報がまとめて管理されているので、どのWebサービスのユーザ名やパスワードを保存したのか一目でわかります。それぞれのユーザ名やパスワードを入力するとただちに保存されるので、「パスワード」アプリを起動する必要はありません。

保存した情報を確認／編集する

● 保存したパスワードを確認する

① 確認したい項目を選択する

「パスワード」アプリを起動し、確認したい項目（ここでは［Amazon］）をクリックします❶。

② パスワードを確認する

パスワード欄の「●●●●●」と表示されている箇所にマウスポインタを合わせると①、パスワードが表示されます。その状態でクリックすると②、「パスワードをコピー」と表示されます。これをクリックすると③、パスワードがクリップボードにコピーされます。

● 保存した情報を編集する

① 項目を編集モードにする

編集したい項目を選択しただけの状態では、値を修正できません。編集するには、項目の内容が表示されている画面の［編集］をクリックします①。

② 項目を編集する

編集したい項目にマウスポインタを合わせてクリックすると、入力できるようになります。修正が完了したら①、［保存］をクリックします②。

Column　Webページを開きパスワードを変更する

項目が編集モードのとき、下の手順②の画面で［パスワードを変更］をクリックすると、保存されたWebページが開きます。そこでパスワードを変更すると、「パスワード」アプリに保存されたパスワードも更新するか確認するメッセージが表示されます。［パスワードをアップデート］をクリックすると、「パスワード」アプリに保存したパスワードも更新されます。

● 保存した項目を編集モードから削除する

313ページ下の手順を参考に、削除したい項目を編集モードにします❶。画面下にある［削除］をクリックすると❷、削除してよいか確認するメッセージが表示されるので、［削除］をクリックします❸。削除された項目はいったん「削除済み」に保管されて、30日後に完全に消去されます。

● 保存した項目をスワイプして削除する

一覧から削除したい項目を左にスワイプすると❶、［削除］と表示されます。これをクリックすると❷、削除してよいか確認するメッセージが表示されるので、［削除］をクリックすると削除されます。

● 削除した項目を復元する

［削除済み］をクリックすると❶、削除した項目が表示されるので、復元したい項目をクリックして選択します❷。［復元］をクリックすると❸、項目は復元されて、パスワードの自動入力などに再び使えるようになります。

共有グループを作成する

保存されたパスワードなどの情報は、項目ごとに家族や友人と共有できます。

1 共有グループの作成を開始する

「共有グループ」にマウスポインタを移動させて、表示される ⊕ をクリックします❶。表示されたメッセージでは［続ける］をクリックします❷。

2 共有グループを設定する

共有グループ名を入力します❶。［人を追加］をクリックして❷、共有したい相手を選択します。すべての設定が完了したら、［作成］をクリックします❸。

3 共有する項目を選択する

共有したい項目をクリックしてチェックを入れ❶、［移動］をクリックします❷。

4 共有グループの作成を完了する

共有する相手に共有した旨を伝えたい場合は、["メッセージ" で通知]をクリックします❶。これで、パスワードなどを共有できるようになります。

Chapter 10 付属ユーティリティを活用する

Section 2

アクティビティモニタでMacを監視する

- ☑ アクティビティモニタ
- ☑ プロセス
- ☑ リソース情報

「アクティビティモニタ」は、アプリケーションがMacのCPUやメモリなどのリソースをどれだけ使っているかをリアルタイムに確認するアプリケーションです。不安定なアプリケーションを強制終了させることもできます。

動作中のプロセスを監視する

Launchpadで［その他］→［アクティビティモニタ］をクリックすると、「アクティビティモニタ」アプリが起動します。初期状態の表示では、表示範囲が「すべてのプロセス」または「自分のプロセス」になっています。現在使っていないプロセスも含まれるため、この表示を「動作中のプロセス」に変更して、現在稼働中のプロセスの動きを確認しましょう。

1 表示するプロセスを選択する

「アクティビティモニタ」アプリのメニューバーで、［表示］→［動作中のプロセス］をクリックします❶。表示するプロセスは、この「表示」メニューからいつでも変更できます。

2 プロセスの動きを確認する

現在動作中のプロセスが表示されます。CPU、メモリ、エネルギーなどリソースごとの使用量を確認するには、ツールバーにあるボタンをクリックして表示を切り替えます❶。

● 動作中のプロセスを強制終了する

「Macが熱くなってファンが回り始めた」あるいは「動作が緩慢になってきた」と感じたときは、「アクティビティモニタ」アプリをチェックして、CPUやメモリを大量に消費しているプロセスを終了します。終了したいプロセスを選択して❶、Ⓧをクリックします❷。確認のダイアログボックスが表示されたら、［終了］または［強制終了］をクリックします❸。なお、名前の左側にアイコンがないのはOSに関係する重要なプロセスなので、強制終了させないようにしましょう。

316

いろいろな情報を確認する

アクティビティモニタでは、「CPU」「メモリ」「エネルギー」「ディスク」「ネットワーク」の5種類のリソースの情報を見ることができます。ここでは、それぞれの情報の見方について解説します。

● **CPU**

CPUは、コンピュータにおける計算処理の司令塔です。プロセスがCPUに負荷をかけすぎると、Mac本体の温度が上昇します。このようなときに、この画面でCPUの使用率が高いプロセスを特定して強制終了させる、などの対策ができます。

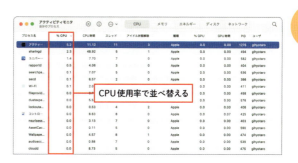

CPU使用率で並べ替える

● **メモリ**

メモリの容量が多いほど、Macは多くのアプリケーションをまとめて動かせます。しかし、アプリケーションをたくさん起動するなどしてメモリの残り容量が圧迫されると、Macの動作が遅くなってしまいます。この画面でメモリを多く消費しているプロセスを特定し、必要に応じて終了することで、メモリの残り容量を増やせます。

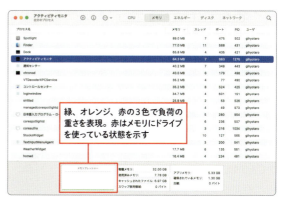

緑、オレンジ、赤の3色で負荷の重さを表現。赤はメモリにドライブを使っている状態を示す

● **エネルギー**

使用中のエネルギー量や、平均エネルギー影響量を確認できます。電源につながずに、バッテリーでMacを使用しているときに気にかけたい項目です。

省エネ機能「App Nap」の動作状況も確認できる

● **ディスク**

ハードディスク／SSDにアクセスして、情報を読み書きする回数やデータ量を表示します。

● **ネットワーク**

インターネットを使って、どのプロセスがどの程度のデータを送受信しているかを確認できます。

Chapter 10　付属ユーティリティを活用する

Section 3 | Macのスペックを確認する

- ☑ システム設定
- ☑ システム情報
- ☑ システムレポート

周辺機器を購入するときやMacを修理するとき、自分のMacがどのモデルに該当するのか、はっきりわからず困った経験はありませんか？　このようなときは「システム情報」アプリから確認できます。

「システム設定」アプリでMacのスペックを確認する

「システム設定」アプリの「情報」パネルでは、macOSのバージョンやプロセッサ（CPU）の種類、メモリの容量などを確認できます。「ディスプレイ」や「ストレージ」にあるボタンをクリックすると、ディスプレイとストレージの情報を確認できます。

1　「システム設定」アプリを開く

Dockの［システム設定］をクリックして「システム設定」アプリを起動し、［一般］→［情報］をクリックします❶。

2　Macについての詳しい情報を見る

使用しているMacの情報が表示されます。さらに詳しい情報を見るには、各項目ごとの設定ボタンをクリックします。ここでは例として、［ストレージ設定］をクリックします❶。

3　ディスクの使用状況を確認する

現在のMacのディスク使用状況が確認できます。

システム情報を確認する

「システム情報」アプリでは、ハードウェアやソフトウェア、ネットワークまで、使用しているMacに関するすべての情報を見ることができます。

●「システム情報」アプリを起動する

「システム情報」アプリを起動するには、「システム設定」アプリの［一般］→［情報］をクリックし、［情報］パネルで［システムレポート］をクリックします❶。また、Launchpadの「その他」フォルダを開き、［システム情報］をクリックすることでも起動できます。

● Macのシステム情報を確認する

● ハードウェア

Mac本体のほか、USBやThunderboltで接続している周辺機器の情報も確認できます。ノートブック型Macのバッテリーの状態は、「電源」でチェックします。

● ネットワーク

無線／有線を問わず、ネットワークの設定情報を確認できます。現在接続中のIPアドレスやルータのアドレスなども、ここで確認できます。

● ソフトウェア

Macにインストール済みのソフトウェアの情報を確認できます。アプリケーションのバージョンや、インストールした日時などが表示されます。

> **MEMO**
> **システムレポートを保存する**
> システム情報は、メニューバーで［ファイル］→［保存］をクリックすると、ファイルに書き出すことが可能です。Macに不具合が発生したときや修理に出す際など、現状を記録する必要があるときに便利な機能です。

Chapter 10 付属ユーティリティを活用する

Section 4

スクリーンショットを利用する

- ☑ スクリーンショット
- ☑ タイマー
- ☑ 保存

Macの「スクリーンショット」アプリを利用すると、画面の状態をそのまま画像として保存できます。範囲の指定やタイマーなど、用途によってさまざまな状況のスクリーンショットを撮影できます。

スクリーンショットを撮影する

1 メニューを表示する

Launchpadを起動して、[その他]→[スクリーンショット]をクリックします❶。

2 スクリーンショットを撮影する

スクリーンショット用のウインドウが表示されます。[取り込む]をクリックすると❶、画面が撮影されます。

3 結果を確認する

初期設定では、撮影したスクリーンショットはデスクトップに保存されます。撮影したスクリーンショットは画像ファイルとして、編集やプレビューができます。

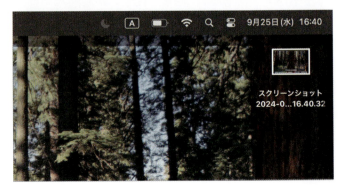

> **MEMO** その他の撮影方法
> command を押しながら shift と 3 を押すと、直接スクリーンショットを撮影できます。

4 撮影範囲を変更する

「スクリーンショット」アプリの撮影範囲は、画面全体を撮影する[画面全体を取り込む]■、1つのウインドウのみを撮影する[選択したウインドウを取り込む]■、撮影範囲を指定する[選択部分を取り込む]■から選択できます❶。

> **MEMO**
> **その他の撮影方法**
> [command]を押しながら[shift]と[5]を押すと、「スクリーンショット」アプリを起動できます。

5 動画を撮影する

「スクリーンショット」アプリでは動画の撮影もできます。動画を撮影する場合は、ウインドウの[画面全体を収録]■または[選択部分を収録]■をクリックします❶。撮影内容は画像と同様に保存されます。

> **MEMO**
> **[収録]ボタン**
> [画面全体を収録]■をクリックすると、ウインドウの右側に[収録]ボタンが表示されます。このボタンをクリックするか、マウスで画面をクリックすると、収録が開始されます。

6 オプション設定

スクリーンショットの機能や表示に関する設定は、[オプション]から変更できます❶。保存先の指定やクリックしてから指定の時間後に撮影を実行するタイマー設定のほか、撮影後に表示されるサムネールの有無、マウスポインタの表示／非表示など、細かい設定ができます。

> **MEMO**
> **取り消し操作**
> 「スクリーンショット」アプリを呼び出していると、クリックした時点で撮影が行われます。[esc]を押すか❌をクリックすると、撮影が中止されます。

Chapter 10　付属ユーティリティを活用する

Section 5　ディスクユーティリティを利用する

- ☑ ディスクユーティリティ
- ☑ パーティション
- ☑ ディスクを修復

「ディスクユーティリティ」は、その名の通りディスク全般の面倒を見るアプリケーションです。ディスクの診断や修復、ボリュームの分割、ディスクイメージの作成など、多岐にわたる機能が用意されています。

ディスクを検証する／修復する

Macの動作が遅くなった、あるいは挙動が少しおかしいと感じたときは、「ディスクユーティリティ」アプリでMacの起動ディスクを検証／修復すると、回復する可能性があります。「ディスクユーティリティ」アプリは、Launchpadで［その他］→［ディスクユーティリティ］をクリックして起動します。

1　ディスクを検証する

「ディスクユーティリティ」アプリで、検証したいディスクまたはボリュームをクリックし❶、［First Aid］をクリックします❷。

2　ダイアログボックスを確認して実行する

検証を確認する旨を警告するダイアログボックスが表示されます。内容を確認して、［実行］→［続ける］をクリックします❶。

3　検証結果を見る

検証内容を見るには、［詳細を表示］をクリックします❶。検証結果を確認して、問題がなければ［完了］をクリックして❷、検証を終了します。検証したディスクに問題が見つかった場合は、ディスクユーティリティが自動で修復します。

パーティションでディスクを分割する

ストレージの記憶領域を分割することを「パーティション」といいます。Macでは内蔵/外付けにかかわらず、ディスクユーティリティでパーティションを作成できます。ここでは、内蔵ハードディスクを2つのボリュームに分割する手順を解説します。

1 分割するディスクを選択する

ウインドウ左側のリストから分割したいディスクをクリックし❶、[パーティション作成]をクリックします❷。

2 パーティションを追加する

➕をクリックして❶、新しいパーティションを追加します。2つ以上のパーティションを作りたい場合は、分割したい数になるまで➕をクリックします。

> **MEMO**
> **複数のパーティションをまとめる**
> まとめたいパーティションをクリックした状態で、➖をクリックすると、円グラフが結合されます。[適用]をクリックすると、パーティションが結合されます。

3 パーティションのサイズを調整する

円グラフのような図が2つに分割されました。追加されたパーティションをクリックで選択し❶、「パーティション情報」の「名前」を入力します❷。仕切り線のハンドル部分をドラッグするか、「サイズ」に数値を入力して容量を調整したら❸、[適用]をクリックします❹。このあとに確認の警告などは表示されません。すぐにパーティション作成が開始するので、内容をよく確認してから適用しましょう。

Column　起動ディスクを修復する

現在Macを起動中のディスクでは、「ディスクの検証」はできますが、「ディスクを修復」はできません。修復が必要と診断されたら、詳細情報エリアに表示される指示に従って、macOSユーティリティから修復を実行する必要があります。macOSユーティリティを起動するには、Macをいったん終了したあと、command と R を押しながら起動します。

Chapter 10 付属ユーティリティを活用する

Section

ターミナルを利用する

- ターミナル
- コマンド
- ターミナルの外観

「ターミナル」は、MacでUNIXコマンドを実行するアプリケーションです。「ターミナル」アプリにコマンドを入力することで、ファイルをコピー／移動したり、通常は変更できない設定を変更したりできます。

ターミナルでコマンドを実行する

ここでは、「mv」というコマンドを使って、デスクトップ上にあるファイルを別のディレクトリ（フォルダ）に移動します。ファイルの場所をパスで入力する代わりに、ドラッグして実行できます。

1 ファイルの場所を入力する

Launchpadを起動し、［その他］→［ターミナル］をクリックして「ターミナル」アプリを起動します。ファイルを移動するコマンド「mv」を入力し、半角スペースを空けておきます❶。次に、移動するファイルやフォルダを「ターミナル」アプリのウインドウにドラッグします❷。

2 入力したコマンドを実行する

ドラッグしたファイルの絶対パスが入力されます。続いて移動先のフォルダの場所を入力して return を押すと、指定したフォルダにファイルが移動します。

Column　ターミナルの外観を変更する

「ターミナル」アプリのシンプルすぎるユーザインターフェイスに飽きてきたら、外観を変更してみましょう。「ターミナル」アプリを起動し、メニューバーで［ターミナル］→［設定］をクリックします。設定の［プロファイル］タブをクリックすると❶、色やフォント、カーソルなどを詳細に設定できます。

Chapter 11

ネットワークの設定とデータ共有

Section

1. ネットワークへ接続する
2. PPPoEでインターネットに接続する
3. ネットワーク内のサーバに接続する
4. iPhoneやiPadでテザリングする
5. AirDropでファイルを転送する
6. Windowsパソコンとファイルを共有する
7. 別のMacから操作する
8. アプリケーションのデータを共有する

Chapter 11　ネットワークの設定とデータ共有

Section

1　ネットワークへ接続する

☑ LAN
☑ Wi-Fi
☑ ルータ

Macや周辺機器をネットワークに接続するための環境を構築しましょう。インターネットには有線、もしくは無線で接続します。ここでは、Macに搭載されたポートの確認と、接続状態の確認方法について紹介します。

ネットワーク環境の構築について

1つの家や建物、企業内などの限られた範囲で複数のコンピューターを接続し、相互にデータを送受信できるネットワークのことをLAN（Local Area Network）といいます。以下のようなポートや通信方法を利用して、LANに参加することができます。

● iMacのポート

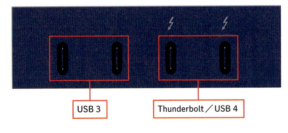

● MacBook Proのポート

● Thunderbolt

パソコンと周辺機器を接続するポートの1つです。別売りのイーサネットアダプタを購入することで、ネットワークに接続できます。

● Wi-Fi

無線でネットワークに接続します。IEEE802.11a／b／g／n規格（一部機種は「802.11ac」を含む）に対応したWi-Fiルータ／アクセスポイントとの通信が可能です。

● Bluetooth

無線で周辺機器と接続するための規格です。Bluetoothで接続したiPhoneやAndroidスマートフォンを介して、インターネットに接続します。

● USB Type-C（3.0／4.0）

次世代のUSBとして制定された新しいコネクタ規格です。コネクタやルータなどを利用してネットワークに接続できます。なお、USB4はThunderboltのポートにも接続可能です。

> **Column**　iMacとMacBookで有線LANを利用する
>
> 最新のMacには、LANポートが搭載されていません。このため、Macで有線LANに接続するには、USB Cポート／Thunderboltポートに接続するタイプの有線LANアダプタが別途必要です。
> なお、USB C接続のアダプタを利用する際は、USB 3.0以降に対応する製品を利用すると、USBのバージョンの違いによる遅延が発生しません。

LANの設定を確認する

小規模な家庭内LANであれば、Macをルータにつなぐだけでネットワーク環境の構築は完了です。MacにはIPアドレスが自動的に割り当てられ、ほかのネットワーク機器とのデータのやり取りや、インターネットへの接続などが可能になります。MacをLANに接続すると、ステータスメニューからネットワークへの接続状況やWi-Fiルータの電波状況を確認できます。LANにつながらないなどのトラブルが発生した場合に備え、接続状況や電波状況の確認方法を覚えておきましょう。

● ネットワークへの接続状況を確認する

「システム設定」アプリの「ネットワーク」パネルを開くと、接続手段や割り当てられたIPアドレスを確認できます。接続手段のインジケータがグリーンになっていない場合は、ケーブルが正しく挿入されているかどうか確認しましょう。

インジケータ	接続状況
●	ネットワークに接続し、インターネットが利用できる状態です。
●	ネットワークに接続していますが、正常に利用できない状態です。
●	ネットワークに未接続の状態です。

● Wi-Fiルータの電波状況を確認する

ステータスメニューのWi-Fiアイコンで、接続中のWi-Fiルータの電波強度を確認できます。また、[ほかのネットワーク]をクリックすると、近隣の接続可能なWi-Fiルータの一覧が表示されます。

アイコン	接続状況
🛜	Wi-Fiでネットワークに接続し、インターネットが利用できる状態です。
🚫	Wi-Fiをオフにしている状態です。
🛜	Wi-Fiはオンにしていますが、ネットワークに未接続の状態です。

Chapter 11　ネットワークの設定とデータ共有

Section 2　PPPoEでインターネットに接続する

- ☑ ネットワーク設定
- ☑ 「ネットワーク」パネル
- ☑ PPPoE

MacをLANに参加させるには、有線もしくは無線でルータに接続し、IPアドレスの割り当てを受けます。ここでは、PPPoEで接続する際の設定方法を解説します。

PPPoEでインターネットに接続する

PPPoEという仕組みでインターネットに接続する光回線などの場合、「システム設定」アプリの「ネットワーク」パネルでプロバイダーのIDとパスワードを設定します。

1　「ネットワーク」パネルを開く

「システム設定」アプリの[ネットワーク]をクリックし❶、「ネットワーク」パネルを開きます。

2　新しいサービスを追加する

「ネットワーク」パネル右下の[…▽]をクリックし❶、[サービスを追加]をクリックします❷。

3 サービスの名称を入力する

「インターフェイス」で［PPPoE］を選択し❶、
「Ethernet」で使用するポート（ここでは［Wi-Fi］）
を選択します❷。サービス名を入力し❸、［作成］
をクリックします❹。

4 その他のサービスに追加表示される

手順❸までの工程で、「その他のサービス」の一
覧にPPPoEが追加され、表示されました。

5 PPPoEの情報を登録する

PPPoEの詳細画面で、［アカウント名］と［パスワー
ド］を入力し❶、［OK］をクリックします❷。

6 PPPoEの詳細を設定する

必要な場合は、［詳細］をクリックして❶、DNS
情報やプロキシサーバ情報などの追加オプション
を設定します。

Chapter 11 ネットワークの設定とデータ共有

Section 3 ネットワーク内のサーバに接続する

- ✓ ネットワーク
- ✓ 共有サーバ
- ✓ エイリアス

同じネットワーク内にあるパソコンは、文書などのファイルを保管／共有するファイル共有サーバにアクセスできます。会社や学校など、グループ内で同じ資料を使用したいときは、共有のサーバを利用すると便利です。

IPアドレスで共有サーバに接続する

ここでは、会社内の共有サーバにアクセスするするため、Finderから設定していく手順を解説します。使用頻度が高いフォルダについては、Finderのサイドバーに表示させるだけでなく、デスクトップにエイリアスを作成しておくと便利です。

① Finderからサーバに接続する

Finderのメニューバーの［移動］→［サーバへ接続］をクリックします❶。

② IPアドレスを入力する

表示されたウインドウの入力欄に「smb://」＋サーバのIPアドレスを入力し❶、［接続］をクリックします❷。

③ サーバーに接続する

サーバーの接続画面が表示されます。問題なければ［接続］をクリックします❶。

④ アカウントとパスワードを入力する

ユーザの種類を選択してクリックし❶、共有サーバの規定の名前とパスワードを入力し❷、［接続］をクリックします❸。

> **MEMO**
> **登録ユーザとゲスト**
> 共有サーバがアクセス権を全員に対して有効にしている場合は、「ゲスト」を選択し、特定のユーザのみ許可している場合は、「登録ユーザ」を選択する必要があります。共有サーバの管理者に確認しましょう。

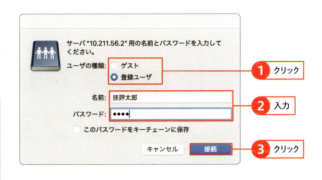

⑤ 共有サーバに接続される

マウント（接続）したいボリューム（共有サーバやサーバ上のフォルダなど）をクリックして選択し❶、［OK］をクリックすると❷、サーバに接続します。デスクトップにサーバのアイコンが表示されて、これをクリックするとサーバにアクセスできます。

⑥ エイリアスを作成する

サーバ上のよく利用するフォルダを control を押しながらクリックし❶、表示されたパネルの［エイリアスを作成］をクリックします❷。デスクトップにエイリアスが作成され、ダブルクリックすると、そのフォルダにすぐにアクセスできます。

Column　Finderのネットワークから共有サーバを選択する

330ページでは、IPアドレスを直接入力してサーバに接続しましたが、Finderの［ネットワーク］から選択して接続することもできます。Finderのサイドバーから［ネットワーク］をクリックし❶、表示される共有コンピュータやファイルサーバの中から接続したいサーバをクリックして❷、必要に応じてアカウントの情報などを入力します。

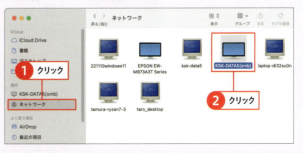

Chapter 11 ネットワークの設定とデータ共有

Section 4 iPhoneやiPadでテザリングする

- ☑ テザリング
- ☑ インターネット共有
- ☑ USB／Bluetooth

iPhoneの「インターネット共有」を利用すると、通信回線のない場所でもMacをインターネットに接続できます。通信料が発生しますが、外出先でも手軽にインターネットが利用できます。

インターネット共有の準備をする

iPhoneの「インターネット共有」は、iPhoneが接続している回線を使って、ほかのデバイスをインターネットに接続するための機能です。この機能を一般的に「テザリング」と呼びます。Wi-Fi接続に対応したデバイスであれば、Macと同様の手順でインターネット接続が可能です。

● インターネット共有を有効にする

① 「インターネット共有」を開く

iPhoneで「設定」アプリを起動し、[インターネット共有]をタップし❶、[ほかの接続を許可]のスイッチをタップしてオンにします❷。この画面で、「"Wi-Fi"のパスワード」と「iPhoneのネットワーク名」を確認しておきます。「"Wi-Fi"のパスワード」に表示されるパスワードは、タップすると表示される画面で変更できます。

MEMO
テザリング対応のiPhone
インターネット共有に対応しているのは、iPhone 5以降、iPad 3G+Wi-Fiモデル（第3世代以降）です。契約しているキャリア（通信会社）によっては、別途オプションの申し込みが必要になります。

② 接続方法を選択する

右のようなメッセージが表示されたら、[Wi-Fiをオンにする]をタップします❶。

● iPhoneのネットワークに接続する

① iPhoneを選択する

Macのメニューバーの📶をクリックし❶、表示されたメニューから、332ページの手順①で確認したiPhoneのネットワーク名をクリックします❷。

> **MEMO**
> **インターネット共有**
> ❷に表示されている👁は、その端末でのインターネット共有の状態を示します。インターネット共有がオンのときは青色で表示され、オフのときは灰色で表示されます。

② iPhoneで接続の許可をする

iPhoneに「●●さんがあなたのインターネット共有を使おうとしています」と表示されるので、[許可]をタップします❶。

③ iPhoneの画面を確認する

MacがiPhoneのネットワークに接続され、インターネットの利用が可能になります。接続中は、メニューの「Wi-Fi」アイコンが右のように変化します。また、iPhone側では画面上部に接続中の通知が表示されます。テザリングを終了するには、iPhone側で緑色に表示されている部分をタップします❶。「インターネット共有」画面が開くので、[インターネット共有]をタップしてオフにします。

● Mac

● iPhone

Column USB／BluetoothでiPhoneと接続する

Wi-Fiを使った接続方法のほかにも、iPhoneに付属するLightning‒USBケーブルを使ってテザリングを行うことも可能です。また、Bluetoothでペアリングすると、Bluetooth経由でのインターネット共有も可能となります。USBケーブルもしくはBluetoothでの接続では、パスワードの入力は必要ありません。

Section 5 AirDropでファイルを転送する

- AirDrop
- ワイヤレス
- 「ダウンロード」フォルダ

MacをLANに参加させなくても、「AirDrop」を使えば、近くのMacやiPhoneとワイヤレスでファイルやフォルダをやり取りできます。共有の設定をしなくても、手軽にファイルをやり取りすることが可能です。

AirDropを利用する

「AirDrop」は、MacやiPhoneとの間で、ファイルやフォルダの送受信をワイヤレスで行える機能です。LANを介する場合はあらかじめやり取りするMacをすべて同じネットワークに接続しておく必要がありましたが、AirDropは双方のデバイスのWi-Fiをオンにしていれば、いつでもやり取りを開始できる手軽さが特長です。

● AirDropの準備をする

1 MacのAirDropを設定する

76ページを参照してあらかじめWi-Fiをオンにしておき、Finderウインドウのサイドバーにある[AirDrop]をクリックします❶。近くにAirDrop待機状態の相手がいる場合、相手のアイコンが表示されます。

2 Macを全員に検出可能にする

[このMacを検出可能な相手]をクリックし❶、表示されたリストから[すべての人]をクリックします❷。

● iPhoneからMacにファイルを送る

1 iPhoneのAirDropをオンにする

iPhoneの画面でコントロールセンターを表示して、図のコントロールを長押しし❶、[AirDrop]をタップします。ファイル共有の対象を選択する画面になるので、ここでは[すべての人]をタップします❷。

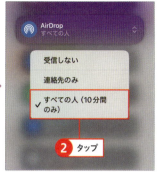

2 AirDropでファイルを送る

iPhoneで「写真」アプリを開き、送りたい写真を表示して、をタップします❶。送りたい相手をタップすると❷、ファイルが送信されます。

> **MEMO**
> **AirDropを利用できるアプリ**
> ここで紹介している「写真」アプリだけでなく、「メモ」「Safari」などのアプリでも、AirDropを経由してファイルを共有できます。

3 ファイルを受信する

AirDropでつながっている相手からファイルが送信され、[受け入れる]をクリックして["ダウンロード"に保存]をクリックすると、MacではDockの「ダウンロード」フォルダに受信したファイルが保存されます。AirDropでのファイルのやり取りを終了するには、AirDropのウインドウを閉じます。

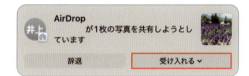

Column　Macからファイルを送信する

Macからファイルを送信する場合も、手順❶と同じ方法で、AirDropを待機状態にしておきます。ウインドウにお互いのアイコンが表示されたら、送りたいファイルを相手のアイコンへドラッグすると❶、相手にファイルが送信されます。

Chapter 11 ネットワークの設定とデータ共有

Section 6 | Windows パソコンとファイルを共有する

- ファイル共有
- SMB
- パブリックフォルダ

同じネットワークに接続しているMacとWindowsパソコンどうしなら、ファイルやフォルダのやり取りが可能です。この機能を利用するには、「ファイル共有」と「SMB」を有効にする必要があります。

ファイル共有の設定をする

同じLAN内にMacとWindowsが混在している場合、相互にファイルやフォルダをやり取りすることができます。

● Mac側でファイル共有の設定をする

① SMBを有効にする

Macでは、「システム設定」アプリの［一般］→「共有」パネルから［ファイル共有］の「オプション」画面を開きます。［SMBを使用してファイルやフォルダを共有］をクリックしてオンにし ❶、「Windowsファイル共有」でいずれかのアカウントをクリックしてオンにします ❷。

② ワークグループを設定する

「ネットワーク」パネルで、接続済みのネットワークの［詳細］をクリックして詳細画面を表示します（329ページ手順⑥参照）。［WINS］をクリックし ❶、「ワークグループ」に、Windowsと同じワークグループ名が表示されていることを確認します ❷。

● Windows側でファイル共有の設定をする

① パブリックフォルダー共有を有効にする

Windowsでは、「設定」画面から［ネットワークとインターネット］→［ネットワークの詳細設定］→［共有の詳細設定］の順にクリックします。「すべてのネットワーク」の「パブリックフォルダーの共有」をオンにします ❶。

② パスワード保護を無効にする

手順①の画面で、[パスワード保護共有]をオンにします❶。

MacとWindowsでファイルをやり取りする

MacからWindowsにファイルを渡すには、「Public」フォルダを使います。一方、WindowsからMacにファイルを渡す場合は、「guest」としてログインする必要があります。

● MacからWindowsにアクセスする

① Finderウインドウを開く

MacでFinderウインドウを開き、サイドバーの「ネットワーク」などからWindowsに接続します。「Windows 11」フォルダをダブルクリックします❶。

② フォルダの中身が表示される

表示されるフォルダをダブルクリックします❶。Macから、このフォルダの中へファイル／フォルダをドラッグすることでコピーできます。

● WindowsからMacにアクセスする

① MacのNETBIOS名を入力する

Windowsのデスクトップ画面を開いている状態で、■(「Windows」キー)を押しながらRを押して、「ファイル名を指定して実行」ダイアログボックスを開きます。336ページ手順②の画面で表示されているNetBIOS名を入力します❶。

② Macに接続する

表示されるダイアログボックスで「guest」と入力し❶、[OK]をクリックします❷(パスワードは入力不要です)。これでMacに接続されます。

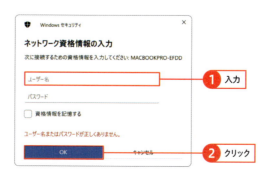

Chapter 11　ネットワークの設定とデータ共有

Section 7 | 別のMacから操作する

- 画面共有
- 遠隔操作
- アクセス権

「画面共有」機能を利用すると、Macをネットワーク経由で別のMacから遠隔操作できます。ここでは、同じLAN内にあるMacを、「画面共有」機能で遠隔操作する方法を紹介します。

画面共有を使って遠隔操作する

画面共有を使うと、1台のMacのデスクトップを、LAN内の離れた場所にある別のMacから操作できます。画面共有でMacを遠隔操作するには、遠隔操作される側のMacで画面共有を有効にし、アクセス権を「すべてのユーザ」に変更します。

① [画面共有]をオンにする

遠隔操作される側のMacで、「システム設定」アプリの「一般」パネルで[共有]をクリックして、「共有」パネルを開きます。[画面共有]のスイッチをクリックしてオンにし❶、ⓘをクリックします❷。

② 遠隔操作時に確認するように設定する

[ほかのユーザが画面操作の権限を要求することを許可]をクリックしてオンにし❶、[完了]をクリックします❷。

③ アクセス権を変更する

「アクセスを許可」で、[すべてのユーザ]をクリックしてオンにして❶、[完了]をクリックします❷。これでLAN内の別のMacから、このMacを操作できるようになりました。

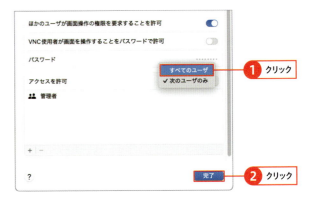

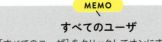

すべてのユーザ

[すべてのユーザ]をクリックしてオンにすると、すべてのユーザがホスト側の許諾なしで画面共有を利用できます。

● 画面共有を実行する

(1) 遠隔操作される側の Mac を選択する

遠隔操作する側の Mac で、Finder のサイドバーから遠隔操作される側の Mac の名前をクリックします❶。なお、ホスト側で複数のアカウントが設定されている場合は、その中から目的のアカウントをクリックして選択します。338 ページの手順で設定が完了していれば[画面を共有]が表示されるので、これをクリックします❷。

(2) サインインを行う

[アクセス権を要求して接続]をクリックして❶、[サインイン]をクリックします❷。

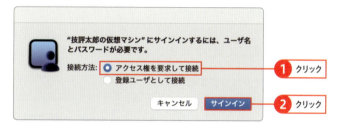

(3) 遠隔操作を許可する

遠隔操作される側の Mac に「画面共有の要求」画面が表示されます。表示されるユーザ名が不審な相手でなければ、[画面の共有]をクリックします❶。

(4) 遠隔操作が開始される

遠隔操作する側の画面に、遠隔操作される側の Mac の画面がウィンドウとして表示されます。この状態で遠隔操作ができます。

> **MEMO**
> **遠隔操作を終了する**
> 遠隔操作を終了する場合は、遠隔操作する側の画面でメニューバーの[画面共有]→[画面共有を終了]をクリックします。

Chapter 11 ネットワークの設定とデータ共有

Section 8 アプリケーションのデータを共有する

- ☑ メール
- ☑ アカウント
- ☑ 共有

Finderや対応アプリケーションの「共有」機能から、ファイルをメールに添付したり、AirDropで送付したりして共有できます。この機能を利用することで、気軽にお気に入りの写真をシェアできます。

データを共有する

Finderやアプリの「共有」機能から、「システム設定」アプリの「インターネットアカウント」に登録されているアカウントに対して、テキストや画像ファイルを手軽に共有できます。Webページも共有可能なので、必要に応じて試してみましょう。

① [共有]をクリックする

FinderやWebページで共有したいページやファイルを選択し、🗂をクリックします❶。

② 共有方法を選択する

表示される項目から、共有の方法をクリックして選択します❶。

③ 共有先を設定する

選択したアプリが開きます。「メッセージ」アプリの場合は、本文にリンクが入力されているので、あて先を選択すれば、すぐに相手と共有できます。

Macを使いやすく設定する

Section

1. システム設定の概要
2. Apple Accountの設定
3. 一般項目の設定
4. Siriの設定
5. メニューバーの設定
6. プライバシーとセキュリティの設定
7. ディスプレイの設定
8. バッテリーの設定
9. キーボードの設定
10. マウスの設定
11. トラックパッドの設定
12. サウンドの設定
13. Bluetoothの設定
14. ユーザとグループの設定
15. スクリーンタイムの設定
16. スクリーンセーバの設定
17. アクセシビリティの設定

Chapter 12　Macを使いやすく設定する

Section 1

システム設定の概要

- ☑ システム設定
- ☑ 設定項目の選択
- ☑ キーワード検索

「システム設定」アプリは、Macのあらゆるシステム設定を管理するアプリケーションです。ネットワークやバックアップ、セキュリティ、キーボードやマウスなどの設定を変更できます。

「システム設定」アプリを利用する

「システム設定」アプリを起動すると、「一般」や「ディスプレイ」などのさまざまな項目が表示されます。任意の項目をクリックすると、選択した項目に関する設定がまとめられた「パネル」を表示します。

① 「システム設定」アプリを起動する

Dockで［システム設定］をクリックします❶。

② 目的の項目をクリックする

「システム設定」アプリの画面は、大きく縦に2分割されています。左側の「サイドバー」には、システム設定の項目の一覧が表示されています。項目（ここでは［一般］）をクリックすると❶、右側に選択したパネルの内容が表示されます❷。表示される項目は、使用しているMacによって異なります。

サイドバーには設定項目がリスト表示されている

❷ 項目の内容が表示される

設定したい項目を探す

設定したい項目が見つからないときは、「システム設定」アプリの検索機能を利用しましょう。アプリケーションの名前や設定したい機能を入力すると、該当する項目がサイドバーに表示されます。

1 キーワードを入力する

342ページ手順②の画面左上の検索フィールドをクリックします❶。

2 候補から設定項目を選択する

検索フィールドにキーワードを入力します❶。キーワードに一致する項目や、関連のある項目がサイドバーに表示されます。

3 キーワードから設定項目を選択する

手順②の画面で、サイドバーに表示された項目の中から、目的の項目をクリックすると❶、右側にその項目のパネルが表示されます。

Chapter 12 Macを使いやすく設定する

Section 2 | Apple Accountの設定

- Apple Account
- iCloud
- サインアウト

「システム設定」アプリの「Apple Account」パネルでは、Apple Accountの利用に関する設定を行います。認証の管理のほか、iCloudの管理やサブスクリプションの管理など、購入に関する設定もここからできます。

Apple Accountの設定を利用する

❶ プロフィール
登録している姓名とアイコン、メールアドレスが表示されます。アイコンをクリックすると画像を設定できます。

❷ 設定
Apple Accountに関する設定をします（345ページ参照）。

❸ iCloud
アプリごとのiCloudの有効／無効やストレージの追加、管理ができます。

❹ ファミリー
最大6人の家族で音楽や映画のサブスクリプションなどを共有できます。

❺ メディアと購入
App Storeなどでのパスワード要求頻度の設定や利用しているサブスクリプションの確認、管理ができます。

❻ Appleでサインイン
Apple Accountで他社のアプリやWebサービスにサインインします。

❼ デバイス
このApple Accountでサインインしているデバイスが表示されます。

「Apple Account」パネルで設定を変更する

● 個人情報

姓名や生年月日情報、Appleからのお知らせを受信するかを設定できます。

● サインインとセキュリティ

パスワードの変更や2ファクタ認証用の電話番号の登録ができます。

● お支払いと配送先

登録している支払い方法の確認、配送先住所の登録ができます。ただし、支払い方法の登録はここではなくApp Storeなどで行います。

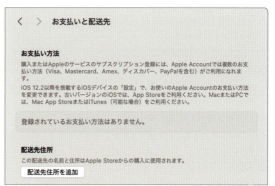

Column　Apple Accountからのサインアウト

「Apple Account」のウインドウの下部から[サインアウト]をクリックすると、Apple Accountからサインアウトします。サインアウトすると、一部のMacの機能が使えなくなることがあるので注意しましょう。

一般項目の設定

- システム設定
- 一般
- サイドバー

「一般」パネルは3カテゴリ、11の項目で構成されています。Macのシステムや設定に関わる項目がこのパネルにまとめられています。項目の場所がわからなくなった場合は、検索フィールドを利用しましょう（343ページ参照）。

「一般」パネルで設定できる項目

Dockから「システム設定」アプリを起動し、サイドバーの［一般］をクリックすると、ウインドウの右側に「一般」パネルが開きます（342ページ参照）。
なお、Venturaより前のmacOSでは、「システム環境設定」アプリという名前で、画面はタイル状のデザインでした。Venturaからは、画面にサイドバーが追加されたデザインに一新され、iPhoneやiPadのユーザにはなじみやすい外観になりました。

❶ 情報
Macのスペックを確認できます（318ページ参照）。

❷ ソフトウェアアップデート
macOSや標準アプリのアップデートの有無を確認できます。

❸ ストレージ
Macのストレージの内訳を確認できます。

❹ AppleCareと保証
購入後1年間のハードウェア製品限定保証と、有料の保証サービス「Apple Care」について確認できます。

❺ AirDropとHandoff
AirDropの共有範囲や、Handoffの許可について設定します。

❻ Time Machine
Mac内のデータのバックアップの設定をします（351ページ参照）。

❼ ログイン項目と機能拡張
ログイン時に自動で開くアプリを設定できます（111ページ参照）。

❽ 起動ディスク
Macの起動システムを選択できます（349ページ参照）。

❾ 共有
他のデバイスと画面やファイルを共有する設定を変更できます（336、338ページ参照）。

❿ 言語と地域
優先する言語や、地域の設定をします。（347ページ参照）。

⑪ **自動入力とパスワード**
パスワードとパスキーの自動入力、確認コードなどに関する設定ができます。

⑫ **日付と時刻**
Mac内蔵の時計の設定をします（350ページ参照）。

⑬ **デバイス管理**
Mac、iPhone、iPadなど、Apple製デバイスの設定を標準化する構成プロファイルを追加／削除します。

⑭ **転送またはリセット**
Time MachineなどのバックアップからMacに情報を転送する設定をします（352ページ参照）。

「言語と地域」パネルで設定を変更する

❶ **優先する言語**
一覧の中で一番上の言語を優先して使用します。その言語が対応していない場合は、その下の言語を順に使用します。言語の追加や並び替えも可能です。

❷ **地域**
日時や通貨を異なる地域のものに一括変更できます。

❸ **暦法**
西暦や和暦などの暦を選択し、日付や時刻を表示します。

❹ **温度単位／単位系**
温度の表記には、℃と°Fを選択できます。長さの表記には、メートル法、USサイズ、UKサイズを選択できます。

❺ **週の始まりの曜日**
「カレンダー」アプリなどでの週の開始曜日を設定できます。

❻ **日付の書式**
日付の西暦年、月、日の並び順や表記を設定します。

❼ **数値の書式**
数値の桁の区切り方を設定します。

❽ **リストでの表示順序**
Finderで名前を基準に項目を並べ替えるときに、どの言語を優先するか設定します。

❾ **テキスト認識表示**
画像内のテキストを認識し、コピー＆ペーストのアクションが可能になります。

❿ **アプリケーション**
アプリケーションごとの言語設定をカスタマイズできます。

⓫ **翻訳言語**
テキストを選択すると、指定の言語に翻訳できます。オフライン状態でも翻訳は可能ですが、オンラインの方が正確な翻訳結果が表示されます。

Column　テキスト認識表示でイベントを作成する

❾の［テキスト認識表示］のスイッチをクリックしてオンにすると、右の画像のように日付が認識されます。■をクリックすると、カレンダーの［イベントの作成］などが表示されます。手書きで書いたメモなどから、すばやくカレンダーに情報を登録できます。

Macを自分仕様にカスタマイズする機能拡張を利用する

「一般」パネルの「ログイン項目と機能拡張」をクリックし、画面を下のほうまでスクロールすると、「機能拡張」の項目が表示されます。ここでは、macOSにインストールされている機能拡張を確認したり、オン／オフを切り替えたりできます。

● 機能拡張

「機能拡張」の画面で各項目のボタン ⓘ をクリックすると、Apple製の標準の機能拡張と、追加された他社製の機能拡張を確認できます。他社製の機能拡張は、任意に追加するほかに、アプリケーションのインストール時に自動的に組み込まれることがあります。右の図は、いくつかの機能拡張を追加した状態の画面です。

● アクション

「機能拡張」の画面で「アクション」のボタンをクリックすると、右の画面が表示されます。「メモ」アプリや「メール」アプリなどの画像を開いたとき、操作に応じて起動するアクションの使用／不使用を切り替えます。

アクション機能拡張の選択

● 写真編集

「機能拡張」の画面で「写真編集」のボタンをクリックすると、右の画面が表示されます。「写真」アプリで写真の編集画面を開いたときに利用できる、拡張機能の使用／不使用を切り替えできます。

● 共有

「機能拡張」の画面で「共有」のボタンをクリックすると、右の画面が表示されます。データをほかのユーザと共有する「共有メニュー」に表示する共有先を選択します。

共有メニュー機能拡張の選択

> **MEMO**
> **設定不可の項目**
> スイッチが薄い水色 で表示されている項目は、設定を変更できません。

● Finder

「機能拡張」の画面で「Finder」のボタンをクリックすると、右の画面が表示されます。Finderのクイックアクション（Column参照）のメニューに表示する機能を選択できます。

表示するウィジェットを選択

Column クイックアクションを実行する

クイックアクションとは、Finderまたはデスクトップから特定の操作を直接実行する機能です。たとえば、Finderで control を押しながら画像ファイルをクリックし❶、表示されたメニューの［クイックアクション］→［反時計回りに回転］をクリックすると❷、画像を左方向に90度回転させることができます。特定のかんたんな操作のみですが、アプリを開かずに実行できるので便利です。

❶ control を押しながらクリック
❷ クリック

「日付と時刻」パネルで設定を変更する

「日付と時刻」パネルでは、Mac内蔵の時計の設定ができます。ネットワークを通じて正確な日時情報を取得し、あらかじめ現在地情報を登録しておけば、タイムゾーンも自動的に設定されます。

❶ **日付と時刻を自動的に設定／タイムサーバ**

オンにすると、ネットワークから正確な日付と時刻の情報を受信し、自動で設定できます。タイムサーバは、初期設定では「Apple（time.apple.com.）」ですが、任意のサーバに変更することもできます。

❷ **日付と時刻**

❶の［日付と時刻を自動的に設定］をオフにすると、［設定］ボタンが表示されて、手動で日付と時刻を設定できます。

❸ **24時間表示**

オンにすると、メニュー内の時刻表示が24時間表示になります。オフにすると12時間表示（午前／午後）になります。

❹ **ロック画面に24時間表示の時計を表示**

オンにすると、ロック画面に24時間表示の時計を表示します。

❺ **現在の位置情報に基づいて、時間帯を自動的に設定**

Macの現在地情報からもっとも近い都市を判別し、タイムゾーンを自動で設定します。Macの位置情報を取得するには、「プライバシーとセキュリティ」パネルの「位置情報サービス」をクリックし、［位置情報サービス］をクリックしてオンにします。（359ページ参照）。

Column　時間帯を手動で設定する

❺の［現在の位置情報に基づいて、時間帯を自動的に設定］をオフにすると、［最も近い都市］のリストをクリックできるようになります。このリストから都市名を選択すると、Macに内蔵する時計の時間帯をその都市に設定できます。

「起動ディスク」パネルで設定を変更する

「起動ディスク」パネルでは、Macの起動システムを選択できます。CD、DVD、ネットワークボリューム、別のディスクや、他のOS（Windowsなど）からMacを起動するときは、この設定画面から設定します。なお、選択したシステムで起動するためには、一度Macを再起動させる必要があります。

❶ Macの起動に使用するシステムの選択
Macを起動する際に使用するシステムを選択できます。選択後は❷をクリックすると、選んだシステムでMacが起動します。

❷ 再起動
選択したシステムでMacを使用する際にクリックします。

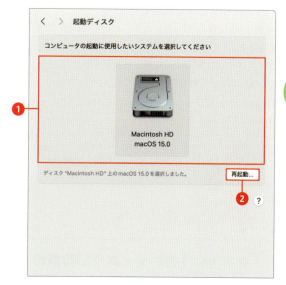

Column　システムの選択

WindowsをMacにインストール（Boot Campを利用。本書では扱っていません）している場合などは、この画面から選択して起動できます。

Time Machineでバックアップする

外付けハードディスク／SSDをMacに接続し、Time Machineでのバックアップを始めましょう。一度設定すれば、以降はMacが自動でバックアップを行います。

(1) デバイスを選択する
あらかじめ、バックアップに使用する外付けハードディスク／SSDをMacに接続しておきます。続いて、「Time Machine」パネルで［バックアップディスクを追加］をクリックします❶。

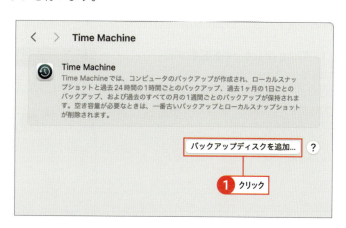

② ディスクを設定する

Macに接続中のデバイス一覧が表示されるので、バックアップに使用するハードディスク／SSDをクリックして選択し❶、[ディスクを設定]をクリックします❷。

③ バックアップを開始する

初期化が行われ、バックアップディスクとして利用できるようになります。バックアップ用のハードディスク／SSDを control を押しながらクリックし❶、表示された[今すぐ"○○"にバックアップを作成]をクリックすると❷、バックアップが開始します。

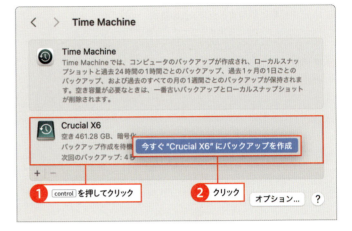

Column 1台のディスクに複数のMacのバックアップをとる

複数台のMacがある場合でも、1台の外付けハードディスク／SSDでそれぞれのバックアップが可能です。その場合、確認のダイアログボックスが表示されるので、[別のバックアップを作成]をクリックして❶、バックアップを作成しましょう。

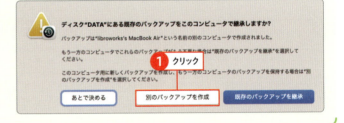

Time Machineからファイルを復元する

Macにトラブルが発生したときは、バックアップディスクに保存したデータからファイルやシステムを復旧します。ここでは、Time Machineでファイルを復元する手順を紹介します。

① Time Machineを起動する

Macにバックアップディスクを接続して、ステータスメニューの ⏱ をクリックし、[Time Machineバックアップをブラウズ]をクリックします❶。

② 復元したい項目を選択する

Time Machineの画面が表示されます。画面右側のタイムラインや矢印をクリックしながら❶、復元したいファイルを探します。ファイルやフォルダをダブルクリックすると、プレビュー画面が表示され、内容を確認できます。復元したいファイルをクリックして選択し❷、[復元]をクリックします❸。

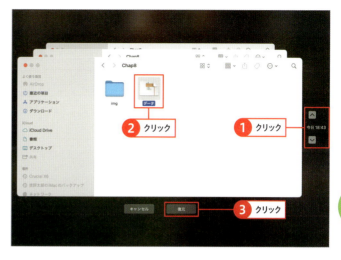

③ ファイルが復元された

Time Machineのバックアップファイルから、選択したファイル／フォルダが復元され、手順①の画面で開いていたフォルダに表示されます。

Time Machineでシステムを復元する

Macのシステムの調子が悪くなったときは、Time Machineで以前の状態に復元することができます。システムの復元は、「移行アシスタント」から行います。

⑥ 移行アシスタントを起動する

バックアップ用のデバイスを接続した状態でLaunchPadの[その他]→[移行アシスタント]をクリックして起動し、[続ける]をクリックしてログインします。[〜起動ディスクから]をクリックして❶、[続ける]をクリックします❷。

② バックアップを指定する

バックアップ用のデバイスをクリックし❶、[続ける]をクリックします❷。

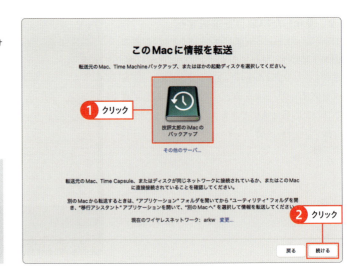

MEMO
バックアップをあらかじめ取っておく

「移行アシスタント」では、ほかのMacやWindows PCなどから情報を移行することもできます。本書では、351ページからの操作によってTime Machineでバックアップを取っていることを前提として解説しています。

③ バックアップを選択する

バックアップの候補が表示されます。復元したい日時のデータをクリックして選択し❶、[続ける]をクリックします❷。

④ 情報を選択する

転送を行う情報をクリックして選択し❶、[続ける]をクリックして❷、指示に従って操作すると復元が実行できます。

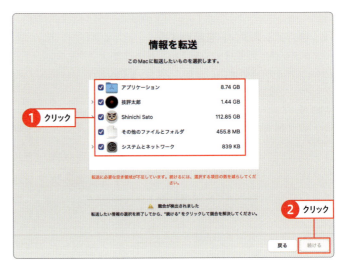

MEMO
復元時のリスクについて

復元を実行すると、パスワードを変えるよう要求されたり、データが一部消失したりすることがあります。このため、Macのシステムに深刻な障害が発生した場合以外に復元を実行することはおすすめしません。

Section 4 Siriの設定

- ✅ 言語
- ✅ Siriの声
- ✅ マイク入力

「システム設定」アプリの「Apple IntelligenceとSiri」パネルでは、Siriの言語や声の性別、使用するマイクやショートカットなどの設定を変更できます。自分に合わせて、Siriを使いやすい設定にしておきましょう。

「Apple IntelligenceとSiri」パネルで設定を変更する

❶ Siri
Siriを使用するかどうかの設定を変更できます。

❷ "Hey Siri"を聞き取る
スイッチをクリックしてオンにしたあと、「Hey Siri」と話しかけると、SIriを使い始められます。

❸ キーボードショートカット
Siriを起動するときのショートカットを変更できます。

❹ 言語
Siriの言語を変更できます。

❺ 声
Siriの声を選ぶことができます。

❻ Siri履歴
このMacと関連付けられているSiriと音声入力の利用状況が削除されます。

❼ Siri、音声入力とプライバシーについて
Siriから提案を受けたいアプリを選択すると、そのアプリの使用状況などをSiriが学習します。

❽ Siriの応答
音声フィードバック、キャプションの表示の有無などを設定できます。

Section 5 | メニューバーの設定

- メニューバー
- ステージマネージャ
- カスタマイズ

「システム設定」アプリの「コントロールセンター」パネルでは、メニューバーの表示に関する設定ができます。「デスクトップとDock」パネルでは、ウィンドウを管理するステージマネージャのカスタマイズができます。

メニューバーの設定を変更する

Dockから「システム設定」アプリを起動し（342ページ参照）、サイドバーの［コントロールセンター］をクリックすると、「コントロールセンター」パネルで以下の設定ができます。

● メニューバーを自動的に表示／非表示

メニューバーの表示を［常に］［デスクトップ上のみ］［フルスクリーン時のみ］［しない］から選択できます❶。

● 最近使った書類、アプリケーション、およびサーバの表示数

メニューバーの［最近使った項目］の表示の有無を設定します。表示する場合は、表示する数を選択します❶。

メニューバーの［Appleメニュー］をクリックし❷、［最近使った項目］をクリックすると❸、設定した項目の数を上限に表示されます。

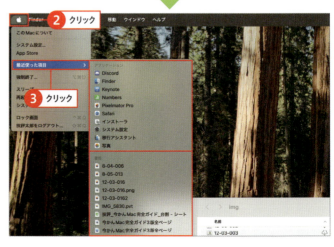

> **MEMO**
> **メニューバーに表示する項目を設定する**
> 「システム設定」アプリの「コントロールセンター」パネルでは、メニューバーの表示に関する設定を変更できます。なお、「時計」や「Spotlight」などのアプリは、メニューバーのみ表示することができます。

ステージマネージャをカスタマイズする

ステージマネージャは「システム設定」アプリの「デスクトップとDock」パネルでカスタマイズできます。

1 ステージマネージャをオンにする

「システム設定」アプリの「デスクトップとDock」パネルで、[ステージマネージャ]をクリックしてオンにします❶。「ウィジェットを表示」の[ステージマネージャ使用時に]をクリックしてオンにします❷。

2 ウインドウの左右にアプリとデスクトップ項目が表示される

ウインドウの左側に、最近使ったアプリが表示されます。ウインドウの右側に、デスクトップ項目が表示されます。

Column ステージマネージャでまとめられたウインドウを個別に確認する

ステージマネージャは、同じアプリのウインドウが複数開かれているときは、それを1つにまとめた状態で左側に表示します。まとめられたウインドウを個別に見たい場合は、アプリのアイコンをクリックすると、個別に分かれた状態で確認できます。右の画像では2つの「Safari」アプリのウインドウがまとめられていますが、アイコンをクリックすると、それぞれ開いているウインドウ画面とそのタイトルを確認できます。

Chapter 12　Macを使いやすく設定する

Section 6 プライバシーとセキュリティの設定

- ☑ セキュリティ
- ☑ FileVault
- ☑ ロックダウンモード

「システム設定」アプリの「プライバシーとセキュリティ」パネルでは、セキュリティを強化するための設定を行います。起動ディスク内のデータを暗号化して保護するFileVaultや、アプリごとのプライバシーの設定を変更できます。

セキュリティの設定をする

Dockから「システム設定」アプリを起動し（342ページ参照）、サイドバーの［プライバシーとセキュリティ］をクリックすると、「プライバシーとセキュリティ」パネルが開きます。

● アプリケーションの実行許可
アプリケーションのダウンロード元によって、実行を許可するかどうかを設定できます。

● FileVault
起動ディスク内のデータを暗号化します。「FileVault」をオンにすると、ディスク内のデータにアクセスするときに、ログインパスワードまたはFileVault設定時に生成される復旧キーが必要になります。両方とも忘れると、データにアクセスできなくなるので注意しましょう。

● ロックダウンモード
「ロックダウンモード」をオンにするとセキュリティレベルが強固になり、特定の機能が制限されて、金銭目当ての「標準攻撃型スパイウェア」からユーザを守ります。なお、ロックダウンモードは高度なサイバー攻撃の標的になる可能性がある、ごく一部のユーザ向け機能であり、一般のユーザが有効にする必要は通常ありません。

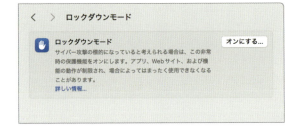

プライバシーの設定をする

● 位置情報サービス

「プライバシーとセキュリティ」パネルの[位置情報サービス]をクリックすると、右の画面が表示されます。この画面でMacの現在地情報やカレンダーなどの、個人情報を使用するアプリケーションの確認と設定の変更ができます。スイッチをクリックしてオフにすると、アプリケーションの個人情報へのアクセスを禁止させることができます。

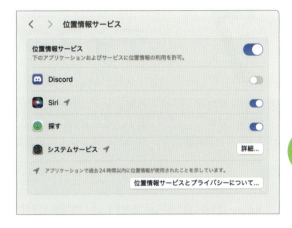

● 解析と改善

「プライバシーとセキュリティ」パネルの[解析と改善]をクリックすると、右の画面が表示されます。この画面で各スイッチをクリックして有効にすると、Appleとの情報共有に同意したとみなされ、自動的にMacから解析情報を収集されます。Macの使用状況やSiriの音声入力情報などの項目が共有され、それらの情報はApple製品の品質向上のために使用されます。

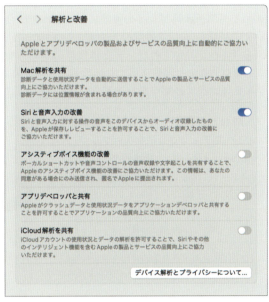

● Appleの広告

「プライバシーとセキュリティ」パネルの[Appleの広告]をクリックすると、右の画面が表示されます。この画面で「パーソナライズされた広告」のスイッチをクリックしてオフにすると、個人の興味に合わせたパーソナライズ広告が表示される可能性が下がります。ただし、広告の数自体が減るわけではありません。

Chapter 12　Macを使いやすく設定する

Section 7　ディスプレイの設定

- 外部ディスプレイ
- 解像度の変更
- ディスプレイの拡張

外部ディスプレイをMacと接続することで、画面を拡張表示して便利に利用できます。ここでは、Macと外部ディスプレイの接続時に注意したいことや、それぞれのディスプレイの解像度の調整方法などを解説します。

Macで外部ディスプレイを使用する

Macと外部ディスプレイの接続にケーブルを使う場合は、持っているケーブルの種類を確認しましょう。Macの種類によって異なりますが、MacはHDMI／Thunderbolt／Mini DisplayPort／Mini-DVI／USB Type-Cのいずれか、または複数のポートを搭載しています。Macに接続できないケーブルしかない場合は、Macと接続するための変換アダプタを購入するか、Macとディスプレイの両方に対応したケーブルを買い直す必要があります。

(1) Macと外部ディスプレイを接続する

Macと外部ディスプレイをケーブル（写真はThunderboltケーブル）で接続すると、両方のディスプレイにMacの同じ画面が表示されます。

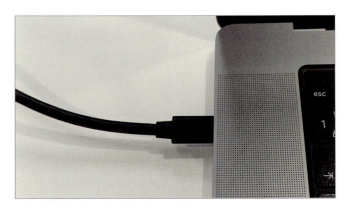

MEMO　Night Shift

「ディスプレイ」パネルでは、時間帯によってディスプレイの色温度を自動的に変更する「Night Shift」を設定できます。夜間の目の負担などが気になるようであれば試してみましょう。

(2) 「ディスプレイ」パネルを表示する

「システム設定」アプリの［ディスプレイ］をクリックすると❶、「ディスプレイ」パネルにMacの内蔵ディスプレイと外部ディスプレイのイメージが表示されます。いずれかのイメージをクリックし❷、 をクリックして、［主ディスプレイ］と［拡張ディスプレイ］のどちらに設定するかを選択し❸、［配置］をクリックします❹。

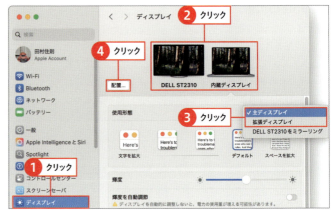

③ **ディスプレイが拡張表示された**

ディスプレイのイメージをドラッグして❶、主ディスプレイと拡張ディスプレイの配置を設定します。決定後、［完了］をクリックします❷。

> **MEMO**
> **ディスプレイの配置**
> たとえば、主ディスプレイの右側に拡張ディスプレイを配置した場合、主ディスプレイの右端と拡張ディスプレイの左端をつなげたような使い方ができます。

④ **解像度を変更する**

外部ディスプレイの解像度が適切でない場合は、外部ディスプレイのイメージを選択して❶、「使用形態」のリストからほかの解像度を選択できます❷。

> **MEMO**
> **ディスプレイの解像度**
> 画面表示の大きさや縦横比が正常でない場合は、「デフォルト」と表示されている解像度を選択します。

● **文字と輝度の調整**

「システム設定」アプリの「ディスプレイ」パネルでは、外部ディスプレイでのテキストの大きさや画面の明るさを調整できます。［文字を拡大］のアイコンをクリックすると、画面の解像度が下がってテキストが大きく表示され、［スペースを拡大］のアイコンをクリックすると、画面の解像度が上がってテキストが小さく表示されます。初期状態に戻すには、［デフォルト］のアイコンをクリックします。また、輝度のスライダーを左右に動かすと、画面の明るさを変更できます。

> **Column クラムシェルモードで外部ディスプレイを使用する**
>
> ノートブック型Macでは、内蔵ディスプレイを閉じた状態で外部ディスプレイに画面を映し、デスクトップ型Macのように使用できる「クラムシェルモード」があります。クラムシェルモードを利用するには、ノートブック型Macに外部ディスプレイと電源アダプタ、キーボード／マウスを接続し、デスクトップ画面が表示されたら本体カバーを閉じます。なお、本体カバーを閉じるため、本体のキーボード、タッチパッド、カメラは使用できません。

Chapter 12 Macを使いやすく設定する

Section 8 バッテリーの設定

- ☑ バッテリー
- ☑ 低電力モード
- ☑ バッテリーの状態

「システム設定」アプリの「バッテリー」パネルでは、Macの内蔵バッテリーと消費電力に関する設定や情報の確認ができます。オプションの設定によって、バッテリーの負荷を抑えて寿命を延ばすことも可能です。

電力消費に関する設定を変更する

MacBook Air、MacBook Proなどのノートブック型Macでは、バッテリーと電力使用量を設定できます。

● バッテリー

Dockから「システム設定」アプリを起動し（342ページ参照）、サイドバーの［バッテリー］をクリックすると、以下の画面が開きます。

❶ 現在のバッテリー残量

現在のバッテリー残量が確認できます。

❷ 低電力モード

［しない］［常に］［バッテリー使用時のみ］［電源アダプタ使用時のみ］から選択できます。

❸ バッテリーの状態

現在のバッテリーの状態が確認できます。ⓘをクリックして［バッテリー充電の最適化］を有効にすると、バッテリーの最大充電量を調節して、バッテリーの劣化を軽減できます。

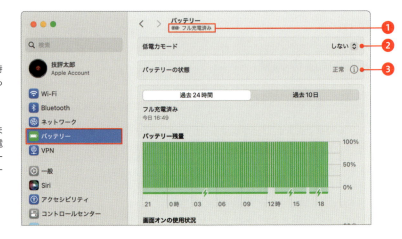

Column　バッテリーの充放電回数を確認する

バッテリーの充放電回数を確認するには、option を押しながら［Appleメニュー］→［システム情報］をクリックします。「システム情報」ウィンドウのサイドバーで「ハードウェア」の［電源］をクリックすると、「状態情報」の項目で「充放電回数」を確認できます。充放電回数はバッテリー電力を使い切った時点で「1回」と数えるため、実際に充電した回数と一致するとは限りません。

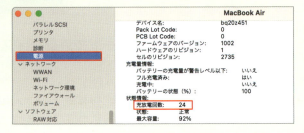

●「過去24時間」タブ

過去24時間の使用履歴として、「バッテリー残量」と「画面オンの使用状況」を確認できます。「バッテリー残量」では、15分ごとのバッテリー残量の平均が表示されています。

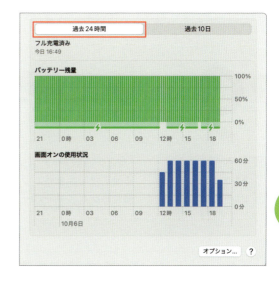

●「過去10日」タブ

過去10日間の使用履歴として、「電力使用状況」と「画面オンの使用状況」を確認できます。「電力使用状況」では、Macで過去10日間で使用された電力が表示されています。

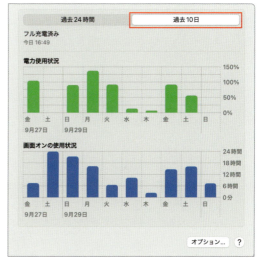

● オプション

❶ バッテリー使用時はディスプレイを少し暗くする

バッテリーで駆動しているときは、ディスプレイの輝度を少し下げて消費電力を抑えます。

❷ 電源アダプタ使用時はディスプレイオフのときに自動でスリープさせない

電源アダプタに接続しているときは、ディスプレイの電源をオフにしても自動的にスリープモードに移行しないようにします。

❸ ネットワークアクセスによるスリープ解除

スリープ中にほかのユーザが共有フォルダにアクセスした際に、スリープを解除する／しないを設定します。

❹ バッテリー使用時のビデオストリーミングを最適化

スイッチをクリックしてオンにすると、HDRビデオがSDRの規格で再生され、消費電力を抑えます。

Chapter 12　Macを使いやすく設定する

Section 9 | キーボードの設定

- ✓ キーボード
- ✓ 入力ソース
- ✓ ショートカット

「システム設定」アプリの「キーボード」パネルでは、キーボードからの入力に関する設定ができます。ファンクションキーやショートカットキーの設定、辞書への単語登録など、キーボードからの入力を快適にする項目があります。

「キーボード」パネルで設定を変更する

Dockから「システム設定」アプリを起動し（342ページ参照）、サイドバーの[キーボード]をクリックすると、「キーボード」パネルが開きます。キーボードの種類によっては、表示される項目が異なります。

❶ **キーのリピート速度**
キーを押し続けたときに、文字を繰り返し入力する速さを設定します。

❷ **リピート入力認識までの時間**
キーを押し続けたときに、繰り返し入力を開始するまでの時間を設定します。

❸ **環境光が暗い場合にキーボードの輝度を調整**
バックライトキーボードが搭載されているMacの場合は、オンにすると、暗い場所ではバックライトの輝度を自動で調整します。

❹ **キーボードの輝度**
バックライトの輝度を調整できます。

❺ **操作がなければキーボードのバックライトをオフにする**
Macのバックライトを自動的にオフにするまでの時間を設定できます。

❻ 🌐 **キーを押して**
ファンクションキーを押した場合の動作を設定します。

❼ **キーボードナビゲーション**
オンにすると、[tab]を押すことでフォーカスを移動できるようになります。なお、[shift]と[tab]を同時に押すと、フォーカスを移動する順番が逆になります。

「キーボードショートカット」で設定を変更する

「キーボード」パネルの［キーボードショートカット］をクリックすると、以下の画面が表示されます。

❶ **カテゴリの一覧**

ショートカットキーのカテゴリが一覧表示されます。カテゴリを選択し、表示された機能の右側にあるショートカットをダブルクリックして、新たなキーの組み合わせを押すことで、その機能のショートカットキーを変更できます。

❷ **F1、F2などのキーを標準のファンクションキーとして使用**

カテゴリの一覧で［ファンクションキー］を選択してこの項目をオンにすると、F1 から F12 のキーが標準のファンクションキーとして動作します。その場合、fn を押しながら、F1 から F12 を押します。

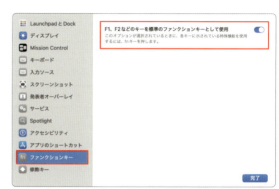

「入力ソース」で設定を変更する

「キーボード」パネルにある「入力ソース」の［編集］をクリックすると、以下の画面が表示されます。

❶ **すべての入力ソース**

現在有効にしている入力ソースが表示されます。日本語、または使用中のほかの言語の設定や変更は、この画面で行います。入力ソースを追加／削除するには、左下の ＋ － をクリックします。

❷ **メニューバーに入力メニューを表示**

入力ソースの切り替えと設定の変更ができる「入力メニュー」をメニューバーに表示します。

❸ **書類ごとに入力ソースを自動的に切り替える**

オンにすると、アプリケーションごとに異なる入力ソースを使用して文字を入力できるようになります。

Chapter 12　Macを使いやすく設定する

Section 10　マウスの設定

- マウスパネル
- 副ボタン
- スマートズーム

「システム設定」アプリの「マウス」パネルでは、マウスポインタの移動速度やスクロール方向など、マウスに関する設定を変更できます。Magic Mouseとそれ以外のマウスでは、表示される画面が異なります。

「ポイントとクリック」タブで設定を変更する（Magic Mouse）

Dockから「システム設定」アプリをクリックし（342ページ参照）、サイドバーの［マウス］をクリックすると、「マウス」パネルが開きます。

❶ **マウスの電池残量**
　Magic Mouseの電池の残り残量を表示します。

❷ **軌跡の速さ**
　マウスポインタの移動速度を設定します。

❸ **ナチュラルなスクロール**
　マウスを1本の指でなぞったときのスクロール方向を、指の動きと逆方向（ナチュラル）にするか、同一方向にするかを選択できます。

❹ **副ボタンのクリック**
　ボタンの右側を押したときに、クリックした対象に応じて項目が変化する「コンテキストメニュー」を表示します。Windowsでは「右クリック」にあたる操作です。ボタンの左側を押したときにコンテキストメニューを表示させることもできます。

❺ **スマートズーム**
　マウスの表面をダブルタップしたときに、画面を拡大表示できます（対応アプリケーションのみ）。

「その他のジェスチャ」タブで設定を変更する（Magic Mouse）

❶ ページ間をスワイプ

1本の指をマウス上で左右に動かすことで、Webページやフォルダ間を行き来できます。動かす指の数やスワイプ時の動作をプルダウンメニューから選択できます。

❷ フルスクリーンアプリケーション間をスワイプ

2本の指をマウス上で左右に動かして、デスクトップやフルスクリーンアプリケーションなどの操作スペースを切り替えます。

❸ Mission Control

2本指でダブルタップして、Mission Controlの表示／非表示を切り替えます。

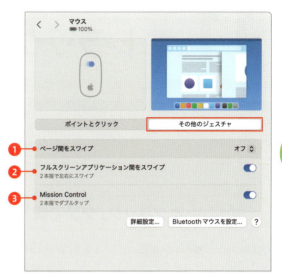

Magic Mouse以外のマウスで設定を変更する

❶ 軌跡の速さ

マウスポインタの移動速度を設定します。

❷ ナチュラルなスクロール

ホイールを回したときのスクロール方向を、指の動きと逆方向（ナチュラル）にするか、同一方向にするかを選択できます。

❸ 副ボタンのクリック

クリック／ダブルクリック／ドラッグなどに使うボタンを、右と左のどちらにするか選択します。反対側のボタンは「副ボタン」（コンテキストメニューの表示に使うボタン）として扱われます。

❹ ダブルクリックの間隔

マウスのボタンを2回押したとき、ダブルクリックとして認識されるまでの間隔を設定します。「速い」に設定すると、ボタンをすばやく2回押さないと、ダブルクリックとして認識されません。

❺ スクロールの速さ

ホイールでウインドウをスクロールするときの、スクロールの速さを設定します。

Chapter 12　Macを使いやすく設定する

Section 11　トラックパッドの設定

- ☑ タップ
- ☑ 副ボタン
- ☑ 拡大／縮小

「システム設定」アプリの「トラックパッド」パネルでは、マウスポインタの移動速度の調整など、トラックパッドに関する各種設定を変更できます。指の動かし方とその操作の結果がムービーで表示されるので、かんたんに調節できます。

「ポイントとクリック」タブで設定を変更する

Dockから「システム設定」アプリを起動し（342ページ参照）、サイドバーの［トラックパッド］をクリックすると、「トラックパッド」パネルが開きます。

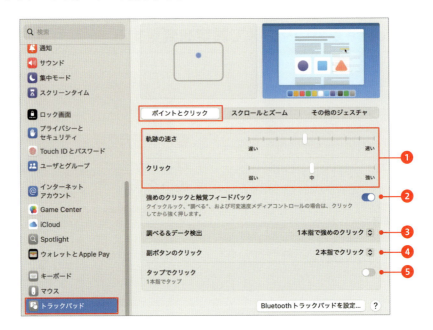

❶ **軌跡の速さ／クリック**
マウスポインタの移動速度、クリックの強度を設定します。

❷ **強めのクリックと触覚フィードバック**
感圧トラックパッドで「調べる」や、クイックルックなどで「強めのクリック」を有効にします。使用しない場合はスイッチをオフにします。

❸ **調べる&データ検出**
強めのクリックまたは3本指のタップで単語の意味を調べたり、日付や住所など特定の情報をすばやく検出したりします。

❹ **副ボタンのクリック**
クリックした対象に応じて項目が変化する「コンテキストメニュー」を表示できるようになります。操作は、［2本指によるクリックまたはタップ］あるいは［右下隅／左下隅をクリックまたはタップ］のいずれかを選択できます。

❺ **タップでクリック**
トラックパッドを押し込むことなく、表面を軽く叩くようにタップすることでクリックできるようになります。

「スクロールとズーム」タブで設定を変更する

❶ **ナチュラルなスクロール**
トラックパッドを2本の指でなぞったときのスクロール方向を、指の動きと逆方向（ナチュラル）にするか、同一方向にするかを選択できます。

❷ **拡大／縮小**
Webページや写真の画面などで、2本指のピンチアウト／ピンチインによる拡大／縮小ができるようにします。

❸ **スマートズーム**
トラックパッド上を2本の指ですばやく2回タップすることで、Webページや写真を拡大できます。

❹ **回転**
写真や文書を回転する操作のオン／オフを切り替えます。

「その他のジェスチャ」タブで設定を変更する

❶ **ページ間をスワイプ**
2本指を左右に動かして、Webページやフォルダ間を行き来する操作のオン／オフを切り替えます。プルダウンメニューから、動かす指の数やページ切り替えの動作を変更できます。

❷ **フルスクリーンアプリケーション間をスワイプ**
3本指を左右に動かして、デスクトップとフルスクリーンアプリケーション間を行き来する操作のオン／オフを切り替えます。プルダウンメニューから、動かす指の数を選択できます。

❸ **通知センター**
通知センターを表示する操作のオン／オフを切り替えます。

❹ **Mission Control**
Mission Controlを表示する操作のオン／オフを切り替えます。プルダウンメニューから、動かす指の数を選択できます。

❺ **アプリ Exposé**
アプリExposéを表示する操作のオン／オフを切り替えます。プルダウンメニューから、動かす指の数を選択できます。

❻ **Launchpad**
Launchpadを表示する操作のオン／オフを切り替えます。

❼ **デスクトップを表示**
デスクトップに表示されているウインドウを画面の外に移動し、一時的にデスクトップを表示する操作のオン／オフを切り替えます。

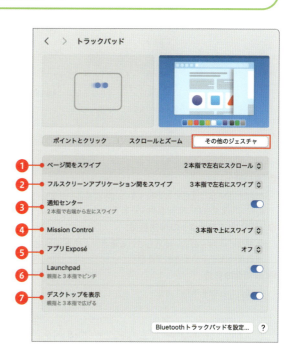

Chapter 12　Macを使いやすく設定する

Section 12 | サウンドの設定

- ☑ サウンドエフェクト
- ☑ 出力
- ☑ 入力

「システム設定」アプリの「サウンド」パネルでは、音の入出力に関する設定ができます。Macが警告時に流す通知音の選択や音量の設定、サウンド出力時に使用する装置の選択や音量バランスの調整などができます。

「サウンド」パネルで設定を変更する

Dockから「システム設定」アプリを起動し（342ページ参照）、サイドバーの［サウンド］をクリックすると、「サウンド」パネルが開きます。

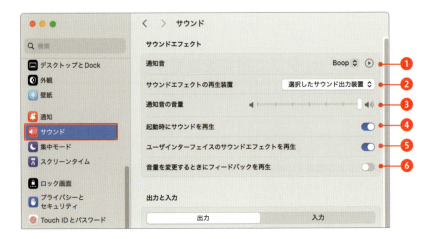

❶ **通知音**
　Macがユーザに対して入力を求めるときなどに、メッセージとともに再生する通知音を選択できます。

❷ **サウンドエフェクトの再生装置**
　外部スピーカーなどに接続している場合、どの再生装置で通知音を再生するかを選択できます。

❸ **通知音の音量**
　通知音の音量を調整できます。

❹ **起動時にサウンドを再生**
　オンにすると起動時にサウンドが鳴ります。

❺ **ユーザインターフェイスのサウンドエフェクトを再生**
　ファイルをゴミ箱に移したときなど、特定の操作を行ったときに音を再生する機能のオン／オフを切り替えられます。

❻ **音量を変更するときにフィードバックを再生**
　オンにすると、音量の変更時に設定音量で音を鳴らし、どの程度の音量なのかを確認できます。

Column　メニューバーに「サウンド」を表示する

「サウンド」はメニューバーに表示させることができます（77ページ参照）。Macで作業をしながら音楽を聴いているときなどは、メニューバーにサウンドのアイコンがあると、すぐに音量などを調整できて便利です。

「出力」タブで設定を変更する

「サウンド」パネルを下までスクロールして、[出力] タブをクリックします。

❶ **サウンドを出力する装置を選択**
　Macに接続しているサウンドの再生装置の中から、サウンドを出力させたいものを選択できます。なお、サウンドの再生装置を接続していないときは「内蔵スピーカー」のみが表示されます。

❷ **出力音量**
　再生装置で出力する音量を調整します。音を出したくないときは、[消音] にチェックを入れます。

「入力」タブで設定を変更する

「サウンド」パネルを下までスクロールして、[入力] タブをクリックします。

❶ **サウンドを入力する装置を選択**
　Mac周辺の音源を入力する、入力装置を選択できます。

❷ **入力音量／入力レベル**
　入力する音のボリュームを補正できます。Macで音声通話や録音をするときに役立つ機能です。

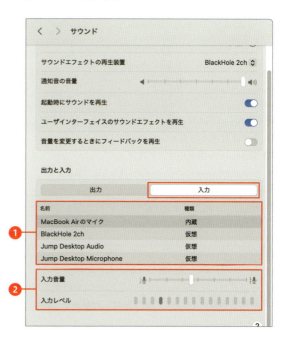

Chapter 12　Macを使いやすく設定する

Section 13 Bluetoothの設定

☑ Bluetooth接続
☑ デバイスの登録
☑ デバイスの削除

「システム設定」アプリの「Bluetooth」パネルでは、マウスやキーボード、イヤホンやスピーカーなどのBluetooth対応デバイスとMacとの接続設定を行います。Macが接続中のBluetoothデバイスの確認もできます。

「Bluetooth」パネルで設定を変更する

Dockから「システム設定」アプリを起動し（342ページ参照）、サイドバーの［Bluetooth］をクリックすると、「Bluetoothパネル」が開きます。

❶ **Bluetooth機能のオン／オフ**
MacのBluetooth機能のオン／オフを切り替えます。

❷ **自分のデバイス**
MacとBluetooth接続可能なデバイスと、接続登録したデバイス名の一覧が表示されます。

❸ **近くのデバイス**
MacとBluetooth接続可能なデバイスのうち、まだ接続登録していないデバイスの一覧が表示されます。

> **Column　登録したデバイス**
>
> 一度登録したBluetoothデバイスは、「自分のデバイス」内に「未接続」として表示されます。デバイスを削除するとこの表示は残らず、改めて利用する際に再接続する必要があります。

Bluetoothデバイスを登録する

Bluetoothデバイスの登録は、あらかじめBluetoothデバイスをペアリングモードにして行います。ペアリングモードの起動方法は、各Bluetoothデバイスの取扱説明書を参照してください。

1 Bluetoothデバイスを選択する

Macの[Bluetooth]のスイッチをオンにした状態で❶、接続したいBluetoothデバイス名の右側に表示される[接続]をクリックします❷。

2 ペアリングが完了する

Bluetoothデバイスの登録/接続が行われます。「接続済み」と表示されれば接続完了です。次回以降は、お互いのBluetooth機能がオンになっていれば自動で接続されます。

登録したBluetoothデバイスのペアリングを解除する

1 Bluetoothデバイスを選択する

Macの[Bluetooth]のスイッチをオンにした状態で、接続中のBluetoothデバイス名にカーソルを合わせると、[接続解除]のボタンが表示されるのでクリックします❶。

2 Bluetoothデバイスのペアリングを解除する

確認の画面で[デバイスのペアリングを解除]をクリックすると❶、ペアリングが解除されます。

Chapter 12　Macを使いやすく設定する

Section 14　ユーザとグループの設定

- ユーザの管理
- 管理者
- ログインオプション

「システム設定」アプリの「ユーザとグループ」パネルでは、Macに登録されているユーザごとに名前やログインパスワードの変更、ユーザの追加／削除などの設定が可能です。なお、管理者ユーザではない場合、自分以外のユーザの設定は変更できません。

ユーザとグループの設定を変更する

❶ **ユーザのリスト**
このMacに登録されているユーザの一覧が表示されます。

❷ **ユーザの詳細設定**
ⓘをクリックすると、ユーザごとの詳細設定ができます（375ページ参照）。

❸ **グループを追加**
複数のユーザをまとめたグループを追加します。

❹ **ユーザを追加**
ユーザを追加します（375ページ参照）。

❺ **自動ログインのアカウント**
Mac起動時に、どのユーザを使って自動ログインするかを選択できます。なお、「オフ」を選択すると自動ログインは動作しません。

❻ **ネットワークアカウントサーバ**
ネットワークに接続するための設定をします。

Column　ゲストユーザとは

ユーザのリストに表示される「ゲストユーザ」はMacにあらかじめ用意されたユーザアカウントで、自分のMacを一時的にほかの人に貸し出す際などに便利な機能です。ユーザのリストから[ゲストユーザ]をクリックし、[ゲストにこのコンピュータへのログインを許可]をクリックしてオンにすると、ゲストユーザが有効になります。ゲストユーザでログインするときにパスワードは不要で、ゲストユーザが作成したファイルはログアウト時にすべて削除されます。

ユーザごとの詳細設定

❶ **パスワード**
　ユーザのログインパスワードを変更できます。

❷ **このユーザにこのコンピュータの管理を許可**
　このユーザに管理者権限を与えるかどうかを設定できます。

❸ **Apple Accountを使用してパスワードをリセットすることを許可**
　この機能を有効にすると、Macのログインパスワードを忘れた場合、ログイン画面に表示された「Apple Accountを使ってリセットできます」をクリックして、「パスワードをリセット」アシスタントからパスワードをリセットできます。

❹ **連絡先カードを開く**
　クリックすると、「連絡先」アプリが開きます。

アカウントを追加する

● 新規ユーザの情報を登録する

「ユーザとグループ」パネルで［ユーザを追加］をクリックします。表示された画面で新規ユーザの権限を選択し❶、［フルネーム］〜［パスワードのヒント］まで入力します❷。設定後に［ユーザを作成］をクリックすると❸、このMacに新しいユーザが追加登録されます。

Chapter 12　Macを使いやすく設定する

Section 15

スクリーンタイムの設定

☑ スクリーンタイム
☑ 使用状況
☑ 制限

スクリーンタイムを使用すると、Macの利用状況の確認、Macの起動と操作の制限などを設定できます。同じApple Accountを利用しているAppleデバイスにも制限を掛けられるので、子ども向けの管理などにも利用できます。

スクリーンタイムを利用する

スクリーンタイムはMacのアプリの使用時間を制限したり、アプリの使用時間を可視化してくれたりする機能です。スクリーンタイムは初期状態で有効になっています。

● 「スクリーンタイム」パネル

● アプリとWebサイトのアクティビティ

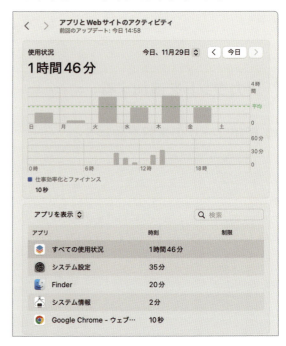

「システム設定」アプリのサイドバーで[スクリーンタイム]をクリックすると、この画面が表示されます。[アプリとWebサイトのアクティビティ]をクリックすると、アプリごとの使用時間を確認できます。

「スクリーンタイム」パネルの「アプリとWebサイトのアクティビティ」の項目をクリックすると、アプリとWebサイト、通知、持ち上げ/再開の利用状況を確認できます。「持ち上げ/再開」は、スリープを解除した頻度と、解除後に最初に使用したアプリに関する統計です。

● 休止時間

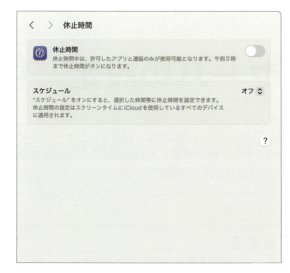

「スクリーンタイム」パネルの［休止時間］をクリックし、［休止時間］を有効にすると、［スケジュール］から登録した時間帯は許可したアプリと電話しか利用できないように設定できます。この設定は同じiCloudを使用しているデバイスすべてに適用されます。

● アプリ使用時間の制限

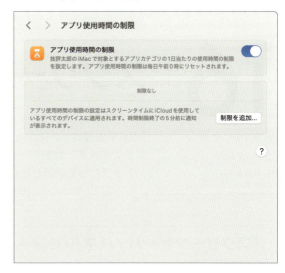

「スクリーンタイム」パネルの［アプリ使用時間の制限］をクリックし、［アプリ使用時間の制限］を有効にすると、［制限を追加］からアプリの1日あたりの使用時間を設定できます。使用時間はカテゴリまたはアプリ単体ごとに、毎日または曜日単位で設定可能です。その日にアプリを使用した時間は、午前0時にリセットされます。

● コミュニケーションの制限

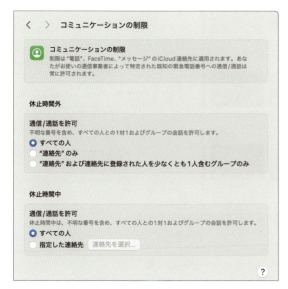

「スクリーンタイム」パネルの［コミュニケーションの制限］をクリックすると、電話、FaceTime、メッセージの連絡先について制限を設定できます。

● コンテンツとプライバシー

「スクリーンタイム」パネルの下のほうにある［コンテンツとプライバシー］をクリックして、［コンテンツとプライバシー］を有効にすると、不適切なコンテンツの閲覧やストアでの購入、一部アプリの利用許可などの設定ができます。同じApple Accountで使用しているAppleデバイスへの設定も可能です。

Chapter 12　Macを使いやすく設定する

Section

16 | スクリーンセーバの設定

☑ スクリーンセーバ
☑ ロック画面
☑ サムネイル

「システム設定」アプリの「スクリーンセーバ」パネルでは、スクリーンセーバの設定ができます。時計と一緒に表示したり、Mac内のアルバムアートワークをデスクトップとして表示したりなど、カスタマイズが可能です。

「スクリーンセーバ」パネルで設定を変更する

MEMO
スクリーンセーバを停止する
スクリーンセーバーの起動中に任意のキーを押す、マウスを動かす、トラックパッドに触れるなどの操作をすると、スクリーンセーバーが終了して、デスクトップやアプリの画面に戻ります。

❶ **スクリーンセイバーのサムネイル**
設定しているスクリーンセーバのサムネイルです。マウスポインタを合わせて表示される[プレビュー]をクリックすると、スクリーンセーバのプレビューを確認できます。

❷ **スクリーンセーバーの名前**
設定しているスクリーンセーバーの名前です。オプションを設定するボタンが表示される場合もあります。

❸ **壁紙として表示**
オンにすると、設定中のスクリーンセーバーが壁紙としても表示されます。

❹ **すべての操作スペースに表示**
オンにすると、設定中のスクリーンセーバーをすべての操作スペースに表示します。

❺ **スクリーンセーバーの一覧**
スクリーンセーバーの一覧がジャンルごとに表示されます。[すべてを表示]をクリックすると、そのジャンルのスクリーンセーバーがすべて表示されます。

❻ **ロック画面**
クリックすると「ロック画面」パネルが表示されて、スクリーンセーバーが起動するまでの時間などを設定できます。

Chapter 12　Macを使いやすく設定する

Section 17 アクセシビリティの設定

- ハンディキャップ
- VoiceOver
- ズーム機能

「システム設定」アプリの「アクセシビリティ」パネルには、視覚や聴覚にハンディキャップがあるユーザがMacを快適に操作するための設定があります。画面のコントラストやマウスポインタのサイズまど、さまざまな項目を調節できます。

ハンディキャップを持つユーザのための設定をする

「アクセシビリティ」パネルには「ディスプレイ」や「ズーム機能」、「VoiceOver」のような補助機能のほか、キーボードを順番に押すことでキーボードショートカットを機能させる「キーボード」など、便利な機能が用意されています。ここではその一部を紹介します。

● 概要

Dockから「システム設定」アプリを起動し（342ページ参照）、サイドバーの［アクセシビリティ］をクリックすると、「アクセシビリティ」パネルが開きます。

❶ アクセシビリティの項目

「アクセシビリティ」パネルの各項目は、「視覚」「聴覚」「操作」「一般」の4つのカテゴリ別に表示されます。各項目をクリックすると、それぞれの設定をするパネルが表示されます。

● VoiceOver

❶ VoiceOver

スイッチをクリックしてオンにすると、画面上の項目の説明を音声で読み上げたり、点字で表示したりする機能が有効になります。

❷ VoiceOverチュートリアルを開く

「VoiceOverチュートリアル」を起動し、VoiceOverの基本的な使い方を学習できます。

❸ VoiceOverユーティリティ

VoiceOverの設定を変更するウインドウを表示します。

● ズーム機能

❶ ズーム機能の設定

ズーム機能で画面の項目を大きく表示します。キーボードショートカットやスクロールジェスチャによって、ズームのオン／オフを切り替えできるようにする設定があります。

● 読み上げコンテンツ

❶ 読み上げの言語、声などの設定

読み上げの設定を変更できます。

❷ 読み上げ対象

項目ごとに読み上げのオン／オフを設定します。ⓘをクリックすると、さらに細かい条件を設定できます。

● ディスプレイ

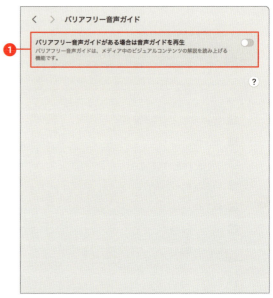

❶ ディスプレイの設定

カラーの反転やコントラストなどの設定できます。マウスポインタのサイズや枠線／塗りつぶしの色、カラーフィルタのオン／オフやフィルタタイプなどの設定もできます。

● 音声ガイド

❶ バリアフリー音声ガイドがある場合は音声ガイドを再生

動画などのコンテンツ内にビデオ説明サービスが含まれる場合に、説明を読み上げます。

● オーディオ

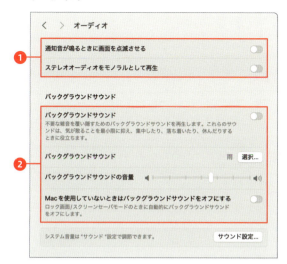

● 字幕

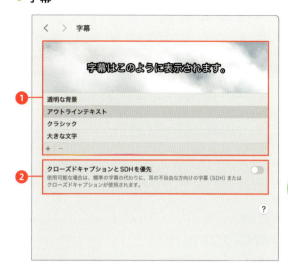

❶ 一般の設定

通知音が鳴る時に画面全体を点滅させる、ステレオのオーディオでも左右同じ音を再生する、などの設定ができます。

❷ バックグラウンドサウンド

Macから流すバックグラウンドサウンドのオン／オフ、バックグラウンドサウンドの種類、音量などを設定できます。

❶ 字幕のスタイル

字幕再生時に表示する文字の大きさや色などをカスタマイズできます。

❷ クローズドキャプションとSDHを優先

再生メディアが字幕の方式であるクローズドキャプションなどに対応している場合、優先して表示できます。

● 音声コントロール

● Siri

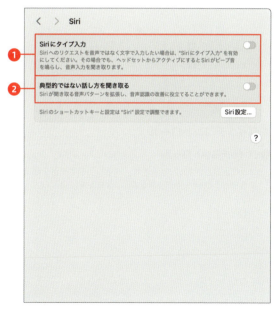

❶ 音声コントロールの設定

Macに発声することで、ウインドウの操作やアプリケーションの起動などが行える機能のオン／オフ切り替えや、使用するマイクの選択ができます。［コマンド］をクリックすると、発声内容について設定や確認ができます。

❶ Siriにタイプ入力

Siriへのリクエストをタイピングでも入力できるようにします。

❷ 典型的でない話し方を聞き取る

Siriが聞き取る音声認識のパターンを拡張し、音声認識の改善に役立てます。

● キーボード

❶ フルキーボードアクセス
マウスやトラックパッドは利用せず、キーボードの tab などを使用することで、画面上のすべてのUIに移動や操作ができます。

❷ 複合キー
複数のキーを同時に押すと機能するショートカットを、キーを順番に押すことで機能させることが可能になります。

❸ スローキー
キーを押してから画面上に反映されるまでの時間を調整できます。

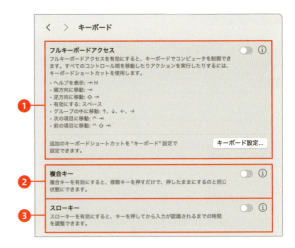

● ポインタコントロール

❶ ダブルクリックの間隔
ダブルクリック時に、1回目から2回目までのクリック間隔を調整できます。

❷ スプリングローディング
ファイルをドラッグして、フォルダに重ねた状態で少し待つと、フォルダが自動的に開く機能のオン／オフを切り替えます。また、フォルダを開く時間を調整できます。

❸ 代替コントロール方法
マウスの操作をキーボードで行えるようにしたり、カメラの映像から制御できるようにしたりできます。

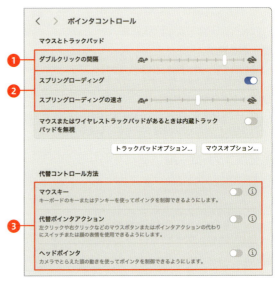

● スイッチコントロール

❶ スイッチコントロール
オンにするとパネルが表示され、パネル上のさまざまなスイッチを使ってMacを操作できるようになります。

Chapter 13

付録

Section

1 Macが操作を受け付けないときの対応
2 支払い情報の登録
3 不要なファイルをまとめて削除する

Chapter 13　付録

Section 1　Macが操作を受け付けないときの対応

- ☑ フリーズ
- ☑ 強制終了
- ☑ 強制再起動

ごくまれに、アプリケーションの作業中にMacが操作を受け付けなくなってしまうことがあります。このような場合は、アプリケーションを強制終了します。また、FinderやMacの動作が不安定な場合は、Macを強制的に再起動します。

アプリケーションを強制終了する

何らかの原因でアプリケーションが操作を受け付けなくなった状態を「フリーズ」または「ハングアップ」と呼びます。通常の手順ではアプリケーションを終了できないので、強制的に終了させます。
なお、強制終了したアプリケーションで作業していたファイルの内容は、基本的に保存されません。万一の事態に備えて、アプリケーションでの作業中は小まめにファイルを保存しましょう。

● 最前面のアプリケーションを終了する

(1) **Appleメニューを表示する**
メニューバーの [Appleメニュー] をクリックして❶、Appleメニューを表示します。

(2) **[Safariを強制終了] をクリックする**
[shift] を押すと❶、Appleメニューの [強制終了] が、現在最前面に表示されているアプリケーションを強制終了するメニュー項目に変化します。このメニュー項目(ここでは [Safariを強制終了]) をクリックします❷。

> **MEMO　ショートカットキーで終了する**
> 最前面に表示されている (アクティブな) アプリケーションは、[command] と [option] と [shift] と [esc] を同時に押すことでも強制終了できます。

● 一覧から選択してアプリケーションを終了する

1 Appleメニューを表示する

メニューバーの[Appleメニュー]をクリックして Appleメニューを表示し❶、[強制終了]をクリックします❷。

2 アプリケーション名をクリックする

現在動作中のアプリケーション名が一覧表示されます。終了させるアプリケーションをクリックし❶、[強制終了]をクリックします❷。

3 メッセージが表示される

確認のメッセージが表示されるので、[強制終了]をクリックします❶。

Macを強制再起動する

デスクトップにあったアイコンが消えてしまう、Finderの操作を受け付けないなど、Macの動作そのものが不安定になった場合は、まず33ページの方法でMacを再起動します。しかし、通常の操作では再起動できない(再起動の操作に反応しない)状態の場合は、強制的に再起動しましょう。このとき、アプリケーションで作業中のファイルの内容は基本的に保存されません。強制再起動は、[Appleメニュー]から実行するほか、[command]を押しながら[control]と電源ボタンを押すことでも実行できます。

● Appleメニューから強制再起動する

[option]を押しながら、メニューバーの[Appleメニュー]をクリックすると❶、「再起動...」末尾の「...」が消えて表示されます。この状態で[再起動]をクリックすると❷、ダイアログボックスによる確認なしで、すぐにMacを再起動できます。

Chapter 13 付録

Section 2 支払い情報の登録

- ☑ サインイン
- ☑ アカウント情報
- ☑ Apple Gift Card

Apple Accountを使ったコンテンツのダウンロード販売サービスを利用するには、有料コンテンツを購入するためのクレジットカード情報を事前に登録する必要があります。クレジットカードの代わりに、プリペイドカードも使えます。

支払い情報を登録するには

ミュージック（224ページ参照）、App Store（148ページ参照）などの音楽、アプリケーションなどのコンテンツ販売サービスを利用するには、支払い情報の登録が必要です。支払い情報の登録は、各コンテンツ販売サービスから行えるほか、iPhone、iPadなどのiOS搭載デバイスからも行えます。

● 利用できる支払い方法は？

支払い方法として登録できるのは、VISA、American Express、Master Card、JCB、ダイナースのいずれかのクレジットカードで、Apple Accountとして登録したユーザ名義のものです。また、コンビニエンスストアなどで販売されている「Apple Gift Card」なども、支払い方法として登録できます。iPhoneでも同じApple Accountを利用している場合は、キャリア決済も利用可能です。

● クレジットカード

● Apple Gift Card

MEMO
Apple Gift Card
旧App StoreカードとiTunesギフトカードは、2021年11月からApple Gift Cardとして統合されました。

支払い方法を登録する

Macで支払い方法を登録するには、まずミュージック、App Storeのいずれかのコンテンツ販売サービスの画面でサインインし、クレジットカード、あるいはプリペイドカードの登録を行います。

① アカウント情報を表示する

App Storeを起動してサインインし、左下のユーザ名をクリックします❶。

❶クリック

(2) **情報を表示する**

アカウント画面で[アカウント設定]をクリックします❶。認証を求められるので、Apple Accountのパスワードを入力するか、指紋などで生体認証します。

(3) **支払い方法を編集する**

「Apple Accountの概要」の[お支払い方法を管理]をクリックします❶。

(4) **クレジットカードを登録する**

クレジットカードの種類を選択し、カード番号やカードに登録された本人の氏名や住所などを入力します❶。[完了]をクリックすると❷、Apple Accountに支払い情報が追加されます。

> **MEMO**
> **決済手段を変更するには**
> クレジットカードの情報を修正したり、別のカードに変更したりする場合は、386ページ手順❶の方法、または各コンテンツ販売サービスの画面に表示されているメニューから[アカウント]をクリックして操作します。

Column　Apple Gift Cardで残高チャージする

386ページ手順❶の画面の右上に表示されている[ギフトカードを使う]をクリックすると、Apple Gift CardでApple Accountの残高へチャージできます。チャージするには、カード背面のコードを手動で入力する方法と、背面のバーコードをパソコン、タブレット、スマートフォンのカメラで読み取る方法があります。操作が完了すると、Apple Accountにカードの額面分の金額がチャージされます。

Chapter 13 付録

Section 3 不要なファイルをまとめて削除する

- ☑ Apple Account
- ☑ Finder
- ☑ ゴミ箱

Macには、不要なファイルを自動でiCloudに保存したり、まとめて削除したりする機能があります。これらによって、利用可能なストレージ容量を増やすことができます。この機能を活用して、効率よくストレージを管理しましょう。

「Macストレージを最適化」を有効にする

「システム設定」アプリの「Apple Account」パネルから「Macストレージを最適化」を有効にすると、普段は使わないファイルを自動でiCloudに移動させて、Macのストレージを最適化できます。

① 「iCloud」を表示する

Dockから「システム設定」アプリを起動して、[Apple Account]をクリックします❶。[iCloud]をクリックして❷、[Drive]をクリックします❸。

② 「Macストレージを最適化」を有効にする

[Macストレージを最適化]のスイッチをクリックしてオンにします❶。普段使わないファイルが自動的にiCloudに保存されるようになります。

ゴミ箱の項目を自動で削除する

Macのゴミ箱にファイルやフォルダを入れて、30日後に自動的に削除させることができます。この設定を行えば、手動でゴミ箱を空にする必要がなくなります。

1 Finderの「設定」を表示する

メニューバーの[Finder]をクリックし❶、[設定]をクリックします❷。

2 ごみ箱の設定を変更する

[詳細]タブをクリックし❶、[30日後にゴミ箱から項目を削除]をクリックしてオンにします❷。ゴミ箱にファイルやフォルダを入れると、30日後に自動的に削除されるようになります。

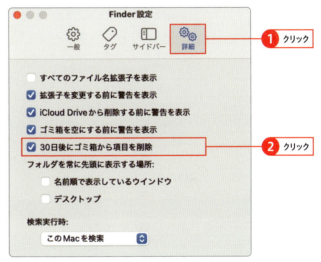

Column　ストレージを管理する

「システム設定」アプリの[一般]→[ストレージ]をクリックすると、ストレージの消費量をカテゴリ別に確認できます。

たとえば、アプリケーションが占める割合が多い場合は、使用していないアプリケーションをアンインストールしましょう。ファイルの割合が多い場合は、不要なファイルの削除のほか、外付けドライブやネットワークストレージの導入などを検討してみましょう。

✓ キーボードショートカット一覧

Finderに関するキーボードショートカット	
command + N	新しいFinderウインドウを開きます。
command + shift + N	新規フォルダを作成します。
command + control + N	選択項目から新規フォルダを作成します。
command + [	Finderウインドウの表示を直前に表示していたフォルダに切り替え（戻り）ます。
command +]	Finderウインドウで直前に戻ったフォルダから、元のフォルダを再表示します。
command + ↑	現在表示中のフォルダの上位フォルダに移動します。
command + ↓	選択したフォルダの中身をウインドウで開きます。ファイルの場合は対応アプリケーションなどで開きます。
command + control + ↑	現在表示中のフォルダの上位フォルダを別ウインドウで開きます。
command + タイトルバーのアイコンをクリック	現在表示中のフォルダの上位階層を確認します。
command + 1	Finderウインドウを「アイコン」表示に切り替えます。
command + 2	Finderウインドウを「リスト」表示に切り替えます。
command + 3	Finderウインドウを「カラム」表示に切り替えます。
command + 4	Finderウインドウを「ギャラリー」表示に切り替えます。
command + T	Finderウインドウに新しいタブを追加します。
command + ダブルクリック	フォルダを新しいタブで開きます。
control + tab	右隣のタブに切り替えます。
control + shift + tab	左隣のタブに切り替えます。
command + option + P	Finderウインドウのパスバーの表示／非表示を切り替えます。
command + /	Finderウインドウのステータスバーの表示／非表示を切り替えます。
command + option + S	Finderウインドウのサイドバーの表示／非表示を切り替えます。
command + option + F	検索フィールドにキャレットを移動します。

Finderの項目表示に関するキーボードショートカット	
space （または command + Y）	Quick Lookを実行します。
command + shift + F	「最近の項目」フォルダを開きます。
command + shift + O	「書類」フォルダを開きます。
command + shift + D	「デスクトップ」フォルダを開きます。
command + option + L	「ダウンロード」フォルダを開きます。
command + shift + H	「ホーム」フォルダを開きます。
command + shift + C	「コンピュータ」フォルダを開きます。
command + shift + R	「AirDrop」フォルダを開きます。
command + shift + K	「ネットワーク」フォルダを開きます。
command + shift + A	「アプリケーション」フォルダを開きます。
command + shift + U	「ユーティリティ」フォルダを開きます。
command + shift + G	「フォルダの場所を入力」ダイアログボックスを表示します。
command + shift + ?	［ヘルプ］メニューの「検索」フィールドを表示します。
command + F	ファイルやフォルダを検索します。
command + I	選択した項目の情報ウインドウを表示します。
command + option + I	インスペクタを表示します。
command + J	表示オプションを表示します。
command + shift + delete	「ゴミ箱」を空にします。

Finderで選択した項目に関するキーボードショートカット

ショートカット	説明
command + A	Finderウインドウ内（ウインドウが開いていない場合はデスクトップ）のすべての項目を選択します。
command + option + A	すべての項目の選択を解除します。
command + C	選択した項目をコピーします。
command + V	最後にコピーした項目をペースト（貼り付け）します。
command + option + V	コピーした項目を移動します。
command + D	選択した項目を複製します。
command + delete	選択項目を「ゴミ箱」に移動します。
command + control + A	選択した項目のエイリアスを作ります。
command + R	選択したエイリアスのオリジナルのファイル、フォルダを表示します。
command + O	選択したフォルダの中身をウインドウで開きます。ファイルの場合は対応アプリケーションなどで開きます。
command + option + Y	選択した項目を全画面表示する「スライドショー」を実行します。
command + E	選択したUSBメモリや外付けドライブを取り外し可能にします。

操作の取り消しに関するキーボードショートカット

ショートカット	説明
command + Z	直前の操作を取り消します。
command + shift + Z	command + Zによって取り消した操作を元に戻します。アプリケーションによっては、複数回さかのぼって元に戻すことができます。

システム関連のキーボードショートカット

ショートカット	説明
command + shift + Q	Macからログアウトします。
command + control + 電源ボタン	Macを強制的に再起動します。
command + option + 電源ボタン（または⏏）	Macをスリープさせます。
control + 電源ボタン（または⏏）	再起動／スリープ／システム終了のダイアログボックスを表示します。
command + shift + 3	現在の画面をPNG形式の画像ファイルに記録します。
command + shift + 4	画面上をドラッグして選択した範囲をPNG形式の画像ファイルに記録します。
command + shift + 4を押してから space	クリックしたウインドウをPNG形式の画像ファイルに記録します。
F1	画面の輝度を下げます。
F2	画面の輝度を上げます。
F5	キーボードバックライトの明るさを下げます（ノートブック型のMacのみ対応）。
F6	キーボードバックライトの明るさを上げます（ノートブック型のMacのみ対応）。
F10	Macの音量をミュート（消音）／ミュート解除します。
F11	Macの音量を下げます。
F12	Macの音量を上げます。
fn を2回押す	音声入力を開始します。

起動／ログアウト／システム終了に関するキーボードショートカット

起動時に option	起動ディスク選択画面を表示します。
起動時に shift	Macをセーフモードで起動します。
起動時に command + option + P + R	各種設定を初期状態にして起動します。
起動時に command + R	macOS ユーティリティを表示します。
電源ボタンを 5 秒間押し続ける	Mac の電源を強制的に切ります。

アプリケーション共通のキーボードショートカット

command + ,	アクティブなアプリケーションの設定を表示します。
command + shift + ?	アクティブなアプリケーションのヘルプを表示します。
command + P	「プリント」ダイアログボックスを表示します。
command + Q	アプリケーションを終了します。
command + S	「保存」ダイアログボックスを表示します。保存済みのファイルは上書き保存します。
command + N	新規文書を作成します。
command + O	「開く」ダイアログボックスを表示します。
command + option + esc	「アプリケーションの強制終了」ダイアログボックスを表示します。
command + shift + S	「別名で保存」ダイアログボックスを表示します。もしくは現在開いているファイルを複製します。
command + shift + option + esc	アクティブなアプリケーションを強制終了します。

アプリケーションの表示／切り替えに関するキーボードショートカット

F4	Launchpadを表示します。
control + ↑ （または F3 ）	Mission Controlを表示します。
control + ← →	操作スペースを切り替えます。
control + ↓	アクティブなアプリのウインドウを一覧表示します。
command + option + D	Dockを自動的に隠す機能の入／切を切り替えます。
command + M	アクティブなウインドウをDockにしまいます。
command + option + M	すべてのウインドウをDockにしまいます。
command + H	アクティブなアプリケーションのウインドウを隠します。
command + option + H	非アクティブなアプリケーションのウインドウをすべて隠します。
command + W	アクティブなウインドウを閉じます。
command + option + W	アクティブなアプリケーションで開いているすべてのウインドウをまとめて閉じます。
command + tab	アプリケーションをアクティブにした順番で切り替えます。
command + shift + tab	アプリケーションをアクティブにした順番とは逆の順番で切り替えます。
command + control + F	ウインドウをフルスクリーン表示／元に戻します。

ミュージックアプリに関するキーボードショートカット

F7	ミュージックアプリで再生中の曲の先頭に戻って再生します。
F8	ミュージックアプリで曲の再生を一時停止／再開します。
F9	ミュージックアプリで再生中の曲をスキップします。

Webブラウザに関するキーボードショートカット	
command + [	Webブラウザなどで、直前に表示していたWebページに戻ります。
command +]	Webブラウザなどで、command + [で戻ったWebページから、戻る前に表示していたWebページに切り替えます。
command + shift + +	WebブラウザやFinderで表示を大きくします (USキーボードの場合は shift は不要)。
command + −	WebブラウザやFinderで表示を小さくします。

テキスト編集のキーボードショートカット	
command + A	文書内のすべての項目を選択します。
command + C	選択したデータをクリップボードにコピーします。
command + X	選択したデータをカットします。選択したデータは元の場所から削除されます。
command + V	最後にコピーしたデータをペースト (貼り付け) します。
control + A	現在の行／段落の先頭にキャレットを移動します。
control + E	現在の行／段落の末尾にキャレットを移動します。
control + B	キャレットを1文字分左に移動します。
control + D	キャレットの右側の文字を削除します。
control + F	キャレットを1文字分右に移動します。
control + H	キャレットの左側の文字を削除します。
control + K	キャレットの右側の文字から行／段落の末尾までをまとめて削除します。
fn + delete	キャレットの右側の文字を削除します (ノートブック型Macの標準キーボードの場合)。
control + P	キャレットを1行上に移動します。
control + N	キャレットを1行下に移動します。
control + O	キャレットの位置で改行します。
control + T	キャレットの左側の文字と右側の文字を入れ替えます。
control + V	キャレットを次のページに移動します。

テキストエディットのキーボードショートカット	
command + T	「フォント」ウインドウを表示します。
command + B	選択した文字を太字にしたり、太字を解除したりします。
command + control + D	マウスポインタが置かれた単語の意味を表示します。
command + −	選択した項目 (文字やアイコンなど) のサイズを小さくします。
command + shift + +	選択した項目 (文字やアイコンなど) のサイズを大きくします。
command + shift + C	「カラー」ウインドウを表示します。
command + G	文字列の検索時に、次の項目を表示します。
command + shift + G	文字列の検索時に、前の項目を表示します。

Index 目的別索引

A〜F

AirDrop でファイルを転送する ... 334
App Store を利用する ... 148
Apple Accountを作成する ... 254
Apple Musicを解約する ... 232
Apple Musicを利用する ... 230
Bluetooth キーボードを接続する ... 43
Bluetooth デバイスを登録する ... 373
Dock からファイルを操作する ... 87
Dockの設定を変更する ... 115
FaceTimeで通話する ... 298
Finderウインドウを開く ... 52
Finderで新しいタブを開く ... 68
Finderでファイルを操作する ... 62
Finderの機能を確認する ... 51

I〜M

iCloud.com を利用する ... 274
iCloud Drive を利用する ... 264
iCloud のストレージ容量を増やす ... 265
iCloud を設定する ... 258
iMovieの各部名称を確認する ... 300
iPhoneの写真や動画を読み込む ... 242
LAN ケーブルに接続する ... 44
Launchpadのページを切り替える ... 110
Mac からログアウトする ... 32
Mac にログインする ... 32
Mac のスペックを確認する ... 318
Mac やiPhone の現在地を地図に表示する ... 277
Mac をセットアップする ... 22
Magic MouseやMagic Trackpadを使えるようにする ... 39
Mission Control の設定を変更する ... 119

O〜W

OSをアップグレードする ... 46
OS をインストールする ... 47
PDF にパスワードを設定する ... 141
Safariでタブの音声を止める ... 169
Safariでタブを閉じる ... 163
Safariにパスワードを記録する ... 178
Safariの各部名称を確認する ... 152
Safariの検索エンジンを切り替える ... 157
Safariのステータスバーを表示する ... 175
Safariのツールバーにボタンを追加する ... 175
Siriの設定を変更する ... 355
Spotlightで検索する ... 96
Spotlightの設定を変更する ... 99
URLからWebページを表示する ... 154
Web サイトをプライベートウインドウで閲覧する ... 170
Web ブラウザ (Safari) を起動する ... 152
Web ページ内の文字列を検索する ... 157
Web ページを切り替える ... 155
Web ページを検索する ... 156
Web ページを閉じる ... 155
Web ページをリーダーで読む ... 166
Wi-Fi に接続する ... 45

あ行

アイコンの大きさを変更する ... 59
新しいアカウントを作成する ... 375
圧縮したファイルを展開する ... 95
アプリケーションを強制終了する ... 384
アプリケーションを切り替える ... 114
アプリケーションを削除する ... 149
アプリケーションを終了する ... 145
アプリケーションを入手する ... 149
アプリケーションをフォルダから起動する ... 109
印刷方法を設定する ... 140
インターネット共有でテザリングする ... 332
インターネットに接続する ... 44
ウィジェットをカスタマイズする ... 79
ウインドウの表示を変更する ... 58
ウインドウを移動する ... 56
ウインドウを切り替える ... 57
映画をレンタル／購入する ... 235
英字とひらがなの入力ソースを切り替える ... 122
大文字／小文字を入力する ... 123
お気に入りに登録する ... 159
音楽CDから音楽を読み込む ... 222
音楽を購入する ... 225
音楽を再生する ... 226
音楽を探す ... 224
音声で入力する ... 134

か行

外部記憶装置を接続する ... 102
画像を編集する ... 285
かな入力に切り替える ... 124
壁紙を変更する ... 84
カレンダーでスケジュールを管理する ... 292
漢字を入力する ... 124
キーボードショートカットを設定する ... 365
キーボードの各部名称を確認する ... 40
キーボードの設定を変更する ... 42
記号や漢字をお気に入りに登録する ... 130
記号を入力する ... 123
言語や地域の設定を変更する ... 347

語句の意味を調べる	308
個人情報の使用許可を設定する	359
コマンド入力でMacを操作する	324
ゴミ箱から削除する	75
ゴミ箱に入れる	74
コントロールセンターを開く	76

さ行

サイドバーからフォルダを開く	64
サイドバーの表示／非表示を切り替える	65
サイドバーの表示項目を編集する	65
サウンドの設定を変更する	370
削除したファイルを元に戻す	75
ジェスチャ操作を確認する	36
システム設定を利用する	342
システムを強制再起動する	385
支払い情報を登録する	386
写真アプリの各部名称を確認する	240
写真のアルバムを作成する	252
写真を編集する	248
数字や記号を入力する	123
スクリーンショットを撮影する	320
スリープさせる	33
セキュリティ設定を変更する	358
操作スペースを追加する	117

た行

タグで検索する	93
タグを追加する	92
タブを切り替える	68
タブを分離／結合する	69
通知センターを確認する	78
ツールバーをカスタマイズする	105
ツールバーを表示する	104
デジカメの写真や動画を読み込む	243
デスクトップを確認する	28
デスクトップを切り替える	118
電源を切る	33
添付ファイルを保存する	199
電力消費の設定を変更する	362
動画を再生する	245
トラックパッドの操作を確認する	35

は行

パスキーでサインインする	183
パスキーを保存する	182
バッテリー残量を確認する	31
ハンディキャップのあるユーザのための設定をする	379
日付や時刻を変更する	350
ひらがなを入力する	124
ファイル／フォルダを圧縮する	94
ファイル／フォルダを移動する	70, 72

ファイル／フォルダをコピーする	71
ファイル／フォルダを削除する	74
ファイル／フォルダを選択する	67
ファイルを検索する	96
ファイルを添付してメールを送る	194
ファイルを開く	144
ファイルを保存する	142
フォルダ名を変更する	66
フォルダを作成する	66
複数のデスクトップを利用する	117
複数のファイル／フォルダを選択する	67
ブックマークに登録する	158
プリンタを登録する	136
フルスクリーンでウインドウを表示する	120
文章を入力する	126
文書を印刷する	138
文節を移動する	126

ま行

マウス／トラックパッドをペアリングする	39
マウスの操作を確認する	35
マウスの動作を設定する	366
マップでMacやiPhoneの現在地を表示する	277
ミュージックアプリの各部名称を確認する	220
ミュージックライブラリを共有する	236
ムービーを編集する	302
迷惑メール対策をする	210
迷惑メールフィルタの設定を変更する	217
メールアプリでメッセージに返信する	200
メールアプリでメッセージの検索条件を設定する	203
メールアプリでメッセージを削除する	211
メールアプリでメッセージを転送する	201
メールアプリに署名を設定する	215
メールアプリの各部名称を確認する	190
メールアプリの設定を変更する	216
メールボックスを作成する	204
メッセージアプリでやり取りする	296
メニューバーの設定を変更する	356
メモを作成する	282
目的地を検索する	306
文字を入力する	122
文字を変換する	125, 126

や〜ら行

ユーザ辞書に単語を登録する	131
ユーザを管理する	374
用紙サイズを設定する	138
読みのわからない漢字を入力する	130
ライトモードとダークモードを切り替える	83
履歴からWebページを表示する	160
連絡先を追加／編集する	286

Index 用語別索引

数字

3D 表示	307

A〜C

AirDrop	334
Apple Account	255, 344
Apple Gift Card	386
Apple Intelligence	18, 355
Apple Music	230
Apple TV	234
Apple メニューアイコン	29
App Store	148
Bcc	193
Bluetooth	39, 43, 326, 372
caps Lock	123
Cc	193
CD 読み込み	222
CPU	317

D〜H

Dock	29, 87, 108, 112
Face ID	183
FaceTime	298
FileVault	358
Finder	51, 52, 104
Game Center	309
GarageBand	310
Handoff	270

I〜K

iCloud	258
iCloud.com	274
iCloud Drive	264
iCloud キーチェーン	266
iCloud 写真	260
iCloud メール	189, 255
iMessage	296
iMovie	300
iPad	238, 270, 332
iPhone	238, 242, 270, 273, 276, 332, 335
iPhone ミラーリング	19
iWork	288
Keynote	291

L〜N

LAN ケーブル	44
LAN の設定	327
Launchpad	109, 110
Mac を探す	276
Magic Mouse	39, 366
Magic Trackpad	34, 39
Mail Drop	195
Mission Control	116
Night Shift	360
Numbers	290

P〜T

Pages	289
PDF	141, 284
PDF をダウンロード	165
PPPoE	328
Safari	152, 268
Siri	26, 31, 355
SIT 形式	95
Spotlight	96
SSD	102, 351
Thunderbolt	326
Time Machine	351, 352, 353

U〜W

UNIX コマンド	324
URL	154
URL の補完	154
USB	326
USB メモリ	102
US キーボード	122
VIP	207
Web アーカイブ	165
Web ブラウザ	152
Web ページ	154, 272
Web ページ検索	97, 156
Wi-Fi	31, 45, 326
Windows とのファイル共有	336

あ行

圧縮	94
アイコン	110, 112
アクセシビリティ	23, 379
アクセス権	338
アクティビティモニタ	316
アップグレード	46
アプリケーション	108, 340
アプリケーションの自動起動	111
アプリケーションの終了	145
アプリケーションの入手	148
アルバム	252
アルバムアートワーク	222

一般	346	ゲストユーザ	374
イベント	213, 292, 347	言語と地域	347
イメージファイル	150	検索	96, 156, 202
印刷	138	検索エンジン	157, 174
印刷の一時停止	139	検索キーワード	97, 203
インストーラ	47, 150	光学ドライブ	223
インストール	47, 136, 149	項目の表示／非表示	65
インターネット共有	332	コピー	29, 71, 103, 133, 273
インターネット接続	44, 328	ゴミ箱	74, 211, 389
ウィジェット	79	コントロールセンター	76
ウインドウの移動	56	コンピュータアカウント	25
ウインドウの拡大／縮小	56		
ウインドウの切り替え	57	**さ行**	
ウインドウのスクロール	57	最近の項目	86
ウインドウのタイル表示	19	最適化	388
ウインドウの表示形式	58	サイドバー	64
上書き保存	142	サウンド	370
映画	234	削除	74, 389
映画のレンタル	235	サジェスト	156
英字の入力	123	差出人情報	201
遠隔操作	278, 338	ジェスチャ	36
オートセーブ	146	辞書	308
お気に入り	130, 159	システム設定	342
音楽CD	222	システム終了	33
音楽の再生	226	システム情報	319
音声入力	27, 134	システムの復元	352
		システム要件	48
か行		システムレポート	319
外観モード	27, 83	自動で削除	389
外部記憶装置	102	自動動画再生	176
貸し出し期間	235	自動入力	179, 268
かな入力	124	支払い情報	386
壁紙	84	写真	240, 260
画面共有	338	写真の加工	251
カラム	58	写真の自動補正	249
カレンダー	292	写真のトリミング	248
キーボード	40, 364	写真のレタッチ	250
キーボードショートカット	42, 365	写真や動画の閲覧	244
キーワード検索	202, 343	写真や動画の読み込み	242
起動ディスク	50, 323	修飾キー	42
機能拡張	348	情報ウインドウ	89
ギャラリー	58	ショートカットキー	42, 390
強制再起動	385	署名	213, 215
強制終了	316, 384	推測変換	125
共有アルバム	261	ズーム機能	380
クイックアクション	62, 349	スクリーンショット	320
クイックルック	88, 199	スクリーンセーバ	378
クラムシェルモード	361	スタック	54
クリック／ダブルクリック	35	スティッキーズ	310
グループ	287, 374	ステージマネージャ	76, 357
クレジットカード	386	ステータスバー	59, 104, 175
経路検索	307	ステータスメニュー	29, 31

397

項目	ページ
ストア (iTunes Store)	224
スピーチ	135
スプリングローディング	73
すべてのウインドウを表示	114
スマートフォルダ	100
スマートメールボックス	205
スライドショー	252, 291
スライド比率	291
スリープ	33
スレッド表示	198
スワイプ	35, 155
セットアップアシスタント	22
全角	123
操作スペース	117
外付けハードディスク	102, 352

た行

項目	ページ
ダークモード	82
ターミナル	324
ダイナミックデスクトップ	82
タグ	92
タグの削除	92
タップ	35
縦書き	281
タブ	68, 162
タブの分離／結合	69
タブバー	68, 162
タブビュー	163
単語の登録	131
チェス	309
チェックリスト	282
注釈	63, 197, 284
通知センター	78
ツールバー	104, 175, 193, 280
ツールバーの表示／非表示	104
ディスクユーティリティ	322
ディスプレイ	360
データ共有	340
テキストエディット	280
テキスト読み上げ	135
テザリング	332
デスクトップ	28
デスクトップとDock	115, 119, 357
テロップ	304
展開	95
電源ボタン	33
添付	194, 283
添付ファイル	197, 199
動画の読み込み	301
同期	167, 238, 264, 294
同名ファイル	70
ドライバ	136

項目	ページ
ドラッグ	35
トラックパッド	34, 39

な行

項目	ページ
日本語入力	122, 124
入力ソース	122, 128, 365
入力メニュー	122
ネットワーク環境	326
ネットワークへの接続状況	327

は行

項目	ページ
バージョンを戻す	147
パーティション	323
パスキー	180
パスワード	141, 178, 266
パスワードアプリ	20, 178, 180, 312
パスワード自動生成	269
パスワードの表示	179
バッテリー	362
半角	127
ピクチャ・イン・ピクチャ	177
日付と時刻	350
ビデオ通話	298
表示オプション	61
標準テキスト	218
ピンチイン／ピンチアウト	35, 155
ファイル	50
ファイルサイズ	94
ファイルの削除	74
ファイルの転送	334
ファイルの添付	194, 283
ファイルの復元	352
ファイルの編集	63
ファイルの保存	142
ファイル／フォルダの移動	70
ファイル／フォルダのコピー	71, 72
ファイル／フォルダの選択	67
ファイル／フォルダの並べ替え	60
ファイル／フォルダの分類表示	59
ファイルを開く	144
ファンクションキー	41
フォルダ	50
フォルダの作成	66
フォルダの自動表示	73
フォルダ名の変更	66
複数ファイル／フォルダの選択	67
複製	73, 143
副ボタンクリック	35
ブックマーク	158
ブックマークの削除	160
プライバシー	359
プライバシーとセキュリティ	358

プライベートウインドウ	170
フラグ	206
プリセット	139
プリペイドカード	386
プリンタ	136
フルスクリーンモード	120
プレイリスト	228
プレビュー	88, 284
文書の編集	132
文節	127
ペアリング	39, 43, 373
ページ設定	138
ページピン	169
別名で保存	143, 165
変換	125, 126
ホームシェアリング	236
ホームフォルダ	51

ま行

マークアップ	197
マウス	35, 38, 366
マウスポインタ	29, 366, 368
マップ	20, 306
マルチタッチジェスチャ	34, 36
マルチタッチトラックパッド	34, 36
ミニプレーヤー	227
ミュージック	220
ムービー(動画)の書き出し	305
ムービー(動画)の新規作成	301
ムービー(動画)の編集	302
迷惑メール	210
迷惑メールフィルタ	217
メール	190
メールアカウント	186, 188
メールの設定	216
メールボックス	204
メッセージ	296
メッセージ(メール)の検索	202
メッセージ(メール)の削除	211
メッセージ(メール)の受信	198
メッセージ(メール)の送信	192, 194
メッセージ(メール)の転送	201
メッセージ(メール)の返信	200
メッセージ(メール)のリダイレクト	201
メディアと品質	140
メニューバー	29, 30, 356
メモ	20, 282
メモリー	247
文字入力	122
文字化け	95
文字ビューア	128
文字編集のショートカット	133
文字列のコピー	133

や行

ユーザ辞書	131
ユーザとグループ	374
ユニバーサルクリップボード	273
用紙サイズの設定	138
用紙処理	140
予告編	302
読み上げ	135

ら行

ライトモード	82
ライブ変換	125
リーダー	166
リーディングリスト	167, 168
リスト	58
リッチテキスト	281
リマインダー	310
履歴	160, 170
履歴の削除	161
ルール	209
レイアウト	140
連絡先	212, 286
ローマ字入力	124
ログアウト	32
ログイン	32
ログイン項目	111
ロックダウンモード	358

お問い合わせについて

本書に関するご質問については、本書に記載されている内容に関するもののみとさせていただきます。本書の内容と関係のないご質問につきましては、一切お答えできませんので、あらかじめご了承ください。
また、電話でのご質問は受け付けておりませんので、必ずFAXか書面にて下記までお送りください。
なお、ご質問の際には、必ず以下の項目を明記していただきますようお願いいたします。

1. お名前
2. 返信先の住所またはFAX番号
3. 書名（今すぐ使えるかんたん Mac完全ガイドブック ［改訂第4版］）
4. 本書の該当ページ
5. ご使用のOSとソフトウェア
6. ご質問内容

お送りいただいたご質問には、できる限り迅速にお答えできるよう努力いたしておりますが、場合によってはお答えするまでに時間がかかることがあります。また、回答の期日をご指定なさっても、ご希望にお応えできるとは限りません。あらかじめご了承くださいますよう、お願いいたします。

お問い合わせの例

1. **お名前**
   技術 太郎
2. **返信先の住所またはFAX番号**
   03 - ×××× - ××××
3. **書名**
   今すぐ使えるかんたん
   Mac完全ガイドブック
   ［改訂第4版］
4. **本書の該当ページ**
   154ページ
5. **ご使用のOSとソフトウェア**
   macOS Sequoia 15.1.1
6. **ご質問内容**
   Webページが表示されない

※ ご質問の際に記載いただきました個人情報は、回答後速やかに破棄させていただきます。

今すぐ使えるかんたん Mac完全ガイドブック ［改訂第4版］

2018年11月23日　初　版　第1刷発行
2025年 2月 7日　第4版　第1刷発行

著　者● 技術評論社編集部
発行者● 片岡 巌
発行所● 株式会社 技術評論社
　　　　東京都新宿区市谷左内町21-13
　　　　電話　03-3513-6150　販売促進部
　　　　　　　03-3513-6160　書籍編集部
製本／印刷● 株式会社シナノ

装　丁● 田邊 恵里香
本文デザイン● 坂本 真一郎
制作協力● 秋葉 けんた、佐藤 新一、村瀬 浩司
DTP● 五野上 恵美
編　集● 田村 佳則

定価はカバーに表示してあります。
落丁・乱丁がございましたら、弊社販売促進部までお送りください。交換いたします。
本書の一部または全部を著作権法の定める範囲を超え、無断で複写、複製、転載、テープ化、ファイルに落とすことを禁じます。
©2025 技術評論社
ISBN978-4-297-14655-9 C3055
Printed in Japan

問い合わせ先

〒162-0846
東京都新宿区市谷左内町21-13
株式会社技術評論社　書籍編集部
「今すぐ使えるかんたん
　Mac完全ガイドブック ［改訂第4版］」質問係

[FAX] 03-3513-6167
[URL] https://book.gihyo.jp/116